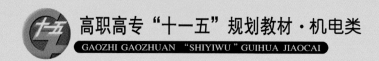

编委会

主 任
李望云　　陈少艾

副主任
（按姓氏笔画排序）
胡成龙　　郭和伟　　涂家海　　游英杰

委 员
（按姓氏笔画排序）
刘合群　　苏　明　　李望云　　李鹏辉
邱文萍　　余小燕　　张　键　　陈少艾
胡成龙　　洪　霞　　贺　剑　　郭和伟
郭家旺　　涂家海　　黄堂芳　　覃　鸿
游英杰

编委会秘书
应文豹

高职高专"十一五"规划教材
机电类

传感器与检测技术

Chuanganqi yu Jiance Jishu

主　编
何新洲　何　琼

副主编
蔡明富　文群英　黄　莉　郭小进

教材参研人员（以姓氏笔画为序）
汤晓华　付晓军　陈　铁

武汉大学出版社

高职高专"十一五"规划教材
编审委员会

顾 问

姜大源 教育部职业技术教育中心研究所研究员
《中国职业技术教育》主编

委 员

马必学	黄木生	刘青春	李友玉
刘民钢	蔡泽寰	李前程	彭汉庆
陈秋中	廖世平	张 玲	魏文芳
杨福林	顿祖义	陈年友	陈杰峰
赵儒铭	李家瑞	屠莲芳	张建军
饶水林	杨文堂	王展宏	刘友江
韩洪建	盛建龙	黎家龙	王进思
郑 港	李 志	田巨平	张元树
梁建平	颜永仁	杨仁和	

前　言

传感器与检测技术是一门适用广泛的专业课程，在高职高专院校也是一门不太好教、不太好学的课程，但传感器是各种工业控制系统的"感官"，就像人的眼睛、耳朵、鼻子等，非常重要。本教材在讲清基本概念、基本理论的基础上，强调工程应用，强调系统的概念。借鉴新的教学思想，按照项目、任务来组织教材内容。

本教材采用任务引领模式，即以工作任务引领知识，让学生在实现工作任务的过程中学习相关知识，发展学生的综合职业能力。教材内容适用，即紧紧围绕工作任务完成的需要来选择课程内容，重构知识的系统性，注重内容的实用性和针对性，在将最新的技术成果纳入教材的同时，选择典型的传感器与检测技术应用案例，以工作任务为线索，实现理论与实践一体化教学。每一个单元都按照"任务描述与分析"、"相关知识"、"相关技能"、"请你做一做"几个部分递进完成。

本教材的研制分工为：何新洲副教授编写了单元一、二、六的内容，文群英副教授编写了单元五和单元十中的任务三的内容，郭小进工程师编写了单元九的内容，汤晓华副教授编写了单元十中的任务二及附件的内容；何琼副教授编写了单元七的内容，陈铁老师编写了单元三中的任务三和单元十中的任务一的内容；蔡明富副教授编写了单元八的内容；黄莉副教授编写了单元三中的任务一、二的内容；付晓军老师编写了单元四的内容。

本教材在研制过程中，参阅了大量文献资料，得到了各合作院校的大力支持，在此表示感谢。

本教材的研制是学习新的教育教学理念的一种尝试，由于编著者的水平有限，时间仓促，书中不妥与错误之处，恳请读者批评指正。

高职高专"十一五"规划教材
《传感器与检测技术》研制组
2009 年 1 月

目 录

单元一 传感器与检测技术基础 ·· 1
任务一 传感器的认知 ·· 1
一、传感器的重要性 ·· 1
二、传感器的作用 ·· 2
三、传感器的定义 ·· 2
四、传感器的组成 ·· 2
五、传感器的分类 ·· 2
六、传感器的一般要求 ·· 3
七、传感器技术的发展趋势 ·· 4
八、传感器命名及代号 ·· 5
任务二 误差的认知 ·· 5
一、绝对误差 ·· 5
二、相对误差 ·· 6
三、精度 ·· 6
四、系统误差 ·· 7
五、随机误差 ·· 7
任务三 传感器的特性了解 ·· 7
一、静态特性 ·· 7
二、动态特性 ·· 10
三、传感器的技术指标 ·· 10
任务四 传感器的标定 ·· 11
一、传感器的静态标定 ·· 11
二、传感器的动态标定 ·· 12

单元二 电阻式传感器的应用 ·· 13
任务一 电阻应变式传感器在称重测量上的应用 ·· 13
一、任务描述与分析 ·· 13
二、相关知识 ·· 13
三、相关技能 ·· 18
四、请你做一做 ·· 23
任务二 半导体压阻式传感器在液位测量上的应用 ·· 24
一、任务描述与分析 ·· 24

    二、相关知识 ·· 24
    三、相关技能 ·· 26
    四、请你做一做 ·· 32
  任务三 铂电阻在温度测量中的应用 ·· 33
    一、任务描述与分析 ·· 33
    二、相关知识 ·· 34
    三、相关技能 ·· 35
    四、请你做一做 ·· 40

单元三 电感式传感器的应用 ·· 42
  任务一 螺管型电感传感器在圆度仪上的应用 ·· 42
    一、任务描述与分析 ·· 42
    二、相关知识 ·· 42
    三、相关技能 ·· 44
    四、请你做一做 ·· 48
  任务二 差动变压器电感传感器在位移测量上的应用 ·· 48
    一、任务描述与分析 ·· 48
    二、相关知识 ·· 49
    三、相关技能 ·· 51
    四、请你做一做 ·· 54
  任务三 电涡流传感器在振动测量上的应用 ··· 54
    一、任务描述与分析 ·· 54
    二、相关知识 ·· 55
    三、相关技能 ·· 57
    四、拓展应用 ·· 62
    五、请你做一做 ·· 63

单元四 电容式传感器的应用 ·· 64
  任务一 电容式传感器在力和压力测量中的应用 ·· 64
    一、任务描述与分析 ·· 64
    二、相关知识 ·· 65
    三、相关技能 ·· 67
    四、请你做一做 ·· 71
  任务二 电容式接近开关的使用 ··· 74
    一、任务描述与分析 ·· 74
    二、相关知识 ·· 74
    三、相关技能 ·· 76
    四、请你做一做 ·· 78

单元五　热电式和压电式传感器的应用 ……………………………………………… 80
　任务一　热电偶在温度测量中的应用 …………………………………………… 80
　　一、任务描述与分析 ………………………………………………………………… 80
　　二、相关知识 ………………………………………………………………………… 81
　　三、相关技能 ………………………………………………………………………… 91
　　四、请你做一做 …………………………………………………………………… 100
　任务二　压电式传感器在压力测量中的应用 ………………………………… 101
　　一、任务描述与分析 ……………………………………………………………… 101
　　二、相关知识 ……………………………………………………………………… 101
　　三、相关技能 ……………………………………………………………………… 108
　　四、请你做一做 …………………………………………………………………… 114

单元六　霍尔及磁电式传感器的应用 ……………………………………………… 116
　任务一　霍尔传感器在转速测量中的应用 …………………………………… 116
　　一、任务描述与分析 ……………………………………………………………… 116
　　二、相关知识 ……………………………………………………………………… 117
　　三、相关技能 ……………………………………………………………………… 121
　　四、请你做一做 …………………………………………………………………… 125
　任务二　霍尔传感器在电流测量中的应用 …………………………………… 125
　　一、任务描述与分析 ……………………………………………………………… 125
　　二、相关知识 ……………………………………………………………………… 125
　　三、相关技能 ……………………………………………………………………… 126
　　四、请你做一做 …………………………………………………………………… 129
　任务三　霍尔传感器在定位系统中的应用 …………………………………… 129
　　一、任务描述与分析 ……………………………………………………………… 129
　　二、相关知识 ……………………………………………………………………… 130
　　三、相关技能 ……………………………………………………………………… 132
　　四、请你做一做 …………………………………………………………………… 136

单元七　光电式传感器的应用 ……………………………………………………… 137
　任务一　模拟式光电式传感器在位置测量中的应用 ………………………… 137
　　一、任务描述与分析 ……………………………………………………………… 137
　　二、相关知识 ……………………………………………………………………… 137
　　三、相关技能 ……………………………………………………………………… 148
　　四、请你做一做 …………………………………………………………………… 153
　任务二　光电开关的应用 ……………………………………………………… 154
　　一、任务描述与分析 ……………………………………………………………… 154
　　二、相关知识 ……………………………………………………………………… 154
　　三、相关技能 ……………………………………………………………………… 159

四、请你做一做 … 159
  任务三　红外传感器的应用 … 161
　　一、任务描述与分析 … 161
　　二、相关知识 … 162
　　三、相关技能 … 166
　　四、请你做一做 … 169
  任务四　CCD图像传感器在尺寸测量中的应用 … 169
　　一、任务描述与分析 … 169
　　二、相关知识 … 170
　　三、相关技能 … 173
　　四、请你做一做 … 175
  任务五　光栅传感器在位移测量中的应用 … 176
　　一、任务描述与分析 … 176
　　二、相关知识 … 177
　　三、相关技能 … 182
　　四、请你做一做 … 185
  任务六　光电编码器在角位移测量中的应用 … 186
　　一、任务描述与分析 … 186
　　二、相关知识 … 187
　　三、相关技能 … 190
　　四、请你做一做 … 193

单元八　其他传感器及应用 … 195
  任务一　光纤传感器及应用 … 195
　　一、任务描述与分析 … 195
　　二、相关知识 … 196
　　三、请你做一做 … 200
  任务二　气体传感器及应用 … 201
　　一、任务描述与分析 … 201
　　二、相关知识 … 201
　　三、学着做一做 … 206
　　四、反思与探讨 … 208
  任务三　湿度传感器及应用 … 208
　　一、任务描述与分析 … 208
　　二、相关知识 … 208
　　三、相关技能 … 212
　　四、请你做一做 … 214
  任务四　生物传感器及应用 … 214
　　一、任务描述与分析 … 214

二、相关知识 …………………………………………………………………… 214
　　三、请你做一做 ………………………………………………………………… 218
任务五　智能传感器及应用 ………………………………………………………… 218
　　一、任务描述与分析 …………………………………………………………… 218
　　二、相关知识 …………………………………………………………………… 219
　　三、请你做一做 ………………………………………………………………… 225

单元九　抗干扰技术 ……………………………………………………………………… 226
　任务一　干扰的基本概念 …………………………………………………………… 226
　　一、干扰和噪声 ………………………………………………………………… 226
　　二、产生干扰的三要素和抑制干扰的方法 …………………………………… 226
　　三、干扰对系统的影响 ………………………………………………………… 227
　任务二　接地技术 …………………………………………………………………… 227
　任务三　屏蔽技术 …………………………………………………………………… 231
　任务四　滤波技术 …………………………………………………………………… 232

单元十　传感器的综合应用 …………………………………………………………… 238
　任务一　传感器在汽车上的典型应用 ……………………………………………… 238
　　一、任务描述与分析 …………………………………………………………… 238
　　二、相关知识 …………………………………………………………………… 239
　　三、相关技能 …………………………………………………………………… 240
　　四、请你做一做 ………………………………………………………………… 245
　任务二　接近传感器在自动线中的应用 …………………………………………… 246
　　一、磁性开关及应用 …………………………………………………………… 246
　　二、光电开关及应用 …………………………………………………………… 249
　　三、光纤式光电接近开关及应用 ……………………………………………… 252
　　四、其他接近开关及应用 ……………………………………………………… 254
　　五、知识技能归纳 ……………………………………………………………… 256
　任务三　传感器在火电厂生产过程中的典型应用 ………………………………… 256
　　一、任务描述与分析 …………………………………………………………… 256
　　二、相关知识 …………………………………………………………………… 257
　　三、相关技能 …………………………………………………………………… 264
　　四、请你做一做 ………………………………………………………………… 267

单元十一　综合训练 …………………………………………………………………… 270
　任务一　大直径钢管直线度在线测量 ……………………………………………… 270
　任务二　油气管道的破坏监测 ……………………………………………………… 270
　任务三　同轴度测量 ………………………………………………………………… 271
　任务四　轨高差检测 ………………………………………………………………… 271

任务五　粮库粮温监测 …………………………………………………………… 271
　　任务六　钢轨高速探伤 …………………………………………………………… 271
　　任务七　旋转轴扭矩测量 ………………………………………………………… 272
　　任务八　电动助力车轮速高精度检测 …………………………………………… 272

附录 ………………………………………………………………………………………… 273
　　附录一　学生案例 ………………………………………………………………… 273
　　附录二　热电偶分度表 …………………………………………………………… 279

参考文献 …………………………………………………………………………………… 286

单元一 传感器与检测技术基础

任务一 传感器的认知

一、传感器的重要性

人通过五官（视、听、嗅、味、触）接收外界的信息，经过大脑的思维（信息处理），做出相应的动作。同样，如果用计算机控制的自动化装置来代替人的劳动，则可以说电子计算机相当于人的大脑（一般俗称电脑），而传感器则相当于人的五官部分（"电五官"）。人体与机器人的对应关系可用图 1-1 表示。

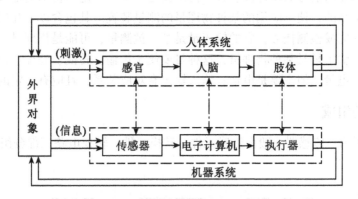

图 1-1 人体与机器人的对应关系

传感器是获取自然领域中信息的主要途径与手段。作为人脑的一种模拟的电子计算机的发展极为迅速，可是起五种感觉模拟作用的传感器却发展很慢，因而引起了人们的普遍关注，如果不进行传感器的开发，现在的电子计算机将处于一种不能适应实际需要的状态。如图 1-1 所示，为了很好地将体力劳动和脑力劳动进行协调一样，要求传感器、电子计算机和执行器三者都能相互协调才行。这样，传感器就成了现代科学的中枢神经系统，它日益受到人们的重视，这已成为现代传感器技术的必然趋势。传感器技术在工业自动化、军事国防和以宇宙开发、海洋开发为代表的尖端科学与工程等重要领域广泛应用的同时，正以自己的巨大潜力，向着与人们生活密切相关的方面渗透；生物工程、交通运输、环境保护、安全防范、家用电器、网络家居等方面的传感器已层出不穷，并在日新月异地发展。

二、传感器的作用

传感器实际上是一种功能块,其作用是将来自外界的各种信号转换成电信号。传感器所检测的信号近来显著地增加,因而其品种也极其繁多。为了对各种各样的信号进行检测、控制,就必须获得尽量简单且易于处理的信号,这样的要求只有电信号能够满足。电信号能较容易地进行放大、反馈、滤波、微分、存储、远距离操作等。因此作为一种功能块的传感器可狭义地定义为:"将外界的输入信号变换为电信号的一类元件。"如图1-2所示。

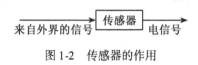

图1-2 传感器的作用

三、传感器的定义

根据中华人民共和国国家标准,传感器的定义是:能感受规定的被测量并按照一定的规律转换成可用输出信号的器件或装置。传感器是一种以一定的精确度把被测量转换为与之有确定对应关系的、便于应用的某种物理量的测量装置。其包含以下几层含义:传感器是测量装置,能完成检测任务;它的输入量是某一被测量,可能是物理量,也可能是化学量、生物量等;输出量是某种物理量,这种量要便于传输、转换、处理、显示等,这种量可以是气、光、电量,但主要是电量;输入输出有对应关系,且应有一定的精确度。

四、传感器的组成

如图1-3所示,传感器一般由敏感元件、转换元件、转换电路三部分组成。

图1-3 传感器的组成框图

(1) 敏感元件:直接感受被测量,并输出与被测量成确定关系的某一物理量的元件。
(2) 转换元件:以敏感元件的输出为输入,把输入转换成电路参数。
(3) 转换电路:上述电路参数接入转换电路,便可转换成电量输出。

实际上,有些传感器很简单,仅由一个敏感元件(兼作转换元件)组成,它感受被测量时直接输出电量,如热电偶。有些传感器由敏感元件和转换元件组成,没有转换电路。有些传感器,转换元件不止一个,要经过若干次转换。

五、传感器的分类

传感器种类繁多,目前常用的分类有两种:一种是以被测量来分,另一种是以传感器的原理来分,见表 1-1、表 1-2。

表 1-1　　　　　　　　　　　按被测量来分类

被测量类别	被测量
热工量	温度、热量、比热;压力、压差、真空度;流量、流速、风速
机械量	位移(线位移、角位移),尺寸、形状;力、力矩、应力;重量、质量;转速、线速度;振动幅度、频率、加速度、噪声
物性和成分量	气体化学成分、液体化学成分;酸碱度(pH 值)、盐度、浓度、粘度;密度、比重
状态量	颜色、透明度、磨损量、材料内部裂缝或缺陷、气体泄漏、表面质量

表 1-2　　　　　　　　　　　按传感器的原理来分类

序号	工作原理	序号	工作原理
1	电阻式	8	光电式(红外式、光导纤维式)
2	电感式	9	谐振式
3	电容式	10	霍尔式(磁式)
4	阻抗式(电涡流式)	11	超声式
5	磁电式	12	同位素式
6	热电式	13	电化学式
7	压电式	14	微波式

以被测量来分类时,使用的对象比较明确;以工作原理来分类时,传感器采用的原理比较清楚。

六、传感器的一般要求

由于各种传感器的原理、结构不同,使用环境、条件、目的不同,其技术指标也不可能相同,但是一般要求却基本上是共同的:

(1) 足够的容量——传感器的工作范围或量程足够大,具有一定的过载能力。

(2) 灵敏度高,精度适当——即要求其输出信号与被测信号成确定的关系(通常为线性),且比值要大;传感器的静态响应与动态响应的准确度能满足要求。

(3) 响应速度快,工作稳定,可靠性好。

(4) 使用性和适应性强——体积小,重量轻,动作能量小,对被测对象的状态影响小;内部噪声小而又不易受外界干扰的影响;其输出力求采用通用或标准形式,以便与系统对接。

(5) 使用经济——成本低,寿命长,且便于使用、维修和校准。

当然,能完全满足上述性能要求的传感器是很少的。我们应根据应用的目的、使用环境、被测对象状况、精度要求和原理等具体条件作全面综合考虑。

七、传感器技术的发展趋势

当前，传感器技术的主要发展动向，一是开展基础研究，发现新现象，开发传感器的新材料和新工艺；二是实现传感器的集成化与智能化。

(1) 发现新现象，开发新材料——新现象、新原理、新材料是发展传感器技术，研究新型传感器的重要基础，每一种新原理、新材料的发现都会伴随着新的传感器种类诞生。

(2) 集成化，多功能化——向敏感功能装置发展。传感器的集成化积极地应用了半导体集成电路技术，其开发思想用于传感器制造。如采用厚膜和薄膜技术制作传感器，采用微细加工技术制作微型传感器等。

(3) 向未开发的领域挑战——生物传感器。到目前为止，正大力研究、开发的传感器大多为物理传感器，今后应积极开发研究化学传感器和生物传感器。特别是智能机器人技术的发展，需要研制各种模拟人的感觉器官的传感器，如已有的机器人力觉传感器、触觉传感器、味觉传感器等。

(4) 智能传感器——具有判断能力、学习能力的传感器。事实上是一种带微处理器的传感器，它具有检测、判断和信息处理功能。如美国霍尼韦尔公司制作的 ST-3000 型智能传感器，采用半导体工艺，在同一芯片上制作 CPU、EPROM 和静态压力、压差、温度三种敏感元件。

从构成上看，智能化传感器是一个典型的以微处理器为核心的计算机检测系统。它一般由图 1-4 所示的几个部分构成。

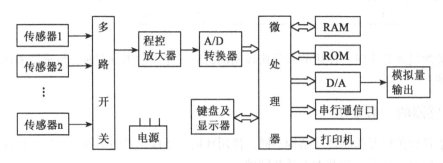

图 1-4　智能化传感器的构成

同一般传感器相比，智能化传感器有以下几个显著特点：

(1) 精度高。由于智能化传感器具有信息处理的功能，因此通过软件不仅可以修正各种确定性系统误差（如传感器输入输出的非线性误差、温度误差、零点误差、正反行程误差等），而且还可以适当地补偿随机误差，降低噪声，从而使传感器的精度大大提高。

(2) 稳定、可靠性好。它具有自诊断、自校准和数据存储功能，对于智能结构系统还有自适应功能。

(3) 检测与处理方便。它不仅具有一定的可编程自动化能力，根据检测对象或条件的改变，方便地改变量程及输出数据的形式等，而且输出的数据可以通过串行或并行通信线直接送入远地计算机进行处理。

（4）功能广。不仅可以实现多传感器、多参数综合测量，扩大测量与使用范围，而且可以有多种形式输出（如 RS232 串行输出，PIO 并行输出，IEEE-488 总线输出以及经 D/A 转换后的模拟量输出等）。

（5）性能价格比高。在相同精度条件下，多功能智能化传感器与单一功能的普通传感器相比，其性能价格比高，尤其是在采用比较便宜的单片机后更为明显。

八、传感器命名与代号

传感器的命名由主题词加四级修饰语构成。
Ⅰ．主题词——传感器；
Ⅱ．第一级修饰语——被测量；
Ⅲ．第二级修饰语——转换原理；
Ⅳ．第三级修饰语——特征描述；
Ⅴ．第四级修饰语——主要技术指标。

传感器的代号依次为：主称（传感器）—被测量—转换原理—序号。
Ⅰ．主称——传感器，代号 C；
Ⅱ．被测量——用一个或两个汉语拼音的第一个大写字母标记；
Ⅲ．转换原理——用一个或两个汉语拼音的第一个大写字母标记；
Ⅳ．序号——用数字标记，厂家自定。

例：应变式位移传感器：C WY-YB-20；光纤压力传感器：C Y-GQ-2。

任务二　误差的认知

> 引子：在农村里，有一位农民要卖大肥猪和小猪仔，在家里，他都用秤称过了，大肥猪 500 斤，小猪仔 15 斤。到了市场上，用的是市场的秤，称出来是 498 斤，农民较为满意，觉得这秤较准，但小猪仔称出来只有 14 斤，农民就不满意了，说这个秤不太准。为什么他有这样的感受呢？

在检测与测量中，必定存在测量误差。测量是指人们用实验的方法，借助于一定的仪器或设备，将被测量与同性质的单位标准量进行比较，并确定被测量对标准量的倍数，从而获得关于被测量的定量信息。这种测量在日常生活中无处不在，在工业现场中同样无处不在。测量方法也多种多样，测量方法是实现测量过程所采用的具体方法，应当根据被测量的性质、特点和测量任务的要求来选择适当的测量方法。

通常把检测结果和被测量的客观真值之间的差值叫测量误差。误差主要产生于工具、环境、方法和技术等方面因素，下面有几个基本概念。

一、绝对误差

绝对误差是仪表的指示值 x 与被测量的真值 x_0 之间的差值，记做 δ。即

$$\delta = x - x_0 \tag{1-1}$$

二、相对误差

相对误差是仪表指示值的绝对误差 δ 与被测量真值 x_0 的比值,常用百分数表示,即

$$r = \frac{\delta}{x_0} \times 100\% = \frac{x - x_0}{x_0} \times 100\% \tag{1-2}$$

绝对误差愈小,说明指示值愈接近真值,测量精度愈高。但这一结论只使用与被测量值相同的情况,而不能说明不同值的测量精度。例如,某测量长度的仪器,测量 10mm 的长度,绝对误差为 0.001mm。另一仪器测量 200mm 长度,绝对误差为 0.01mm。这就很难按绝对误差的大小来判断测量精度高低了。这是因为后者的绝对误差虽然比前者大,但它相对于被测量的值却显得较小。为此,人们引入了相对误差的概念,也就解答了前面引子所提出的问题。

相对误差比绝对误差能更好地说明测量的精确程度。在上面的例子中,有

$$r_1 = \frac{0.001}{10} \times 100\% = 0.01\%$$

$$r_2 = \frac{0.01}{200} \times 100\% = 0.005\%$$

显然,后一种长度测量仪表更精确。

在实际测量中,由于被测量真值是未知的,而指示值又很接近真值。因此,可以用指示值 x 代替真值 x_0 来计算相对误差。

使用相对误差来评定测量精度,也有局限性。它只能说明不同测量结果的准确程度,但不适用于衡量测量仪表本身的质量。因为同一台仪表在整个测量范围内的相对误差不是定值。随着被测量的减小,相对误差变大。为了更合理地评价仪表质量,采用了引用误差的概念。

引用误差是绝对误差 δ 与仪表量程 L 的比值。通常以百分数表示。引用误差为

$$r_0 = \frac{\delta}{L} \times 100\% \tag{1-3}$$

如果以测量仪表整个量程中,可能出现的绝对误差最大值 δ_m 代替 δ,则可得到最大引用误差 r_{0m}:

$$r_{0m} = \frac{\delta_m}{L} \times 100\% \tag{1-4}$$

对一台确定的仪表或一个检测系统,最大引用误差就是一个定值。

三、精度

测量仪表一般采用最大引用误差不能超过的允许值作为划分精度登记的尺度。工业仪表常见的精度等级有 0.1 级、0.2 级、0.5 级、1.0 级、1.5 级、2.0 级、2.5 级、5.0 级。精度等级为 0.1 的仪表,在使用时它的最大引用误差不超过 ±1.0%,也就是说,在整个量程内它的绝对误差最大值不会超过其量程的 ±1.0%。

在具体测量某个量值时,相对误差可以根据精度等级所确定的最大绝对误差和仪表指示值进行计算。

显然，精度等级已知的测量仪表只有在被测量值接近满量程时，才能发挥它的测量精度。因此，使用测量仪表时，应当根据被测量的大小和测量精度要求，合理地选择仪表量程和精度等级，只有这样才能提高测量精度。

四、系统误差

系统误差是传感器及检测装置固有的，在相同的条件下，多次重复测量同一量时，误差的大小和符号保持不变，或按照一定的规律变化，这种误差称为系统误差。既然它有一定的规律可循，因而可以采用一些办法来补偿与校正。

五、随机误差

在相同条件下，多次测量同一量时，其误差的大小和符号以不可预见的方式变化，这种误差称为随机误差。随机误差符合数学中的概率论的正态分布，对于小概率事件，在检测系统中一般属于不可信的数据，应该剔出，可以采用数学的方法实现减少误差。

任务三　传感器的特性了解

传感器的特性主要是指输入与输出的关系，包括静态特性和动态特性。

一、静态特性

静态特性表示传感器在被测量各个值处于稳定状态时的输入输出关系（即输入量为常量，或变化极慢）。我们总是希望传感器的输出与输入成唯一的对应关系，最好是线性关系，但是一般情况下，输出与输入不会符合所要求的线性关系，同时由于存在着迟滞、蠕变、摩擦等因素的影响，使输出输入对应关系的唯一性也不能实现。因此外界的影响不可忽视。影响程度取决于传感器本身，可通过传感器本身的改善来加以抑制，有时也可以对外界条件加以限制。如图 1-5 所示。

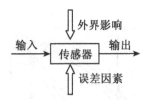

图 1-5　传感器输入输出作用图

其中误差因素就是衡量传感器静态特性的主要技术指标。

（1）线性度

线性度是用实测的检测系统输入-输出特性曲线与拟合直线之间最大偏差与满量程输出的百分比来表示的，如下式：

$$E_f = \frac{\Delta m}{Y_{FS}} \times 100\% \tag{1-5}$$

(2) 迟滞特性

传感器在正（输入量增大）反（输出量减小）行程中输出-输入曲线不重合称为迟滞，如图 1-6 所示。

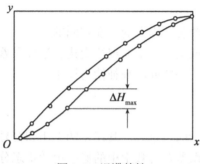

图 1-6 迟滞特性

也就是说，对应于同一大小的输入信号，传感器的输出信号大小不相等。一般由实验室方法测得迟滞误差，并以满量程输出的百分数表示，即：

$$e_H = \pm \frac{\Delta H_{max}}{y_{F.S}} \times 100\% \tag{1-6}$$

式中：ΔH_{max}——正反行程间输出的最大差值。

迟滞误差也称回程误差，回程误差常用绝对误差表示。它反映了传感器的机械部分和结构材料方面不可避免的弱点，如轴承摩擦、间隙等。

(3) 重复性

重复性是指传感器在输入按同一方向作全量程连续多次变动时，所得曲线不一致的程度，如图 1-7 所示。

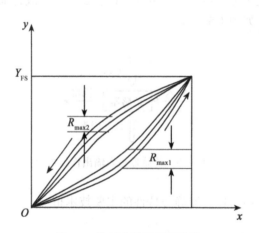

图 1-7 校正曲线的重复特性

正行程的最大重复性偏差为 ΔR_{max1}，反行程的最大重复性偏差为 ΔR_{max2}。重复性偏差取这两个最大偏差中之较大者为 ΔR_{max}，再以满量程输出 $y_{F.S}$ 的百分数表示，即：

$$e_R = \pm \frac{a\sigma_{\max}}{y_{\text{F.S}}} \times 100\% \tag{1-7}$$

(4) 灵敏度

传感器输出的变化量 Δy 与引起该变化量的输入量变化 Δx 之比即为其静态灵敏度。表达式为：

$$k = \frac{\Delta y}{\Delta x} \tag{1-8}$$

即传感器校准曲线的斜率就是其灵敏度。线性传感器，其特性是斜率处处相同，灵敏度 k 是一常数。以拟合直线作为其特性的传感器，也可认为其灵敏度为一常数，与输入量的大小无关。非线性传感器的灵敏度不是常数，应以 dy/dx 表示。由于某些原因，会引起灵敏度变化，产生灵敏度误差。灵敏度误差用相对误差表示：

$$e_s = (\Delta k/k) \times 100\% \tag{1-9}$$

(5) 分辨力和阈值

分辨力是指传感器能检测到的最小的输入增量。分辨力可用绝对值表示，也可用于满量程的百分数表示。

阈值：当一个传感器的输入从零开始极缓慢地增加，只有在达到了某一最小值后，才测得出输出变化，这个最小值就称为传感器的阈值。事实上阈值是传感器在零点附近的分辨力。分辨力说明了传感器的最小的可测出的输入变量，而阈值则说明了传感器的最小可测出的输入量。阈值大的传感器迟滞误差一定大，而分辨力未必差。

(6) 稳定性和温度稳定性

稳定性是指传感器在长时间工作的情况下输出量发生的变化，有时称为长时间工作稳定性或零点漂移。测试时先将传感器输出调至零点或某一特定点，相隔4h、8h或一定的工作次数后，再读出输出值，前后两次输出值之差即为稳定性误差。温度稳定性也称为温度漂移，是指传感器在外界温度变化下输出量发生的变化。测试时先将传感器置于一定的温度下（如室温），将其输出调至零点或某一特定点，使温度上升或下降一定的度数（如5℃或10℃）再读出输出值，前后两次输出值之差即为温度稳定性误差。

(7) 漂移

漂移指在一定时间间隔内，传感器输出量存在着与被测输入量无关的、不需要的变化。漂移包括零点漂移与灵敏度漂移。零点漂移或灵敏度漂移又可分为时间漂移（时漂）和温度漂移（温漂）。时漂是指在规定条件下，零点或灵敏度随时间的缓慢变化；温漂为周围温度变化引起的零点或灵敏度漂移。

(8) 静态误差

静态误差是指传感器在其全量程内任一点的输出值与其理论输出值的偏离程度，是评价传感器静态性能的综合性指标。求取方法如下：

① 将全部校准数据相对拟合直线的残差看成随机分布，求出标准偏差 σ，即

$$\sigma = \sqrt{\frac{\sum_{i=1}^{p} \Delta y_i}{p-1}} \tag{1-10}$$

式中：Δy_i——各测试点的残差；p——所有测试循环中总的测试点数。

例如正反行程共有 m 个测试点,每个测试点重复测量 n 次,则 $p=mn$。然后取 2σ 或 3σ 值即为传感器的静态误差,也可用相对误差来表示,即

$$e_S = \pm \frac{(2\sim3)\sigma}{y_{F.S}} \times 100\% \tag{1-11}$$

②静态误差是一项综合性指标,它基本上包括了前面叙述的非线性误差、迟滞误差、重复性误差、灵敏度误差等,所以也可以把这几个单项误差综合而得,即

$$e_S = \pm \sqrt{e_L^2 + e_H^2 + e_R^2 + e_S^2} \tag{1-12}$$

二、动态特性

动态特性是指传感器对随时间变化的输入量的响应特性。设计传感器时要根据其动态性能要求与使用条件,选择合理的方案和确定合适的参数。使用传感器时要根据其动态性能要求与使用条件,确定合适的使用方法,同时对给定条件下的传感器动态误差作出估计。总之,动态特性是传感器性能的一个重要指标。在测量随时间变化的参数时,只考虑静态性能指标是不够的,还要注意其动态性能指标。如当传感器在测量动态压力、振动、上升温度时,都离不开动态指标。

三、传感器的技术指标

对于一种具体的传感器,并不要求全部指标都必需,只要根据自己的实际需要保证主要的参数。表 1-3 列出了传感器的一些常用指标。

表 1-3　　传感器的性能指标一览

基本参数指标	环境参数指标	可靠性指标	其他指标
量程指标: 　量程范围、过载能力等 **灵敏度指标:** 　灵敏度、满量程输出、分辨力、输入输出阻抗等 **精度方面的指标:** 　精度(误差)、重复性、线性、回差、灵敏度误差、阈值、稳定性、漂移、静态误差等 **动态性能指标:** 　固有频率、阻尼系数、频响范围、频率特性、时间常数、上升时间、响应时间、过冲量、衰减率、稳态误差、临界速度、临界频率等	**温度指标:** 　工作温度范围、温度误差、温度漂移、灵敏度温度系数、热滞后等 **抗冲振指标:** 　各向冲振容许频率、振幅值、加速度、冲振引起的误差等 **其他环境参数:** 　抗潮湿、抗介质腐蚀、抗电磁场干扰能力等	工作寿命、平均无故障时间、保险期、疲劳性能、绝缘电阻、耐压、反抗飞弧性能等	**使用方面:** 　供电方式(直流、交流、频率、波形等)、电压幅度与稳定度、功耗、各项分布参数等 **结构方面:** 　外形尺寸、重量、外壳、材质、结构特点等 **安装连接方面:** 　安装方式、馈线、电缆等

任务四 传感器的标定

任何一种传感器在装配完后都必须按设计指标进行全面严格的性能鉴定。使用一段时间（中国计量法规定一般为一年）或经过修理后，也必须对主要技术指标进行校准试验，以确保传感器的各项性能指标达到要求。传感器标定就是利用精度高一级的标准器具对传感器进行定度的过程，从而确立传感器输出量和输入量之间的对应关系，同时也确定不同使用条件下的误差关系。为了保证各种被测量量值的一致性和准确性，很多国家建立了一系列计量器具（包括传感器）检定的组织、规程和管理办法。我国由国家计量局、中国计量科学研究院和部、省、市计量部门以及一些企业的计量站进行制定和实施。国家计量局（1989年后由国家技术监督局）制定和发布了力值、长度、压力、温度等一系列计量器具规程，并于1985年9月公布了《中华人民共和国计量法》。工程测量中传感器的标定，应在与其使用条件相似的环境下进行。为获得高的标定精度，应将传感器及其配用的电缆（尤其像电容式、压电式传感器等）、放大器等测试系统一起标定。根据系统的用途，输入可以是静态的，也可以是动态的。因此传感器的标定有静态和动态两种。

一、传感器的静态标定

静态标定主要用于检验测试传感器的静态特性指标，如线性度、灵敏度、滞后和重复性等。根据传感器的功能，静态标定首先需要建立静态标定系统，其次要选择与被标定传感器的精度相适应的一定等级的标定用仪器设备。如图1-8所示为应变式测力传感器静态标定设备系统框图。测力机用来产生标准力，高精度稳压电源经精密电阻箱衰减后向传感器提供稳定的电源电压，其值由数字电压表读取，传感器的输出由高精度数字电压表读出。由上述系统可知：

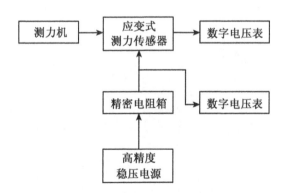

图1-8 应变式测力传感器静态标定系统

(1) 传感器的静态指标系统一般由以下几部分组成：
① 被测物理量标准发生器，如测力机。
② 被测物理量标准测试系统。如标准力传感器、压力传感器、标准长度——量规等。
③ 被标定传感器所配接的信号调节器和显示、记录器等。所配接的仪器精度应是已

知的，也作为标准测试设备。

（2）各种传感器的标定方法不同，常用力、压力、位移传感器标定。具体标定步骤如下：

① 将传感器测量范围分成若干等间距点。

② 根据传感器量程分点情况，输入量由小到大逐渐变化，并记录各输入输出值。

③ 再将输入值由大到小慢慢减少，同时记录各输入输出值。

④ 重复上述两步，对传感器进行正反行程多次重复测量，将得到的测量数据用表格列出或绘制曲线。

⑤ 进行测量数据处理，根据处理结果确定传感器的线性度、灵敏度、滞后和重复性等静态特性指标。

二、传感器的动态标定

一些传感器除了静态特性必须满足要求外，其动态特性也需要满足要求。因此在进行静态校准和标定后还需要进行动态标定，以便确定它们的动态灵敏度、固有频率和频响范围等。传感器进行动态标定时，需有一标准信号对它激励。常用的标准信号有两类：一是周期函数，如正弦波等；另一是瞬变函数，如阶跃波等。用标准信号激励后得到传感器的输出信号，经分析计算、数据处理，便可决定其频率特性，即幅频特性、阻尼和动态灵敏度等。

单元二 电阻式传感器的应用

电阻式传感器利用非电学量（如力、位移、加速度、角速度、温度、光照强度等）的变化，引起电路中电阻的变化，从而把不易测量的非电学量转化为电学量，便于测量，且可以输入计算机进行处理，做这种用途的电阻称为电阻式传感器。如利用金属的电阻率随温度变化而制作的电阻温度计，利用半导体特性制作的光敏电阻、热敏电阻等。根据电阻定律 $R=\dfrac{\rho L}{S}$，改变接入电路电阻丝的长度，就可以改变电阻，进而引起电流或电压的变化，利用此原理制作的仪器有加速度计、角速度计、电子秤、风力计等。

在本单元中，通过电阻式传感器在电子秤、水位、温度测量三个项目中的应用来讲授如下核心知识技能点：
（1）电阻应变式传感器的使用；
（2）直流电桥的应用；
（3）扩散硅压力传感器的使用；
（4）三线制测温的应用。

任务一 电阻应变式传感器在称重测量上的应用

一、任务描述与分析

1940 年美国 BLH 公司和 Revere 公司总工程师 A. Thurston（瑟斯顿）利用 SR-4 型电阻应变计研制出圆柱结构的应变式负荷传感器，用于工程测力和称重计量，成为应变式负荷传感器的创始者。1942 年在美国应变式负荷传感器已经大量生产，至今已有 60 多年的历史。前 30 多年，是利用正应力（拉伸、压缩、弯曲应力）的柱、筒、环、梁式结构负荷传感器一统天下。在此时期内，英国学者杰克逊研制出金属箔式电阻应变计，为负荷传感器提供了较理想的转换元件，并创造了用热固胶粘贴电阻应变计的新工艺。由电阻应变式传感器构成的电子秤如图 2-1 所示。

现在常用的称重工具都有哪些呢？图 2-2 给出了几个实际的称重工具。

本次学习任务就是制作图 2-1 这样一个称重电子秤，它将敏感元件（弹性体）、转换元件（电阻应变计）、信号处理电路集于一体，并用电压表来显示标定。

如何来实现呢？我们一起来看看相关知识，理一理工作思路。

二、相关知识

（一）什么是电阻应变式传感器？

电阻应变式传感器是利用金属的电阻应变效应制造的一种测量微小变化量（机械

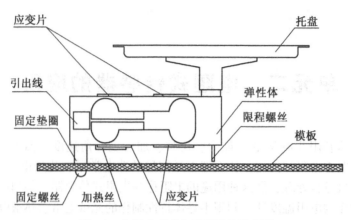

图 2-1　电阻应变式电子秤结构示意图

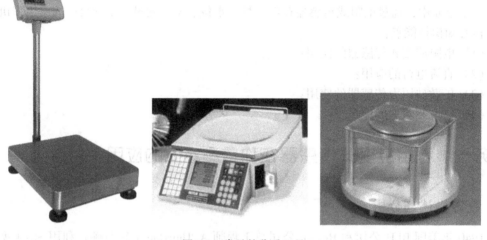

图 2-2　常见的称重工具

的传感器。将电阻应变片粘接到各种弹性敏感元件上，可构成测量力、压力、力矩、位移、加速度等各种参数的电阻应变式传感器。它是目前用于测量力、力矩、压力、加速度、重量等参数最广泛的传感器之一。

电阻应变式传感器由弹性敏感元件与电阻应变片构成。弹性敏感元件在感受被测量时将产生变形，其表面产生应变。而粘结在弹性敏感元件表面上的电阻应变片将随着弹性敏感元件产生应变，因此，电阻应变片的电阻值也产生相应的变化。这样，通过测量电阻应变片的电阻值变化，就可以确定被测量的大小了。

弹性敏感元件的作用就是传感器组成中的敏感元件，要根据被测参数来设计或选择它的结构形式。电阻应变片的作用就是传感器中的转换元件，是电阻应变式传感器的核心元件。

电阻应变式传感器的基本原理是电阻应变效应。电阻丝在外力作用下发生机械变形时，其电阻值发生变化，传感器将被测量的变化转换成传感器元件电阻值的变化，再经过转换电路变成电信号输出。

(二) 什么是电阻应变效应

导电材料的电阻与材料的电阻率、几何尺寸（长度与截面积）有关，在外力作用下发生机械变形，引起该导电材料的电阻值发生变化，这种现象称为电阻应变效应。

设有一段长为 l，截面积为 S，电阻率为 ρ 的导体（如金属丝），它在未受外力时的原始电阻为：

$$R = \rho \frac{l}{S} = \rho \frac{l}{\pi r^2} \tag{2-1}$$

式中：ρ——电阻丝的电阻率，单位为 $\Omega \cdot m$；

l——电阻丝的长度，单位为 m；

S——电阻丝截面积，单位为 m^2。

当金属丝在轴向外力 F 作用下，而被拉伸（或压缩）时，其 l、S 和 ρ 均发生变化，如图 2-3 所示，因而导体的电阻随之发生变化。通过对式（2-1）两边取对数后再作微分，即可求得其电阻的相对变化：

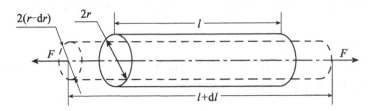

图 2-3 导体受拉伸后的参数变化

$$\frac{dR}{R} = \frac{dl}{l} - \frac{dS}{S} + \frac{d\rho}{\rho} \tag{2-2}$$

若电阻丝是圆的，则 $S = \pi \cdot r^2$，r 为电阻丝的半径，对 r 微分得 $dS = 2\pi \cdot rdr$，则

$$\frac{dS}{S} = \frac{2\pi \cdot dr}{\pi \cdot r^2} = 2\frac{dr}{r} \tag{2-3}$$

令 $\frac{dl}{l} = \varepsilon_x$ 为材料的轴向应变，$\frac{dr}{r} = \varepsilon_y$ 为金属丝径向应变。轴向应变和径向应变的关系可表示为：

$$\varepsilon_y = -\mu \varepsilon_x \tag{2-4}$$

式中：μ——金属材料的泊松系数。

将 $\frac{dS}{S} = \frac{2\pi \cdot dr}{\pi \cdot r^2} = 2\frac{dr}{r}$ 代入式（2-2）可得：

$$\frac{dR}{R} = (1 + 2\mu)\varepsilon_x + \frac{d\rho}{\rho} \tag{2-5}$$

对于金属材料的应变电阻效应讨论如下：

勃底特兹明通过实验研究发现，金属材料的电阻率相对变化与其体积相对变化之间有如下关系：

$$\frac{d\rho}{\rho} = C \frac{dV}{V} \tag{2-6}$$

式中：C——由一定的材料和加工方式决定的常数；

$$\frac{dV}{V} = \frac{dl}{l} + \frac{dS}{S} = (1-2\mu)\varepsilon_x \tag{2-7}$$

代入式（2-5），并考虑到实际上 $\Delta R/R$，可得：

$$\frac{dR}{R} = [(1+2\mu) + C(1-2\mu)]\varepsilon_x = K_m \varepsilon_x \tag{2-8}$$

式中：$K_m = (1+2\mu) + C(1-2\mu)$——金属丝材的应变灵敏系数（简称灵敏系数）。

上式表明：金属材料的电阻相对变化与其线应变成正比。这就是金属材料的应变电阻效应。

对于金属材料，$K_0 = K_m = (1+2\mu) + C(1-2\mu)$。可见它由两部分组成：前部分为受力后金属丝几何尺寸变化所致，一般金属 $\mu \approx 0.3$，因此 $(1+2\mu) \approx 1.6$；后部分为电阻率随应变而变的部分。以康铜为例，$C \approx 1$，$C(1-2\mu) \approx 0.4$，所以此时 $K_0 = K_m \approx 2.0$。显然，金属丝材的应变电阻效应以结构尺寸变化为主。对其他金属或合金，$K_m = 1.8 \sim 4.8$。

（三）电阻应变片的结构

电阻应变片的结构形式很多，但其主要组成部分基本相同。图 2-4 给出了丝式、箔式和半导体三种典型应变片的结构形式及其组成。

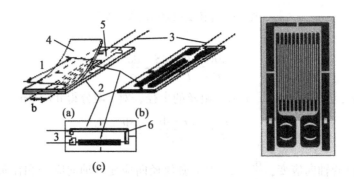

(a) 丝式　(b) 箔式　(c) 半导体

1—敏感栅　2—基底　3—引线　4—盖层　5—粘结剂　6—电极

图 2-4　典型应变计的结构及组成

电阻丝应变片是用直径为 0.025mm 具有高电阻率的电阻丝制成的。为了获得高的阻值，将电阻丝排列成栅网状，称为敏感栅，并粘贴在绝缘的基片上，电阻丝的两端焊接引线。敏感栅上面粘贴有保护用的覆盖层，如图 2-4 所示。

（1）敏感栅：应变计中实现应变-电阻转换的敏感元件。它通常由直径为 0.015 ~ 0.05mm 的金属丝绕成栅状，或用金属箔腐蚀成栅状。图中 l 表示栅长，b 表示栅宽。其电阻值一般在 100Ω 以上。

(2) 基底：为保持敏感栅固定的形状、尺寸和位置，通常用粘结剂将其固结在纸质或胶质的基底上。应变计工作时，基底起着把试件应变准确地传递给敏感栅的作用。为此，基底必须很薄，一般为0.02~0.04mm。有用专门的薄纸制成的基片称为纸基，还有用粘结剂和有机树脂薄膜制成的胶基。

(3) 引线：它起着敏感栅与测量电路之间的过渡连接和引导作用。通常取直径为0.1~0.15mm的低阻镀锡铜线，并用钎焊与敏感栅端连接。

(4) 盖层：用纸、胶作成覆盖在敏感栅上的保护层，起着防潮、防蚀、防损等作用。

(5) 粘结剂：在制造应变计时，用它分别把盖层和敏感栅固结于基底；在使用应变计时，用它把应变计基底再粘贴在试件表面的被测部位。因此它也起着传递应变的作用。

(四) 应变片的种类、材料及参数

1. 金属丝式应变片

金属丝式应变片有回线式和短接式两种，如图2-5所示。

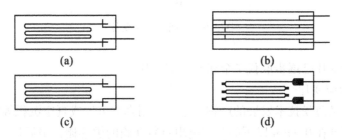

图2-5 丝式应变片结构

回线式应变片是将电阻丝绕制成敏感栅粘结在各种绝缘基底上而制成的，它是一种常用的应变片。其敏感栅材料直径在0.012~0.05mm之间，以0.025mm左右为最常用。其基底很薄（一般在0.03mm左右），粘贴性能好，能有效地传递变形。引线多用0.15~0.30mm直径的镀锡铜线与敏感栅相连接。其制作简单，性能稳定，成本低，易粘贴，但其应变横向效应较大。常见的回线式应变片构造如图2-5（a）、（c）所示。

短接式应变片两端用直径比栅线直径大5~10倍的镀银丝短接起来而构成。优点是克服了横向效应，但制造工艺复杂。常用材料有康铜、镍铬铝合金、铁铬铝合金以及铂、铂钨合金等。短接式应变片构造如图2-5（b）、（d）所示。

2. 金属箔式应变片

它是利用照相制版或光刻技术将厚为0.003~0.01mm的金属箔片制成所需图形的敏感栅，也称为应变花，如图2-6所示。它具有很多优点。

① 可制成多种复杂形状、尺寸准确的敏感栅，其栅长l可做到0.2mm，以适应不同要求。

② 与被测件粘贴结面积大。

③ 散热条件好，允许电流大，提高了输出灵敏度。

④ 横向效应小，可以忽略。

⑤ 蠕变和机械滞后小，疲劳寿命长。

缺点：电阻值的分散性比金属丝的大，有的相差几十欧姆，需做阻值调整。在常温

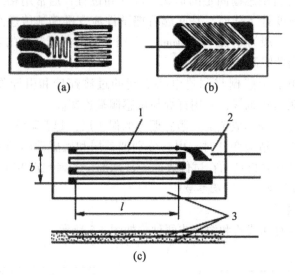

图 2-6 金属箔式应变片

下,金属箔式应变片已逐步取代了金属丝式应变片。

3. 金属薄膜应变片

薄膜应变片是薄膜技术发展的产物。它是采用真空蒸发或真空沉积等方法,在薄的绝缘基片上形成厚度在 $0.1\mu m$ 以下的金属电阻材料薄膜的敏感栅,最后加上保护层。

优点:应变灵敏系数大,允许电流密度大,工作范围广,可达 $-197 \sim 317℃$。

缺点:难以控制电阻与温度和时间的变化关系。

三、相关技能

(一)电阻应变片的选择、粘贴技术

在电阻应变片的使用中,应注意如下几点:

(1) 目测电阻应变片有无折痕、断丝等缺陷,有缺陷的应变片不能粘贴。

(2) 用数字万用表测量应变片电阻值大小。同一电桥中各应变片之间阻值相差不得大于 0.5Ω。

(3) 试件表面处理:贴片处置用细纱纸打磨干净,用酒精棉球反复擦洗贴处,直到棉球无黑迹为止。

(4) 应变片粘贴:在应变片基底上挤一小滴 502 胶水,轻轻涂抹均匀,立即放在应变贴片位置。

(5) 焊线:用电烙铁将应变片的引线焊接到导引线上。

(6) 用兆欧表检查应变片与试件之间的绝缘组织,应大于 $500M\Omega$。

(7) 应变片保护:用 704 硅橡胶覆于应变片上,防止受潮。

根据上述要求,在双孔悬臂梁上粘贴应变片,如图 2-7 所示。

思考:如果将被称的物体放在双孔悬臂梁构成的电子秤的托盘上,应变片电阻发生变化,如何提供给显示仪表呢?

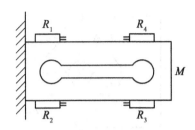

图 2-7 双孔悬臂梁电阻应变传感器

(二) 如何将电阻的变化转换成电压信号

通常采用电桥电路来将电阻的变化转换成电压的变化，图 2-8 是一个单臂桥电路，R_1、R_2、R_3 为固定电阻，R_4 为电阻应变片，U 为加载在电桥上的电源电压，我们先考虑它不变，U_0 为输出电压。分析一下 U_0 与 R_4 的关系。

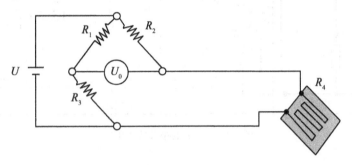

图 2-8 单臂桥电路

通过简单计算可以得出：

$$U_0 = \frac{R_2 R_4 - R_1 R_3}{(R_1 + R_4)(R_2 + R_3)} U \tag{2-9}$$

假定 $R_1 = R_2 = R_3 = R_4 = R$ 时，有

$$U_0 = \frac{R(R + dR) - RR}{(R + R + dR)(R + R)} U = \frac{U}{4} \cdot \frac{dR}{R} \tag{2-10}$$

金属丝应变片：

$$\frac{dR}{R} = (1 + 2\mu)\varepsilon \tag{2-11}$$

在实际使用中为了提高灵敏度，常采用等臂电桥，四个应变片接成差动的全桥工作方式，如图 2-9 所示。

$$U_0 = U \cdot \frac{dR}{R} \tag{2-12}$$

由式（2-10）与式（2-12）比较分析可知，全臂桥的灵敏度为单臂桥的 4 倍。

但往往 $\frac{dR}{R}$ 数值很小，使得输出电压 U_0 很微弱，因而需要进行放大。通常应用差分放大器进行放大。图 2-10 所示是一个实用电路。

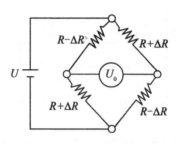

图 2-9 差动全臂电桥电路

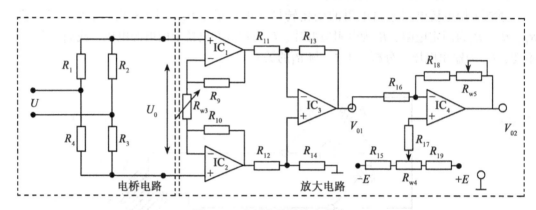

图 2-10 电桥电路及放大电路

对于图 2-10 所示的电桥电路，R_{w3}、R_{w4} 起调零点的作用，R_{w5} 起调满度的作用。（补充电路说明）

（三）电子秤的标定

如图 2-10 所示，调整限程螺钉确定最大的量程。标定过程中需要调整电位器使电子秤上没有被称物品（砝码）时，输出电压为 0V，在电子称上放置一只砝码，读取数显表数值，依次增加砝码和读取相应的数显表值，直到 200g（或 500g）砝码加完。记下实验结果填入表 2-1。

表 2-1

重量（g）										
电压（mV）										

根据表 2-1 计算系统灵敏度 $S = \Delta U/\Delta W$（ΔU 为输出电压变化量，ΔW 为重量变化量）和非线性误差 $\delta_{fl} = \Delta m/y_{F.S} \times 100\%$。

式中：Δm 为输出值（多次测量时为平均值）与拟合直线的最大偏差；

$y_{F.S}$ 为满量程输出平均值，此处为 200g（或 500g）。

（四）常见商用电阻应变式传感器使用

常见电阻应变式传感器有国际流行的双梁式或剪切 S 梁结构，拉、压输出对称性好，测量精度高，结构紧凑，安装方便，广泛用于机电结合秤、料斗秤、包装秤等各种测力、称重系统中，如图 2-11 所示。

轮辐式电阻应变式传感器采用轮辐式结构，高度低，抗偏抗侧能力强，测量精度高，性能稳定可靠，安装方便，是大、中量程精度传感器中的最佳形式，广泛用于各种电子衡器和各种力值测量，如汽车衡、轨道衡、吊勾秤、料斗秤（如图 2-12 所示）。

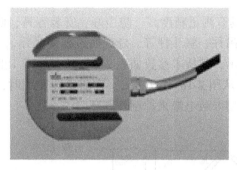 

图 2-11　剪切 S 梁结构电阻应变式传感器　　　图 2-12　轮辐式电阻应变式传感器

双孔悬臂梁电阻应变式传感器采用优质铝合金制作，具有良好的抗腐蚀性和长期稳定性。它结构小巧、美观，安装方便；广泛应用于小型电子台秤、手提秤等有关电子衡器的一次仪表，如图 2-13 所示。

悬臂剪切结构电阻应变式称重传感器，具有精度高、防尘好、安装容易、使用方便等特点。可用于各种电子汽车衡、单轨吊秤、料斗秤，如图 2-14 所示。

图 2-13　双孔悬臂梁电阻应变式传感器　　　图 2-14　悬臂剪切结构电阻应变式称重传感器

波纹管悬臂剪切结构电阻应变式称重传感器，其波纹管密封、充氮，具有精度高、防尘好、性能稳定、安装方便等优点。广泛用于料斗秤、皮带秤等电子衡器的一次转换，如图 2-15 所示。

桥式电阻应变式称重传感器，采用中心连接的鱼背承载方式，可自动复位，测量精确。适用以其独特的两端支承，中间受力的桥式结构形式，具有抗侧向力和抗冲击性能好等特点，有良好的防潮密封性能，适应恶劣环境。广泛用于电子汽车衡、轨道衡、料斗秤等测量领域，如图 2-16 所示。

当前商用电阻应变式传感器已经在传感器内部将电桥电路制作完成，在使用时应注意额定载荷、额定输出、非线性度、零点输出、绝缘电阻、供桥电压等技术参数。下面以NS-WL1 系列拉压力传感器进行说明。

图 2-15 波纹管悬臂剪切结构电阻称重传感器　　图 2-16 桥式电阻应变式称重传感器

NS-WL1 系列传感器采用悬臂剪切结构,具有测量精度高、防尘好、安装容易、使用方便等特点。广泛用于各种电子汽车衡、单轨吊秤、料斗秤等,外观如图 2-17 所示。

NS-WL1 系列传感器内部电路如图 2-18 所示,其技术参数如表 2-2 所示,根据工业环境的需要,我们可以选择不同参数的传感器。从图 2-18 可以看出,在传感器使用时,应注意供电电压、输出电压,而且在接线时应使用屏蔽电缆来抑制外部环境的干扰。

图 2-17 NS-WL1 系列传感器外观　　图 2-18 NS-WL1 系列拉压力传感器内部电路

表 2-2　　NS-WL1 系列传感器技术参数表

技术参数	单位	技术指标
额定载荷	kg	5,10,50,100,⋯,20000
额定输出	mV/V	>1.5
非线性	%F.S	≤±0.02
滞后	%F.S	≤±0.02
重复性	%F.S	≤±0.02
零点输出	%F.S	<±1
零点温度系数	%F.S/℃	≤0.002
绝缘电阻	MΩ	≥2000
供桥电压	VDC	10
工作温度	℃	-20 ~ +70
允许过载	%F.S	150
备注: 可设计成 12V 或 24V 供电,0~5V 或 4~20mA 信号输出		

根据上述参数表,需要确定具体的型号,我们可以参看相关的选型手册。

工业典型应用如图 2-19 所示。传感器根据现场实际情况安装,传感器输出信号经放大器接至智能仪表或计算机检测系统。根据传感器的输出，我们需要选择相应的放大器或者制作满足要求的放大电路，以适应智能仪器仪表接口电路的要求。图 2-20 是电阻应变式传感器在桥梁荷重测量上的应用。

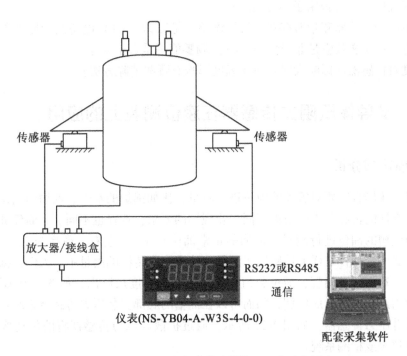

图 2-19　电阻应变式传感器的工业典型应用

图 2-20　电阻应变式传感器在桥梁荷重测量上的应用

四、请你做一做

请你根据人体的体重范围及测量精度的要求，到市场上进行调研，选择合适的传感器，设计一个用模拟电压表显示数值的体重测量秤，有条件的情况下作为第二课堂的一次科技活动完成该项目任务。

反思与探讨

1. 应变式传感器可否用于测量温度？
2. 电阻应变传感器测量时存在非线性误差，是因为：（1）电桥测量原理上存在非线性；（2）应变片应变效应是非线性的；（3）调零值不是真正为零。
3. 温度对传感器的影响大吗？对于温度影响有哪些消除方法？

任务二　半导体压阻式传感器在液位测量上的应用

一、任务描述与分析

在许多工业场合需要对容器的液位进行测量，比如锅炉的水位、油槽的油位等。我们应该选择什么样的传感器呢？根据不同工业现场的要求，选择也不同。下面任务中我们要求对一个回油槽的油位进行测量，油槽的正常油位在 1.5m 左右，最高为 2m，油槽为敞开式结构。我们选择什么样的传感器来测量油位呢？在传统的测量中，人们根据连通器的原理设计便于观测的玻璃管，液位数值直接从玻璃板刻度尺读出，如图 2-21 所示。因为液体的深度与产生的压力成比例，因而可以在油槽的底部安装压力传感器来测量油位，比如安装扩散硅压力传感器，如图 2-22 所示，通过扩散硅压力传感器将液位转换成电信号输出到测量仪表或检测系统。

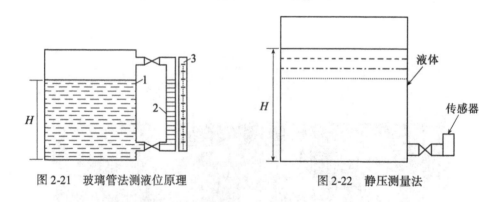

图 2-21　玻璃管法测液位原理　　　　图 2-22　静压测量法

什么是扩散硅压力传感器？它是怎样将压力信号转换成电信号的呢？

二、相关知识

（一）什么是压阻效应？

扩散硅压力传感器是根据压阻效应制成的一种压阻式压力传感器，能将感受到的压力变成电阻的变化。

在研究中发现半导体单晶硅材料在受到外力作用，产生肉眼根本察觉不到的极微小应变时，其原子结构内部的电子能级状态发生变化，从而导致其电阻率剧烈的变化，由其材料制成的电阻也就出现极大变化,这种物理效应叫压阻效应。

史密斯等学者很早就发现,锗、硅等单晶半导体材料受到应力作用时,其电阻率会发生变化,即产生压阻效应。半导体材料的压阻效应为:

$$\frac{d\rho}{\rho} = \pi\sigma = \pi \cdot E\varepsilon_x \tag{2-13}$$

式中:σ——作用于材料的轴向应力;
π——半导体材料在受力方向的压阻系数;
E——半导体材料的弹性模量。

同样,将式(2-13)代入式(2-5),并写成增量形式可得:

$$\frac{\Delta R}{R} = [(1+2\mu)+E\pi]\varepsilon_x = K_s\varepsilon_x \tag{2-14}$$

式中:$K_s = 1 + 2\mu + \pi E$——半导体材料的应变灵敏系数。

实际情况并非如此简单。当硅膜片承受外应力时,必须同时考虑其纵向(扩散电阻长度方向)压阻效应和横向(扩散电阻宽度方向)压阻效应。由于扩散型力敏传感器的扩散电阻厚度(即扩散深度)只有几微米,其垂直于膜片方向的应力远比其他两个分量小而可忽略。

综合式(2-8)和式(2-14)可得半导体丝材的应变电阻效应为:

$$\frac{\Delta R}{R} = K_0\varepsilon_x \tag{2-15}$$

式中:K_0——半导体丝材的灵敏系数。

对于半导体材料 $K_0 = K_s = (1+2\mu) + \pi E$,它也由两部分组成:前部分同样为尺寸变化所致;后部分为半导体材料的压阻效应所致,而且 $\pi E \gg (1+2\mu)$,因此半导体丝材的 $K_0 = K_s \approx \pi E$。可见,半导体材料的应变电阻效应主要基于压阻效应。通常 $K_s = (50 \sim 80) K_m$。

(二)什么是扩散硅压力传感器?

1954年,C. S. 史密斯详细研究了硅的压阻效应,从此开始用硅制造压力传感器。早期的硅压力传感器是半导体应变计式的。后来在N型硅片上定域扩散P型杂质形成电阻条,并接成电桥,制成芯片。此芯片仍需粘贴在弹性元件上才能敏感压力的变化。采用这种芯片作为敏感元件的传感器称为扩散型压力传感器。这两种传感器都同样采用粘片结构,因而存在滞后和蠕变大、固有频率低、不适于动态测量以及难以小型化和集成化、精度不高等缺点。20世纪70年代以来,制成了周边固定支撑的电阻和硅膜片的一体化硅杯式扩散型压力传感器。它不仅克服了粘片结构的固有缺陷,而且能将电阻条、补偿电路和信号调整电路集成在一块硅片上。

利用压阻效应原理,采用三维集成电路工艺技术及一些专用特殊工艺,在单晶硅片上的特定晶向,制成应变电阻构成的惠斯顿检测电桥,并同时利用硅的弹性力学特性,在同一硅片上进行特殊的机械加工,集应力敏感与力电转换检测于一体的这种力学量传感器,以气、液体压强为检测对象,也称为固态压阻传感器。它诞生于20世纪60年代末期。显然,它较传统的金属应变片式传感器技术上先进得多,目前仍是压力测量领域最新一代传感器。由于各自的特点及局限性,它虽然不能全面取代上述各种力学量传感器,但是,从

80年代中期以后，在美、日、欧传感器市场上，它已是压力传感器中执牛耳的品种。目前，在以大规模集成电路技术和计算机软件技术介入为特色的智能传感器技术中，由于它能作成单片式多功能复合敏感元件来构成智能传感器的基础，因此，它仍然最受瞩目。

这种新型传感器的优点是：①频率响应高（例如有的产品固有频率达1.5MHz以上），适于动态测量；②体积小（例如有的产品外径可达0.25mm），适于微型化；③精度高，可达0.1%~0.01%；④灵敏高，比金属应变计高出很多倍，有些应用场合可不加放大器；⑤无活动部件，可靠性高，能工作于振动、冲击、腐蚀、强干扰等恶劣环境。其缺点是温度影响较大（有时需进行温度补偿）、工艺较复杂和造价高等。

（三）压阻式传感器的结构

固态压阻式压力传感器的结构如图2-23所示，传感器硅膜片两边有两个压力腔，一个是和被测压力相连接的高压腔，另一个是低压腔，通常和大气相通。

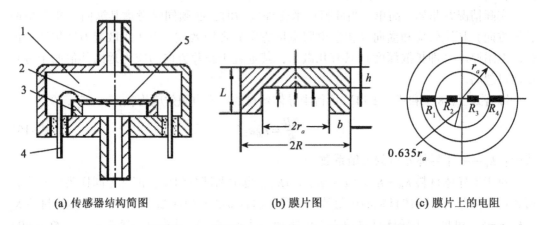

(a) 传感器结构简图　　　　(b) 膜片图　　　　(c) 膜片上的电阻

1—低压腔　2—高压腔　3—硅杯　4—引线　5—硅膜片

图2-23　压阻式压力传感器结构简图

三、相关技能

（一）扩散硅压力传感器的选择与安装

1. 量程选择

根据被测压力，可以选择表压、绝压、密封式表压、差压等压力显示值，在传感器的量程选择时，首先确定压力显示类型。表2-3至表2-6是几种类型压力的传感器量程。

表2-3　　　　　　表压（通气式表压，以当前大气压为零点）　　　　　（单位：MPa）

量程	-0.1	-0.035	-0.02	0.02	0.035	0.1	0.25	0.4	0.6	1.0	1.6	2.5
过载%	300	300	300	300	300	200	200	200	200	200	200	200

表 2-4　　　　　　　　　　　　　绝压（真空为零点）　　　　　　　　　　（单位：MPa）

量程	0.1	0.25	0.4	0.6	1.0	1.6
过载%	200	200	200	200	200	200

表 2-5　　　　　　　　　　　密封式表压（校准大气压为零点）　　　　　　　（单位：MPa）

量程	1.0	1.6	2.5	6	10	25	40	60	100
过载%	200	200	200	200	200	150	150	150	150

表 2-6　　　　　　　　　　　　　　　差压　　　　　　　　　　　　　（单位：MPa）

量程	0.02	0.035	0.1	0.25	0.4	0.6	1.0	1.6	2.5
过载%	300	300	200	200	200	200	200	200	150

2. 安装方式的选择

现代传感器通常已经和变送器整体化，根据现场的安装需要，可以选用投入式、法兰式、螺纹式、直杆式等安装方式的压力传感器。

在敞开式容器的液位测量中，有时采用投入式压力传感器来进行液位的测量，这样的传感器无接线盒连接，将电缆线直接从探头部分引出，输出 4～20mA 的简易形式，使产品连接现场更简单。但因其省去了接线盒的转换部分，故不能在使用当中调节零点和满量程，适合于测量现场较稳定的使用，根据测量介质的不同特性及用户的测量范围可选用无中介液的扩散硅传感器，灵敏度高，长期稳定性好，压力传感器直接感测被测液位压力，不受介质起泡、沉积的影响，测量膜片与介质大面积接触，不易堵塞，便于清洗。另外无机械传动部件，无机械磨损，无机械故障，可靠性强。但注意，投入式传感器的引出电缆不宜浸泡在腐蚀性液体中。

对于静态液位的测量，一般直接将传感器头投入到被测液位的底部，尽量远离泵、阀位置安装。对于流动的液位，通常在被测液体中插入钢管，在与水流的相反的管面上不同高度开若干孔，让水流进入，注意不要让通气管堵住。

投入式压力传感器的使用如图 2-24 所示。

有的传感器采用较大内孔和法兰式连接方式，适用于非密封场合，尤其是具有粘稠或浆状介质等特性的液体，或富含颗粒类介质的测量，不易堵塞，便于清洗。外观如图 2-25 所示。

螺纹式结构压力传感器一般用于封闭式压力容器中，采用差压测量方式进行液位的测量，其外观如图 2-26 所示。

插入式结构压力变送器分为直杆式和软管式两种。直杆式压力传感器与接线盒之间的线缆采用不锈钢管封装防护，它具有较强的硬度，可以直接插入到被测液体底部，适用于量程在 4m 内的敞口容器或需要插入安装的液位测量。软管式液位变送器的压力传感器与接线盒之间的线缆采用不锈钢柔性软管封装防护，使其既具有一定的强度，又具有一定的

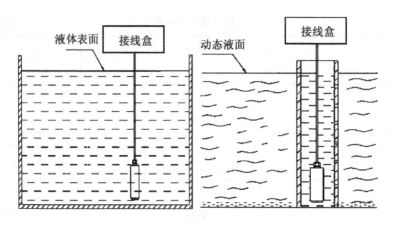

(a) 静态液位的测量　　　　　　(b) 动态液位的测量

图 2-24　投入式压力传感器的使用

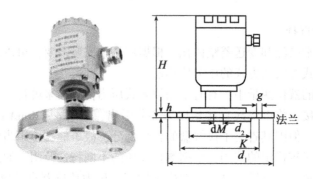

图 2-25　法兰式压力变送器的外观

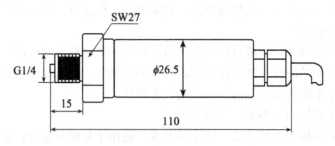

图 2-26　螺纹式压力变送器的外观

柔软性，适于便携安装，此类液位变送器的测量范围在 0～20m，如图 2-27 所示。

3. 电气连接方式

将压力传感器与转换电路集成在一起的压力变送器外部接线有两线制和三线制，两线制为电流输出方式，三线制为电压输出方式。如图 2-28 所示。

4. 选型要点

（1）依据被测压力性质，选择表压、差压或绝压模式。测量液位时，依据液位上方

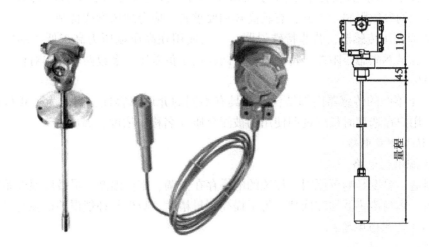

图 2-27 插入式压力变送器外观

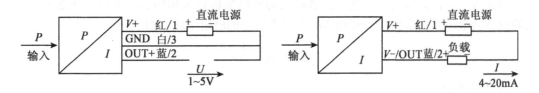

三线制：1~5V DC/0~5V DC/0.5~4.5V DC 电气连接方法　　两线制：4~20mA 电气连接方法

图 2-28 电气连接方式

是自由大气压或密封气压选择表压或差压模式。如密封带压容器内的液位测量就应选差压模式。

（2）一般来说，量程选择使工作压力值在标准量程值的 60%~100% 为宜，系统中最大可能出现的过载压力，包括异常情况导致的过载压力不超过产品允许最大过载。若矛盾时，可依据不同系列，不同品种灵活处理、合理选择。

（3）传感器给出的三项精度指标，均按国标用最小二乘直线或端基平移直线计算。精度等级确定应根据测量系统分配给传感器的最大误差选取。实用中习惯性的精度，有时还应考虑计入零位时漂，零位和灵敏度温度系数带入的附加误差。由于产品等级按多项参数分档，档级越高，价格越贵。某些特殊应用中，用户也可提出某些单项筛选指标，以便用较低价格满足较高的精度要求。

（4）对于使用温度范围宽，而又要求总精度高的用户，可用软件执行温度误差修正。生产单位产品在补偿方法上，尽量避免采用非线性的温度系数补偿方法。而且，在某些产品系列，生产单位备有压力、温度复合敏感元件，可以进行很高精度的跟踪补偿，用户可在订货时提出协商。

（5）产品分档表列温度系教，是补偿温区范围内的合格值。超过补偿温区，温度系数指标可能超标，但仍可使用，超过使用温度范围极限，即使有的传感器仍能工作，但寿命将大大缩短。

（6）传感器的动态频响，除决定于其敏感元件的固有频率外，更多时候是受传感器结构的管腔结构参数限制。因此，有较高频响要求者，应合理选型或特制。

（7）普通差压传感器，若非特殊说明，一般使用在高压端压力高于低压端压力的正差压情况下。虽然固态压阻差压传感器都可同样用于负差压，多数两端基本对称，但负压差一般不另标定。

（8）由于不同的传感器内部结构材料具有不同的介质兼容性，因此为了获得最优的使用效果，用户在选型时最好说明使用的被测介质（名称、浓度、温度）。

（二）认知测量电路

1. 恒流源电桥电路

由于制造、温度影响等原因，传统的电桥存在失调、零位温漂、灵敏度温度系数和非线性等问题，影响传感器的准确性。为了提高测量精度，减少与补偿误差措施有三种：

（1）恒流源供电电桥；

（2）零点温度补偿；

（3）灵敏度温度补偿。

为了进一步提高测量的线性，扩散硅压力传感器桥路采用恒流源供电，图2-29为恒流源供电的全桥差动电路图，假设ΔR_T为温度引起的电阻变化，则

$$I_{ABC} = I_{ADC} = \frac{1}{2}I \tag{2-16}$$

电桥的输出为

$$\begin{aligned} U_0 &= U_{BD} \\ &= \frac{1}{2}I(R + \Delta R + \Delta R_T) - \frac{1}{2}I(R - \Delta R + \Delta R_T) \\ &= I\Delta R \end{aligned} \tag{2-17}$$

电桥的输出电压与电阻变化成正比，与恒流源电流成正比，但与温度无关，因此测量不受温度的影响。

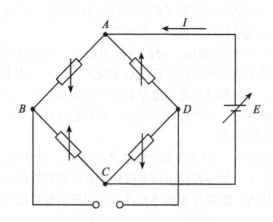

图2-29 恒流源供电的全桥差动电路图

但温度的变化，将引起零漂和灵敏度漂移。零漂是指扩散电阻值随温度变化，灵敏度

漂移是指压阻系数随温度变化，对于温度的影响可以进行补偿。对于零位温漂，可用串、并联电阻进行补偿；对于灵敏度温漂，可用串联二极管进行补偿，如图 2-30 所示。

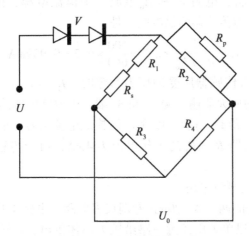

图 2-30　温度漂移补偿电路

其中，串联电阻 R_s 起调零作用，并联电阻 R_p 起补偿作用。

2. 实用的测量电路

（1）基于 AD693 的测量电路

压力变送器在液位测量应用中普遍采用 4~20mA 传输，适合信号的远距离传送，压力变送器的电路如图 2-31 所示。

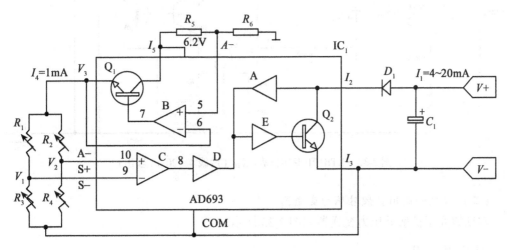

图 2-31　典型的压力变送器的电路

在图 2-31 中，电路 IC_1 是 4~20mA 传感器变送电路 AD693，在 4mA 电流输出时，温度系数是 $\pm 1.5\mu A/℃$，增益的温度系数是 $\pm 50\times 10^{-6}/℃$，非线性误差为 $\pm 0.05\%$。D_1 是电压保护二极管，C_1 是滤波电容器。力敏电阻器 R_1、R_2、R_3、R_4 是压力传感器的四个桥臂电阻条。为了减小力敏电阻器的温度、非线性误差，采用恒流供电的方式，IC_1 内部提供了一只运算放大器 B 和开路输出三极管 Q_1、低温度系数的稳压电源。三极管 Q_1 的集电极输出端 I_5 与稳压电源输出端 6.2V 连接，放大器 B 负输入端 S_- 与三极管 Q_1 发射极相连接。放大器 B、三极管 Q_1、电阻 R_5 和 R_6 组成一个恒流电源，提供电流 I_1，选择 $R_5 = 560\text{k}\Omega$，$R_6 = 100\text{k}\Omega$，压力传感器的供电电流是：

$$I_4 = \frac{R_6}{R_5 + R_6} \times 6.2 = \frac{100}{660} \times 6.2 = 0.939\text{mA} \tag{2-18}$$

调整电路，使得压力传感器所受的压力为零时，$I_1 = 4\text{mA}$。压力传感器的输出电压 V_1、V_2 分别输入到 IC_1 的放大器输入端 S_- 和 S_+ 端，压力传感器的变化电压 ΔV_{34} 经过放大器 C、D 后，再经过放大器 E、A、三极管 Q_2 转换成电流信号，最后压力变化通过电流形式输出。器件 IC_1 和电阻器 R_5、R_6 的工作电流为 4mA，由于传感器变化产生的电流是：$\Delta I_1 = 20 - 4 = 16\text{mA}$。

（2）基于 XTR101 的测量电路

XTR101 是性能很好的两线 4～20mA 专用仪表电路，电路本身带有调零功能，还有 2 路 1mA 的恒流电源，可以单独用任意一路给压力芯体供电，也可以合在一起 2mA 供电，推荐采用 1mA 供电方式，同时在压力芯体电源负串接 1～1.6kΩ 普通电阻即可，如图 2-32 所示。

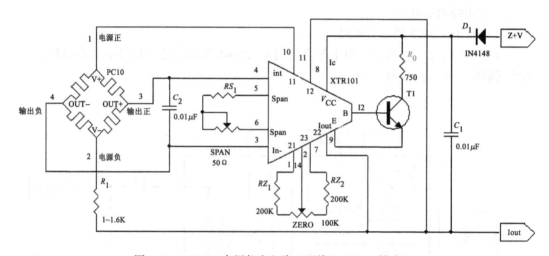

图 2-32　XTR101 专用仪表电路（两线 4～20mA 输出）

（三）常见的商用扩散硅压力变送器

常见的商用扩散硅压力变送器如图 2-33 所示。

四、请你做一做

现有一循环水池水位需要测量，水位变化范围为 1～10m，测量分辨率要求为 0.02m，请你根据要求，到市场上进行调研，选择合适的传感器，设计合理的安装方案。

(a) 一体化风压变送器　　(b) 扩散硅微压差变送器　　(c) 隔离式差压变送器　　(d) 通用压力变送器

(e) 液位变送器　　(f) 铠装液位变送器　　(g) 法兰式压力变送器　　(h) 差压变送器

图 2-33　常见商用压力变送器

反思与探讨

1. 测量液位时，液体的密度对传感器选择有何要求？
2. 对于有压力的封闭式容器的液位测量若采用差压测量，应该如何选择传感器？
3. 如何利用压力传感器来测量管路或气囊中气压？传感器如何选？如何安装？

任务三　铂电阻在温度测量中的应用

一、任务描述与分析

在大中型发电机组的安全运行监视中，需要对发电机定子温度、轴承温度、冷却水温、进出口风温等进行测量，采用什么样的传感器测量，采用什么测量方式、技术手段好呢？

温度是表征物体冷热程度的物理量，它可以通过物体随温度变化的某些特性（如电阻、电压变化等特性）来间接测量，类似于发电机机组各部件等工业场合的温度测量，通常采用热电阻来进行测温，比如铂电阻、铜电阻等，需要将感温传感器装设在被测部件中。

本次任务就是学习铂电阻的温度测量应用。

二、相关知识

(一) 什么是铂电阻温度传感器?

研究发现,金属铂 (Pt) 的电阻值随温度变化而变化,并且具有很好的重现性和稳定性,利用铂的此种物理特性制成的传感器称为铂电阻温度传感器。以 Pt100 为例,这种型号的铂热电阻,环境温度等于 0 度的时候,Pt100 的阻值就是 100Ω。当温度变化的时候,Pt100 的电阻也随之变化,其电阻变化率为 $0.3851\Omega/℃$。铂电阻温度传感器精度高,稳定性好,应用温度范围广,是中低温区 ($-200\sim650℃$) 最常用的一种温度检测器,不仅广泛应用于工业测温,而且被制成各种标准温度计 (涵盖国家和世界基准温度) 供计量和校准使用。

铂电阻的温度系数 TCR 按 IEC751 国际标准定义如下:

$$TCR = (R_{100} - R_0) / (R_0 \times 100) \tag{2-19}$$

工业中铂电阻的温度系数 $TCR = 0.003851$,按照 Pt100 ($R_0 = 100\Omega$) 统一设计各类铂电阻温度传感器。如表 2-7 所示。

表 2-7

阻值 (Ω) 分度号	0℃时标准电阻值 R_0	100℃时标准电阻值 R_{100}
Pt100	100.00	138.51
Pt1000	1000.0	1385.1

铂电阻的测温范围较宽,但并非线性的,其温度/电阻特性如式 (2-20)、式 (2-21) 所示:

$$-200 < t < 0℃ \quad R_t = R_0 [1 + At + Bt^2 + C(t-100)t^3] \tag{2-20}$$

$$0 < t < 850℃ \quad R_t = R_0 (1 + At + Bt^2) \tag{2-21}$$

式中: R_t 为在 $t℃$ 时的电阻值;

R_0 为在 $0℃$ 时的电阻值。

$TCR = 0.003851$ 时的系数值如表 2-8 所示。

表 2-8

系数	A	B	C
数值	$3.9083 \times 10^{-3}℃^{-1}$	$-5.775 \times 10^{-7}℃^{-2}$	$-4.183 \times 10^{-12}℃^{-4}$

(二) 铂电阻的结构

铂电阻的形式分为装配式铂电阻和铠装式铂电阻。

1. 装配式铂电阻

装配式铂电阻由外保护管、延长导线、测温电阻、氧化铝装配而成,产品结构简单,适用范围广,成本较低,绝大部分测温场合使用的产品均属装配式,其结构如图 2-34 所示。

2. 铠装式铂电阻

铠装式铂电阻由电阻体、引线、绝缘氧化镁及保护套管整体拉制而成,顶部焊接铂电

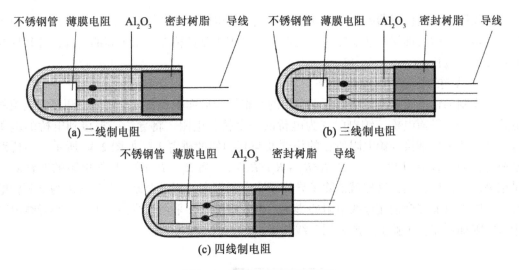

图 2-34 装配式铂电阻的结构

阻,产品结构复杂,价格较高,比普通装配式铂电阻的响应速度更快,抗震性能更好,测温范围更宽,并且长度方向可以弯曲,适用于刚性保护管不能插入或需要弯曲测量的部位测温。但必须注意的是由于顶部是测温元件所在位置,所以其端部 30mm 是不得弯曲的,其结构如图 2-35 所示。

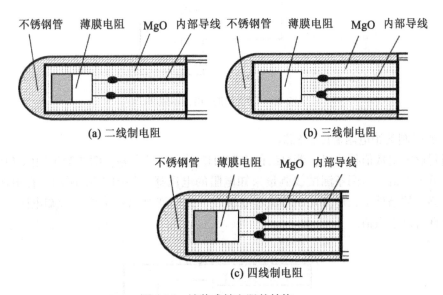

图 2-35 铠装式铂电阻的结构

奇怪,这些铂电阻的引出导线为什么有的设计或制作成二线,有的成三线、四线呢?

三、相关技能

(一) 铂电阻传感器的选型

1. 两线制的铂电阻温度传感器

两线制铂电阻传感器的电阻变化值与连接导线电阻值共同构成传感器的输出值,由于导线电阻带来的附加误差使实际测量值偏高,多用于测量精度要求不高的场合,并且导线的长度不宜过长。

2. 三线制的铂电阻温度传感器

三线制的铂电阻温度传感器要求引出的三根导线截面积和长度均相同,测量铂电阻的电路一般是不平衡电桥,铂电阻作为电桥的一个桥臂电阻,将导线一根接到电桥的电源端,其余两根分别接到铂电阻所在的桥臂及与其相邻的桥臂上,如图2-36所示。当桥路平衡时,通过计算可知,$R_t = R_1R_3/R_2 + R_1r/R_2 - r$;当$R_1 = R_2$时,导线电阻的变化对测量结果没有任何影响,这样就消除了导线线路电阻带来的测量误差,但是必须为全等臂电桥,否则不可能完全消除导线电阻的影响。由分析可见,采用三线制会大大减小导线电阻带来的附加误差,工业上一般采用三线制接法。

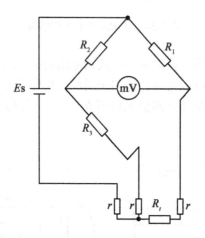

图2-36 三线制的铂电阻测温电桥

3. 四线制的铂电阻温度传感器

当测量电阻数值很小时,测试线的电阻可能引入明显误差,四线测量用两条附加测试线提供恒定电流,另两条测试线测量未知电阻的电压降,如图2-37所示。在电压表输入阻抗足够高的条件下,电流几乎不流过电压表,这样就可以精确测量未知电阻上的压降,通过计算得出电阻值。

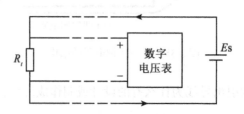

图2-37 四线制的铂电阻测温示意图

Pt100热电阻的三种接线方式在原理上的不同在于:

二线制和三线制是用电桥法测量，最后给出的是温度值与模拟量输出值的关系。四线没有电桥，完全只是用恒流源发送，电压计测量，最后给出测量电阻值。

Pt100 热电阻的三种接线方式对测量精度有何影响?

连接导线的电阻和接触电阻会对 Pt100 铂电阻测温精度产生较大影响，铂电阻三线制或者四线制接线方式能有效消除这种影响。

与热电阻连接的一些检测设备（温控仪、PLC 输入等）有四个接线端子：$I+$、$I-$、$V+$、$V-$。其中，$I+$、$I-$ 端是为了给热电阻提供恒定的电流，$V+$、$V-$ 是用来监测热电阻的电压变化，依次检测温度变化。图 2-38 给出几种线制测温电阻接线方式。

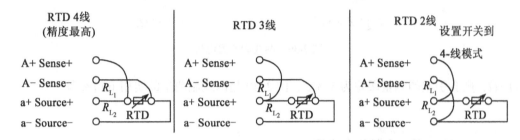

注意：R_{L_1} = 从 a+ 端子到 RTD 的导线电阻　　如果 $R_{L_1} = R_{L_2}$，误差最小　　$R_{L_1} + R_{L_2}$ = 误差
　　　R_{L_2} = 从 a- 端子到 RTD 的导线电阻

图 2-38　几种线制测温电阻接线

（1）四线制就是从热电阻两端引出 4 线，接线时电路回路和电压测量回路独立分开接线，测量精度高，需要导线多。

（2）三线制就是引出三线，Pt100B 铂电阻接线时电流回路的一端和电压测量回路的参考端为一条线（即检测设备的 $I-$ 端子和 $V-$ 端子短接），精度稍好。

（3）两线制就是引出两线，Pt100B 铂电阻接线时电流回路和电压测量回路合二为一（即检测设备的 $I-$ 端子和 $V-$ 端子短接、$I+$ 端子和 $V+$ 短接短接），测量精度差。

（二）认知测量电路

热电阻（如 Pt100）是利用其电阻值随温度的变化而变化这一原理制成的将温度量转换成电阻量的温度传感器。

测量电路通过给热电阻施加一已知激励电流，测量其两端电压的方法得到电阻值（电压/电流），再将电阻值转换成温度值，从而实现温度测量。

热电阻和温度变送器之间有三种接线方式：二线制、三线制、四线制。

1. 二线制测温

如图 2-39 所示。二线制测温采用单臂等臂直流电桥，通过两根导线将热电阻串联在电桥中，施加激励电流 I，测得电势 V_1、V_2。

由等效电路计算得 R_t：

$$\frac{V_1 - V_2}{I} = R_t + R_{L_1} + R_{L_2} \tag{2-22}$$

$$R_t = \frac{V_1 - V_2}{I} - (R_{L_1} + R_{L_2}) \tag{2-23}$$

由于连接导线的电阻 R_{L_1}、R_{L_2} 无法测得而被计入到热电阻的电阻值中，使测量结果产生附加误差。如在 100℃ 时 Pt100 热电阻的热电阻率为 0.379Ω/℃，这时若导线的电阻值

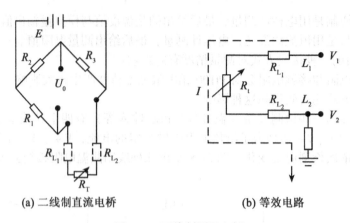

(a) 二线制直流电桥　　　(b) 等效电路

图 2-39　两线制测温电桥

为 2Ω，则会引起的测量误差为 5.3℃，图 2-40 是两线制测温的实用电路参考。

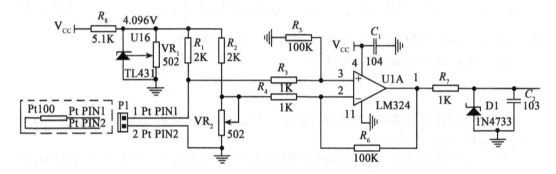

图 2-40　两线制测温的实用电路

2. 三线制测温

三线制测温是实际应用中最常见的接法。如图 2-41 所示，增加一根导线用以补偿连接导线的电阻引起的测量误差。三线制要求三根导线的材质、线径、长度一致且工作温度相同，使三根导线的电阻值相同，即 $R_{L_1} = R_{L_2} = R_{L_3}$。通过导线 L_1、L_2 给热电阻施加激励电流 I，测得电势 V_1、V_2、V_3。导线 L_3 接入高输入阻抗电路，$I_{L_3} = 0$。

由等效电路得热电阻的阻值 R_t：

$$\frac{V_1 - V_2}{I} = R_t + R_{L_1} + R_{L_3} \tag{2-24}$$

$$\frac{V_3 - V_2}{I} = R_{L_2} \tag{2-25}$$

$$R_{L_1} = R_{L_2} = R_{L_3}$$

$$R_t = \frac{V_1 - V_2}{I} - 2R_{L_2} = \frac{V_1 + V_2 - 2V_3}{I} \tag{2-26}$$

由此可得三线制接法可补偿连接导线的电阻引起的测量误差。实用的三线制测温电路如图 2-42 所示。

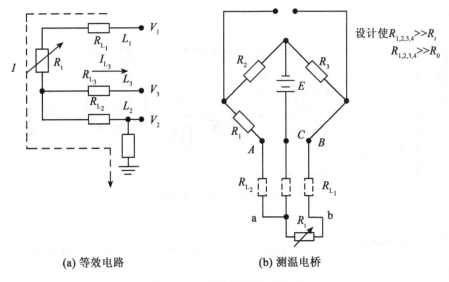

(a) 等效电路　　　　(b) 测温电桥

图 2-41　三线制测温电桥电路

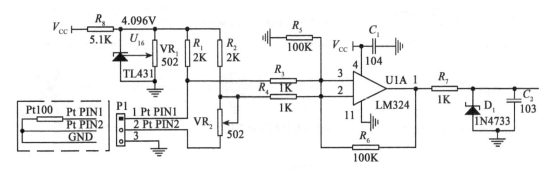

图 2-42　三线制测温的实用电路

3. 四线制测温

四线制测温是热电阻测温理想的接线方式。如图 2-43 所示，通过导线 L_1、L_2 给热电阻施加激励电流 I，测得电势 V_3、V_4。导线 L_3、L_4 接入高输入阻抗电路，$I_{L_3}=0$，$I_{L_4}=0$，因此 V_4-V_3 等于热电阻两端电压。

热电阻的电阻值：

$$R_t = \frac{V_4 - V_3}{I} \tag{2-27}$$

由此可得，四线制测量方式不受连接导线的电阻的影响。常见的实用测温电路如图 2-44 所示。

(三) 常见的商用铂电阻传感器

常见的商用铂电阻传感器如图 2-45 所示。

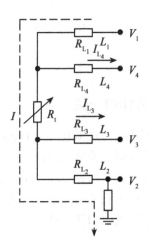

图 2-43　四线制等效测量电路

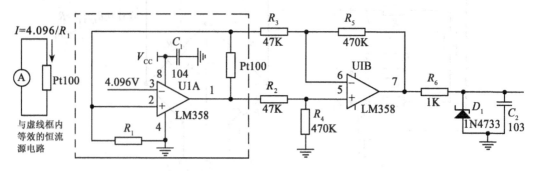

图 2-44 四线制测温的实用电路

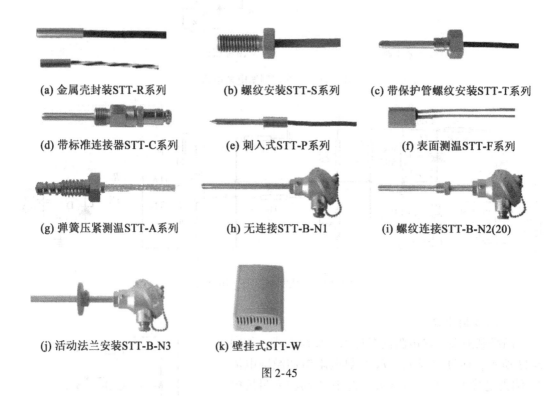

图 2-45

四、请你做一做

开始吧,这里有一个 Pt100 热电阻,2kΩ 的标准电阻 2 个,精密可调电阻一个,LM324 运算放大器,请分组搭建一个电路。

在完成电路后,首先用标准电阻箱做一个电路的检测与标定,用电阻箱来模拟热电阻,当电阻箱的电阻发生变化时,用万用表测试输出电压,看输出电压的变化。用一个电吹风给热电阻加热,试一试,用万用表测试一下,完成表 2-9。

表2-9　　　　　　　　　铂电阻测温电桥输出与温度值

t (℃)									
V (V)									

单元三　电感式传感器的应用

电感传感器利用电磁感应原理将被测非电量转换成线圈自感量或互感量的变化，进而由测量电路转换为电压或电流的变化量。电感式传感器种类很多，主要有自感式、互感式和电涡流式三种。可用来测量位移、压力、流量、振动、速度等非电量信号。

在本单元中，通过自感式传感器在圆度仪上的应用、差动变压器式传感器在位移测量上的应用、电涡流传感器在振动测量中的应用等三个项目来讲授如下核心知识技能点：
（1）电感式传感器的构成、特性及原理；
（2）电感式传感器的测量电路；
（3）电感式传感器的选择、安装与测试等。

任务一　螺管型电感传感器在圆度仪上的应用

一、任务描述与分析

圆柱度测量仪是利用半径法测量精密机械零件的圆度、圆柱度等参数的精密测量仪器，可广泛应用于航空、航天、汽车、机床、机械基础件、电子等行业，是精密零件加工中不可缺少的仪器。圆柱度测量仪主要由精密空气回转工作台、精密立柱空气导轨、电感传感器、测量系统等构成。本次任务就是用螺管型电感传感器实现圆度的测量。

二、相关知识

（一）电感传感器是如何工作的呢？

图3-1为一种简单的自感式传感器，传感器由线圈、铁芯和衔铁组成。当衔铁随被测量变化而上、下移动时，其与铁心间的气隙发生变化，磁路磁阻随之变化，从而引起线圈电感量的变化，然后通过测量电路转换成与位移成比例的电量，实现从非量到电量的变换。可见，这种传感器实质上是一个电感量可变的铁心线圈。

类似于上述自感式传感器，变磁阻式传感器通常都具有铁心线圈或空心线圈（后者可视作前者特例）。

（二）自感式传感器

自感式传感器实质上是一个带气隙的铁心线圈。按磁路几何参数变化分类，自感式传感器有变气隙式、变面积式与螺管式三种；按组成方式分类，自感式传感器有单一式与差动式两种。

自感式传感器由线圈、铁芯和衔铁三部分组成。铁芯和衔铁由导磁材料制成，如图3-2所示。

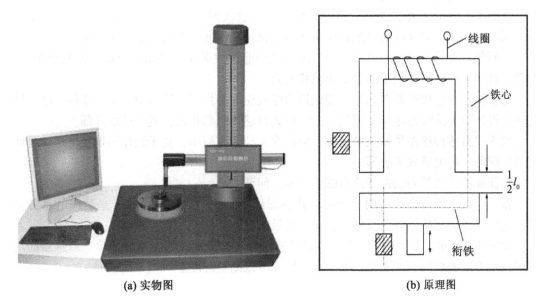

(a) 实物图　　　　　　　　　　　　(b) 原理图

图 3-1　变气隙式自感传感器

变气隙式电感传感器在铁芯和衔铁之间有气隙，传感器的运动部分与衔铁相连。当衔铁移动时，气隙厚度发生改变，引起磁路中磁阻变化，从而导致电感线圈的电感值变化，因此只要能测出这种电感量的变化，就能确定衔铁位移量的大小和方向。

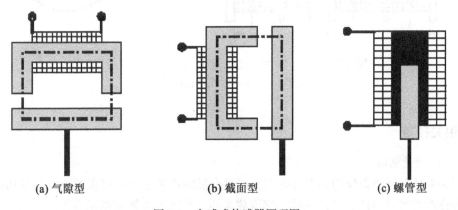

(a) 气隙型　　　　　　(b) 截面型　　　　　　(c) 螺管型

图 3-2　自感式传感器原理图

线圈自感

$$L = \frac{\Phi}{I} = \frac{W\Phi}{I} = \frac{W^2}{R_m} \quad (3\text{-}1)$$

式中：Φ——线圈总磁链，单位：韦伯；

I——通过线圈的电流，单位：安培；

W——线圈的匝数；

R_m——磁路总磁阻，单位：1/亨。

如图 3-2 (b) 所示，变面积式电感传感器的气隙长度保持不变，令磁通截面积随被测非电量而变（衔铁水平方向移动），即构成变面积式自感传感器。

如图3-2（c）所示，螺管式自感传感器由螺管线圈、衔铁和磁性套筒等组成。衔铁插入深度的不同，引起线圈泄漏路径中磁阻变化，从而使线圈的电感发生变化。

变间隙式自感传感器的电感量与气隙之间是非线性关系，灵敏度较高，但制作困难。变隙式自感式传感器适用于测量微小位移场合。

变面积式自感传感器在忽略气隙磁通边缘效应的条件下，输入与输出呈线性关系，因此可望得到较大的线性范围。但是与变气隙式自感传感器相比，其灵敏度降低。

螺管式自感传感器虽然灵敏度低，但量程大，结构简单，易于制作和批量生产，是使用最广泛的一种电感式传感器。

本任务用的就是差动螺管式自感传感器。何谓差动？

差动电感传感器常采用两个相同的传感器线圈共用一个衔铁，构成差动式电感传感器，这样可以提高传感器的灵敏度，减少测量误差。

如图3-3所示，如果螺管中通过的活动铁芯随着被测圆柱的转动而运动，传感器的电感量就随着被测物的圆度变化而变化，这样就可以测量圆度了。

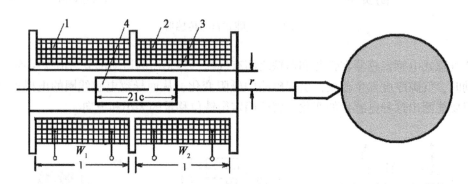

1—螺线管线圈Ⅰ　2—螺线管线圈Ⅱ　3—骨架　4—活动铁芯
图3-3　差动螺管式电感传感器

三、相关技能

（一）测量电路

图3-4是电感测微仪的典型方框图，通过合适的检测电路就可实现圆度测量功能。电感式传感器的测量电路有交流电桥、交流放大器、相敏检波器及指示器等。

1. 变压器式电桥测量电路

交流电桥是电感式传感器的主要测量电路，它的作用是将线圈电感的变化转化成电桥电路的电压或电流输出。

变压器式交流电桥测量电路如图3-5所示。电桥两臂Z_1、Z_2为传感器线圈阻抗，另外两桥臂为交流变压器次级线圈的1/2阻抗。当负载阻抗为无穷大时，桥路输出电压为

$$u_0 = u/2 \tag{3-2}$$

传感器的衔铁处于中间位置时，$Z_1 = Z_2 = Z$。

（1）衔铁偏离中间零点时：$Z_1 = Z + \Delta Z$，$Z_2 = Z - \Delta Z$ （3-3）

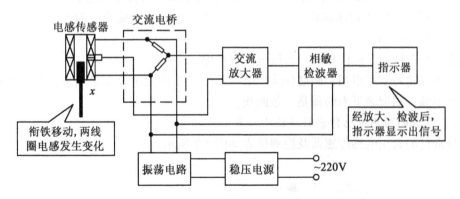

图 3-4　电感测微仪的典型方框图

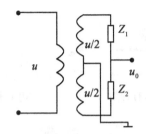

图 3-5　变压器式电桥

空载输出电压：　　　　　　$u_0 = (u/2) \times (\Delta Z/Z)$ 　　　　　　　　(3-4)
(2) 当传感器衔铁移动方向相反时：$Z_1 = Z - \Delta Z$, $Z_2 = Z + \Delta Z$ 　　(3-5)
空载输出电压　　　　　　　$u_0 = -(u/2) \times (\Delta Z/Z)$ 　　　　　　　(3-6)

两种情况的输出电压大小相等，方向相反，即相位差为180°。判别衔铁位移方向，就是判别信号的相位，这在后续电路中用配置相敏检波器来解决。

2. 相敏检波器电路（见图3-6）

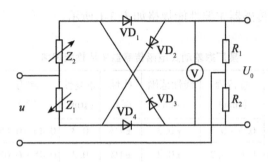

图 3-6　相敏检波电路

当衔铁偏离中间位置而使 $Z_1 = Z + \Delta Z$ 增加，则 $Z_2 = Z - \Delta Z$ 减少。这时当电源 u 上端

为正、下端为负时，电阻 R_1 上的压降大于 R_2 上的压降，直流电压表正偏。当 u 上端为负、下端为正时，R_2 上的压降则大于 R_1 上的压降，电压表 V 输出上端为正、下端为负，同样直流电压表正偏。

反之，当衔铁向反向位移时，直流电压表反偏。

如果被测物的圆度很圆，圆度仪输出电压不变，如用记录仪记录下来就是一条直线，若被测物不圆，则记录下来的就是一条曲线。

（二）常见的商用电感传感器及检测仪表

部分常见的商用电感传感器及检测仪表如图 3-7 所示。

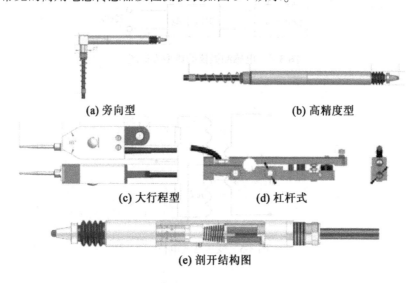

图 3-7 部分商用电感传感器

电感传感器都是利用与工件进行机械接触，将位移量的变化转换成电感量的变化。固定在测头本体上的互感线圈随中间磁芯的位置变化而感应一交流输出电压。在对称位置，即零位时，电压输出为零。被测量的位置变化通过测杆传递给磁芯，从而使电感量发生变化。这种变化信号经放大、整形后，可根据仪器的类型在电压表上模拟显示或通过 A/D 转换直接进行数字显示。

某厂家差动式电感传感器主要性能规格如表 3-1 所示。

表 3-1 某厂家差动式电感传感器主要性能规格

序号	型号	前行程（mm）	总行程（mm）	线性范围（mm）	线性误差	重复性（μm）	测力（N）	气源压力（MPa）	描述
1	DG-2N	0.25~0.35	0.6~0.7	±0.2	±1%	0.3	0.45~0.65	/	杠杆式
2	DG-2W	0.25~0.35	0.6~0.7	±0.2	±1%	0.3	0.45~0.65	/	杠杆式
3	DG-3P	0.55~0.65	≥1.3	±0.3	±1%	0.1	0.6~0.9	/	短小型

续表

序号	型号	前行程（mm）	总行程（mm）	线性范围（mm）	线性误差	重复性（μm）	测力（N）	气源压力（MPa）	描述
4	DG-5	0.6~0.8	2.8~3.4	±0.5	±0.4%	0.03	0.45~0.65	/	高精度型
5	DG-5P	0.6~0.8	2.8~3.4	±0.5	±0.4%	0.03	0.45~0.65	/	高精度型
6	DG-25	>2.5	6	±2.5	±0.8%	0.2	0.6~0.9	/	大行程型
7	DGP-3	0.35~0.55	1~1.5	±0.3	±0.5%	0.05	0.12~0.18	/	旁向型

(三) 自感式电感传感器的其他应用

1. 自感式电感传感器在球体直径分选装上的应用

在图3-8中，电感传感器动态地测量球体的直径误差。不同直径的球体使得电感传感器的输出电压不同，经相敏检波电路及放大后以控制计算机，计算机根据检测结果控制电磁铁控制器，让被测球体分选到相应的仓位中。每当分选一个球体后计算机控制电磁阀驱动气缸推出下一个分选球体。

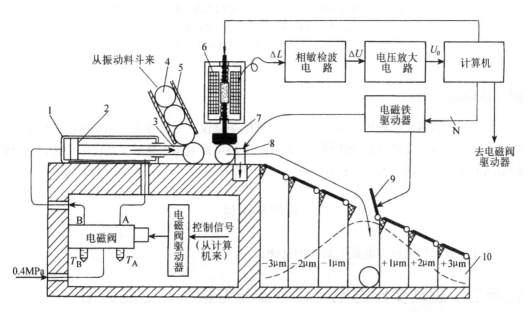

1—气缸　2—活塞　3—推杆　4—被测滚柱　5—落料管　6—电感测微器
7—钨钢测头　8—限位挡板　9—电磁翻板　10—容器（料斗）

图3-8　电感传感器在球体直径分选装上的应用

2. 电感传感器在仿形机床中的应用

在图3-9中，标准靠模样板与电感传感器的活动衔铁接触，使得电感传感器输出电压即为标准靠模样板的外形尺寸。把测量到的电压去控制伺服电机，使铣刀龙门框架按照要求运动实现仿行加工。

电感传感器主要应用于微位移，凡是可以转换成位移的量都可以用电感式传感器进行测量，如压力、力、压差、液位、不圆度、圆度，等等。

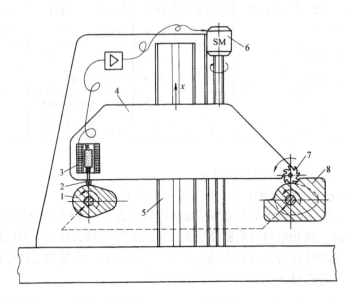

1—标准靠模样板　2—测端（靠模轮）　3—电感测微器　4—铣刀龙门框架　5—立柱
6—伺服电动机　7—铣刀　8—毛坯

图3-9　电感传感器在仿形机床中的应用

四、请你做一做

请你根据自感式电感传感器设计一个平直度测量仪，写出方案。测量精度的要求，到市场上进行调研，选择合适的传感器，设计一个用模拟电压表显示平直度的变化，有条件的情况下作为第二课堂的一次科技活动完成该项目任务。

反思与探讨

为什么要用相敏检波电路？其作用是什么？

任务二　差动变压器电感传感器在位移测量上的应用

一、任务描述与分析

在工业控制中，位移是间接反映被测量变化的一个很重要的参数，有时候需要精确测量，比如，精密材料的冲击挠度或振动测试，或纤维或其他高弹材料的拉伸或蠕变测试，还有大型建筑物的变形、位移观测，如水电站的大坝观测等。这些都是微小位移的测量。如何来实现呢？我们可以采用差动变压器电感传感器来实现。

二、相关知识

(一) 差动变压器传感器工作原理

差动变压器是一种互感式的电感传感器,其结构如图 3-10 (a) 所示,包括衔铁、一次绕组、二次线圈。差动变压器是把被测的非电量变化转换成线圈互感量的变化。这种传感器是根据变压器的基本原理制成的,并且两个二次绕组反向串联,用差动的形式连接,故称之为差动变压器式传感器。

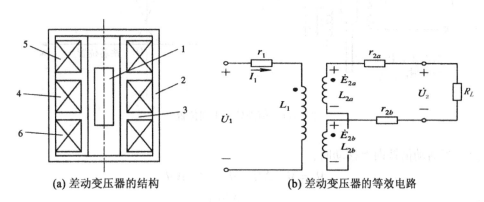

(a) 差动变压器的结构　　　　　(b) 差动变压器的等效电路

1—活动衔铁　2—导磁外壳　3—骨架　4—匝数为 W_1 初级绕组
5—匝数为 W_{2a} 的次级绕组　6—匝数为 W_{2b} 的次级绕组

图 3-10　差动变压器的结构

差动变压器的等效电路如图 3-10 (b) 所示,当一次侧线圈接入激励电压后,二次侧线圈将产生感应电压输出,互感变化时,输出电压将作相应变化。

当次级开路时,初级线圈激励电流

$$\dot{I}_1 = \frac{\dot{U}_1}{r_1 + j\omega L_1} \tag{3-7}$$

根据电磁感应定律,次级绕组中感应电势的表达式为

$$\dot{E}_{2a} = -j\omega M_1 \dot{I}_1 \tag{3-8}$$

$$\dot{E}_{2b} = -j\omega M_2 \dot{I}_1 \tag{3-9}$$

次级两绕组反相串联,且考虑到次级开路,则

$$\dot{U}_2 = \dot{E}_{2a} - \dot{E}_{2b} = -\frac{j\omega (M_1 - M_2) \dot{U}_1}{r_1 + j\omega L_1} \tag{3-10}$$

输出电压有效值

$$U_2 = \frac{\omega (M_1 - M_2) U_1}{\sqrt{r_1^2 + (\omega L_1)^2}} \tag{3-11}$$

(1) 当活动衔铁处于中间位置时,

$$M_1 = M_2 = M$$

则
$$U_2 = 0$$
如图 3-11 所示。

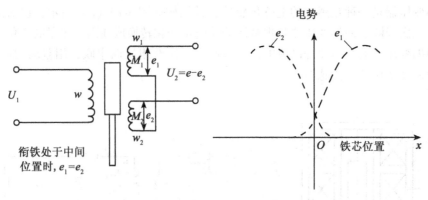

图 3-11　衔铁处于中间位置

(2) 当活动衔铁向上移动时，
$$M_1 = M + \Delta M, \quad M_2 = M - \Delta M$$
故
$$U_2 = \frac{2\omega \Delta M U_1}{\sqrt{r_1^2 + (\omega L_1)^2}}$$
如图 3-12 所示。

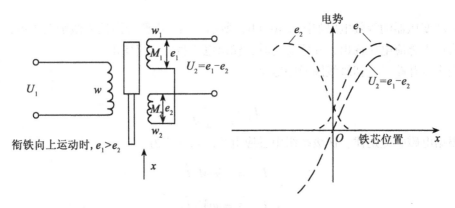

图 3-12　衔铁处于上端

(3) 当活动衔铁向下移动时，
$$M_1 = M - \Delta M, \quad M_2 = M + \Delta M$$
故
$$U_2 = -\frac{2\omega \Delta M U_1}{\sqrt{r_1^2 + (\omega L_1)^2}}$$
如图 3-13 所示。

(二) 差动变压器传感器的特性
1. 灵敏度

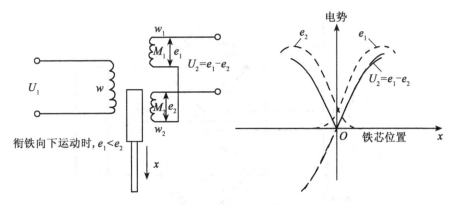

图 3-13　衔铁处于下端

差动变压器在单位电压激励下，铁芯移动一个单位距离时的输出电压以 V/mm 表示。理想条件下，差动变压器的灵敏度 KE 正比于电源激励频率 f。提高输入激励电压，可以使传感器灵敏度按线性增加。

除了激励频率和输入激励电压对差动变压器灵敏度有影响外，提高线圈品质因数 Q 值，增大衔铁直径，选择导磁性能好、铁损小以及涡流损耗小的导磁材料制作衔铁和导磁外壳等也可以提高灵敏度。

2. 线性度

（1）线性度：线性度指传感器实际特性曲线与理论直线之间的最大偏差除以测量范围（满量程），并用百分数来表示。

（2）影响差动变压器线性度的因素：骨架形状和尺寸的精确性、线圈的排列、铁芯的尺寸和材质、激励频率和负载状态等。

（3）改善差动变压器的线性度：取测量范围为线圈骨架长度的 1/10～1/4，激励频率采用中频，配用相敏检波式测量电路。

三、相关技能

1. 测量电路

图 3-14 是一个差动整流电路，其结构简单，一般不需要相位调整。差动变压器的两个次级绕组的感应交流电压被两组整流桥变成两个直流电压，两个电压的差值 U_2 即为差动变压器衔铁的位移的大小，同时其正负也反映了位移的方向。

差动变压器的测量电路还有相敏检波电路等。20 世纪 90 年代初，SIGNETICS 公司曾推出一款线性差动变压器专用集成电路 NE5520 芯片，其使用效果较好。最近，ANALOG DEVICES 公司推出了两款线性差动变压器专用集成电路芯片，下面重点给予介绍。

2. 专用测量芯片及电路

AD598 是一款性能价格比较高的一种差动变压器测量专用芯片，基本技术数据如下：

（1）正弦波振荡频率范围 20Hz～20kHz；

（2）双电源工作电压典型值为 $V_r = \pm 15V$；

（3）单电源工作电压典型值为 $V_r = 30V$；

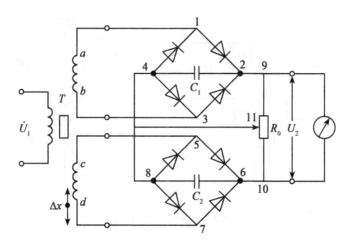

图 3-14 差动整流电路

(4) 工作温度范围：AD598JR 为 0～+70℃，AD598AD 为 -40～+85℃；
(5) 正弦波振荡器输出电流典型值为 12mA；
(6) 输入电阻典型值为 200kΩ；
(7) 线性误差最大值为 ±500ppm$x_{F.S}$；
(8) 增益温漂最大值为 500ppm/℃。

AD598 的内部功能结构简图如图 3-15 所示。

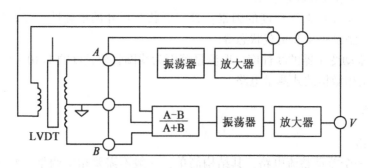

图 3-15 AD598 的内部功能结构简图

AD598 的 2、3 引脚产生一个正弦波激励信号供给差动变压器（LVDT）的一次绕组，10、11、17 引脚引入与 LVDT 内芯位置成比例的正弦电压信号，经芯片内解调、滤波和放大单元处理后，从 16 引脚输出反映 LVDT 内芯位置的直流电压信号。

图 3-16 中供电电源为 ±15V 直流电源，决定正弦波激励信号频率的振荡电容 $C_1 = 0.01\mu F$（$C_1 = 35\mu F/f$），$C_2 = C_3 = C_4 = 0.4\mu F$，$R_2 = 73k\Omega$。取以上这些参数时，正弦波激励电压频率为 3500Hz，被测位移的最大移动频率为 ±10V，输出电压的范围为 ±10V。

选择差动变压器时，应注意 AD598 的负载能力。当差动变压器的直流电阻 R_L 和等效电感 L 确定之后，可根据下式来确定正弦波激励信号频率 ω：

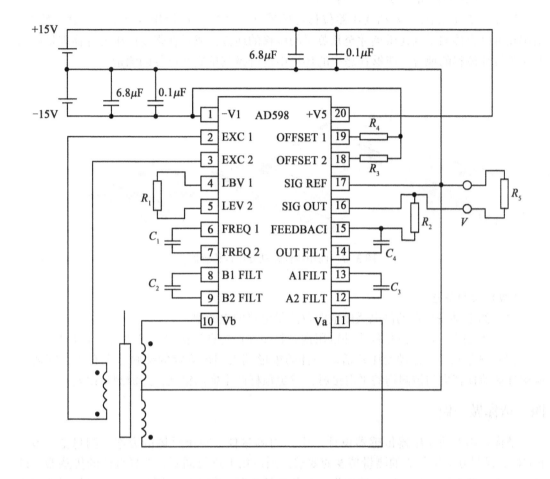

图 3-16 AD598 的典型应用线路图

$$\frac{0.02V_R}{\sqrt{(R_L)^2+(\omega L)^2}} \leqslant 12\text{mA} \quad (3\text{-}12)$$

式中：V_R——双电源的电压值。若单电源供电，则 V_R 为单电源的电压值的二分之一。正弦波激励信号频率 ω 确定后，再根据下式选择振荡电容 C_1（μF）

$$f=\frac{35\mu\text{F}}{C_1} \quad (3\text{-}13)$$

式中：$f=2\pi/\omega$。

线性差动变压器是一种应用非常广泛的传感器，普遍用来测量距离、位移等物理量。线性差动变压器专用集成电路芯片 AD598 集成了正弦波交流激励信号的产生、信号解调、放大和温度补偿等几部分电路，仅外接几个元件就可以构成一个线性差动变压器应用电路。通过改变外接振荡频率电容的大小，就可改变正弦波交流激励信号的频率，以适应各种类型的线性差动变压器对频率的要求，使用起来非常方便。采用了线性差动变压器专用集成电路 AD598 芯片组成了位移传感器，大大减小了电路的体积，简化了电路的设计和调试。

（三）常见的商用差动变压器传感器

线性可变（LVDT）差动变压器位移传感器（图3-17）广泛用做测量和控制传感器，被用在可以直接测量到几微英寸至几英尺的位移的地方，或是在强度或压力等物理量可以转换为线性位移的地方，能够在恶劣的环境中进行极其精确及反复的测量。

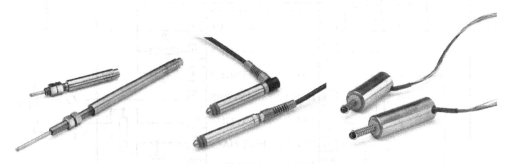

图 3-17　商用线性差动变压器传感器

（四）使用注意

（1）给差动变压器的供电激励电源及测量电路的电源要平稳；

（2）差动变压器的测量仪表外罩用铁壳封闭并保持良好接地，以增强抗干扰能力；

（3）测量精度与差动变压器活动顶杆的锥形端头同被测物的接触状态有关，安装时应保证活动顶杆尖与被测物的平滑接触，避免顶杆产生横向错动，造成测量误差。

四、请你做一做

请你采用差动变压器传感器设计一个压力测量仪，写出具体的方案。测量范围 0～10MPa，满足 0.2 级仪表的测量精度的要求，到市场上进行调研，选择合适的传感器，设计一个用模拟电压表显示压力的变化，有条件的情况下作为第二课堂的一次科技活动完成该项目任务。

反思与探讨

差动的作用是什么？差动整流中，二极管所产生的 0.7V 压降对测量有影响吗？

任务三　电涡流传感器在振动测量上的应用

一、任务描述与分析

旋转机械是应用最广、数量最多、最具有代表性的机械设备之一。振动故障是旋转机械故障的主要表现形式，因此对旋转电机的主轴径向、轴向进行振动或位移检测具有重要意义。电涡流传感器是一种非接触式的位移传感器，具有灵敏度高、线性范围大、频率范围宽、抗干扰能力强等优点。与接触式传感器相比，它能够更准确地测量出转子振动状态的各种参数，尤其适用于旋转轴振动、轴位移及轴的轨迹测量。

本次学习任务就是要采用电涡流传感器测量某旋转机械设备主轴径向振动。它由转换元件（电涡流传感器）、信号处理电路组成，并用记录仪显示振动状态。

图 3-18 是主轴的径向振动监控。

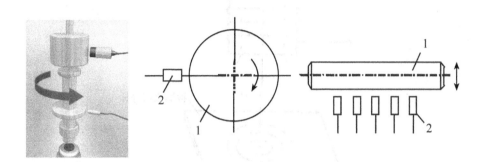

1—被测主轴　2—传感器探头
图 3-18　主轴的径向振动监控

二、相关知识

（一）什么是电涡流传感器

电涡流传感器的基本工作原理是电涡流效应。根据法拉第电磁感应定律，金属导体置于变化的磁场中时，导体表面就会感应电流产生。电流在金属体内自行闭合，这种由电磁感应原理产生的漩涡状感应电流称为电涡流。这种现象称为电涡流效应。

电涡流传感器由电涡流线圈和被测金属组成，其工作原理图如图 3-19 所示。对靠近金属导体附近的电感线圈施加一个高频 200（kHz）电压信号，激磁电流 i_1 将产生高频磁场 H_1，被测导体置于该交变磁场范围之内，就产生了与交变磁场相交链的电涡流 i_2。根据电磁学定律，电涡流 i_2 也将产生一个与原磁场方向相反的新的交变磁场 H_2。这两个磁场相互作用将使通电线圈 L_1 的等效阻抗 Z 发生变化。电涡流传感器就是利用电涡流效应将被测量转换为传感器线圈阻抗 Z 变化的一种装置。

（二）影响线圈等效阻抗的因素

线圈等效阻抗的变化既与电涡流效应有关，又与静静磁学效应有关。也就是说，与金属导体的导电率 σ、磁导率 μ、几何形状、线圈的几何参数 r、激磁电流频率 f 以及线圈到金属导体的距离 x 等参数有关。假定金属导体是均质的，其性质是线性和各向同性，线圈的阻抗可用如下函数表示：

$$Z = f(f, \mu, \sigma, r, x) \tag{3-14}$$

如果控制式（3-14）中的 f、μ、σ、r 恒定不变，只改变其中的一个参数 x，这样阻抗 Z 就成为间距 x 的单值函数。被测导体与电涡流线圈的距离发生变化，线圈的等效阻抗也会发生变化，这就是采用电涡流传感器进行位移非接触测量的基本原理。

如果控制 x、i_1、f 不变，就可以用来检测与表面导电率 σ 有关的表面温度、表面裂纹等参数，或者用来检测与材料导磁率 μ 有关的材料型号、表面硬度等参数。

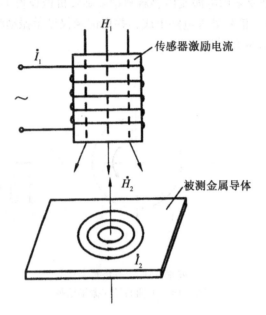

图 3-19 电涡流传感器原理

(三) 电涡流探头结构

电涡流传感器的传感元件是一个线圈,俗称为电涡流探头。由于激磁源频率较高,所以圈数不必太多,一般为扁平空心线圈。成品电涡流探头的结构十分简单,其核心是一个扁平状"蜂巢"线圈。线圈用多股较细的绞扭漆包线绕制而成,置于探头的端部,外部用聚四氟乙烯等高品质因数塑料密封,电涡流探头结构如图 3-20 所示。

随着电子技术的发展,现在已能将测量转换电路安装到探头的外壳体中,它具有输出信号大、不受输出电缆分布电容影响等优点。

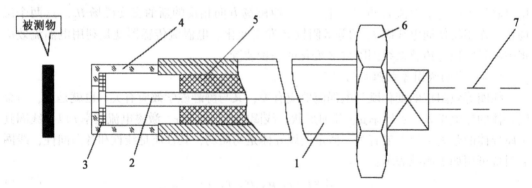

1—壳体 2—探头壳体 3—电涡流线圈 4—保护套 5—填料 6—夹持螺母 7—输出屏蔽电缆线

图 3-20 电涡流探头结构及外形图

三、相关技能

(一) 如何正确使用传感器

电涡流探头与被测金属体之间是磁性耦合的，并利用这种耦合程度的变化作为测试值，因此，电涡流传感器完整地看应是传感器的线圈加上被测金属导体。因而在电涡流传感器的使用中，必须考虑被测体的材料和几何形状、尺寸等对被测量的影响。

1. 被测材料对测量的影响

根据公式可知，被测体电导率和磁导率的变化都会引起线圈阻抗的变化，一般来说，被测体的电导率越高，则灵敏度也越高，但被测体为磁性体时，导磁率效果与涡流损耗效果呈相反作用，因此与非磁性体相比，灵敏度低。所以被测体在加工过程中遗留下来的剩磁需要进行消磁处理。

2. 被测体几何形状和大小对测量的影响

为了充分有效地利用电涡流效应，被测体的半径应大于线圈半径，否则将使灵敏度降低。一般涡流传感器，涡流影响范围约为传感器线圈直径的3倍。被测体为圆盘状物体的平面时，物体的直径应为传感器线圈直径的两倍以上，否则灵敏度会降低；被测体为圆柱体时，它的直径必须为线圈直径的3.5倍以上，才不会影响测量结果。

被测体的厚度也不能太薄，一般情况下，只要有0.2mm以上的厚度，测量就不受影响。

表3-2为某型号传感器测量参数。

表3-2　　　　　　　　　为某型号传感器测量参数

探头直径（mm）	线性量程（mm）	非线性误差	最小被测面（mm）
φ5	1	≤±1%	φ15
φ8	2	≤±1%	φ25
φ11	4	≤±1%	φ35
φ25	12	≤±1.5%	φ50
φ50	25	≤±2%	φ100

(二) 如何正确安装传感器

(1) 被测体为平面时，探头的敏感端面应与被测表面平行；被测体为圆柱时，探头轴线与被测圆柱轴线应垂直相交；被测体为球面时，探头轴线应过球心。安装传感器时，传感器之间的安装距离不能太近，以免产生相邻干扰（见图3-21）。

(2) 安装传感器时，应考虑传感器的线性测量范围和被测间隙的变化量，尤其当被测间隙总的变化量与传感器的线性工作范围接近时。在订货选型时，一般应使所选的传感器线性范围大于被测间隙的15%以上。通常，测量振动时，将安装间隙设在传感器的线性中点；测量位移时，要根据位移往哪个方向变化或往哪个方向的变化量较大来决定其安装间隙的设定。当位移向远离探头端部的方向变化时，安装间隙应设在线性近端；反之，则应设在远端。

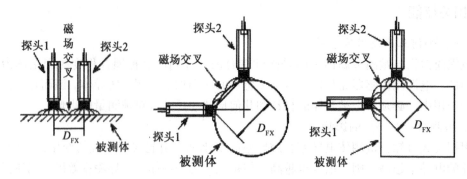

图 3-21 各传感器探头间的距离

（3）不属于被测体的任何一种金属接近电涡流传感器线圈，都能干扰磁场，从而产生线圈的附加损失，导致灵敏度的降低和线性范围的缩小。所以不属于被测体的金属与线圈之间，至少要相距一个线圈的直径 D 大小。探头头部与安装面的距离如图 3-22 所示。可见安装传感器时，头部宜完全露出安装面，否则应将安装面加工成平底孔或倒角。以保证探头的头部与安装面之间不小于一定的距离。

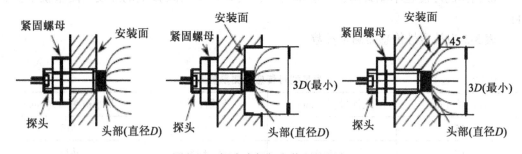

图 3-22 探头头部与安装面的距离

（4）传感器安装使用的支架的强度应尽量高，其谐振频率至少为机器转速的 10 倍，这样才能保证测量的准确性。

（三）如何将传感器阻抗的变化转变成电压信号

本次任务中，电涡流传感器将被测金属与探头线圈之间的位移变化转换为线圈等效阻抗 Z 的变化，通过测量转换电路可以将阻抗 Z 的变化转变成电压或频率的变化，并通过仪表显示。常用的测量电路有电桥电路、谐振电路等。电桥电路通常用于差动式电涡流传感器，其原理见任务一。下面重点讲述调幅法和调频法。

1. 调幅法

定频调幅式测量电路原理框图如图 3-23 所示。图中 L_x 为传感器线圈电感，它与一个微调电容 C_0 组成并联谐振回路，晶体振荡器提供高频激励信号。在电涡流探头远离被测导体时，调节 C_0，使 L_xC_0 并联谐振回路谐振频率等于晶体振荡器频率 f_0。这时谐振回路阻抗最大，L_xC_0 并联谐振回路的压降 U_0 也最大（图 3-23 中之 U_0）。

当传感器接近被测导体时，损耗功率增大，回路失谐，输出电压 U_0 相应变小。这样，

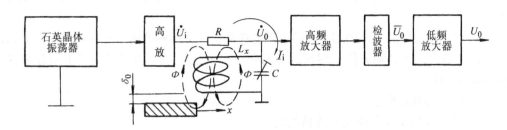

图 3-23 定频调幅电路框图

在一定范围内,输出电压幅值与位移成近似线性关系。由于输出电压的频率 f_0 始终恒定,因此称其为定频调幅式。

定频调幅电路虽然有很多优点,并获得广泛应用,但线路较复杂,装调较困难,线性范围也不够宽。因此,人们又研究了一种变频调幅电路,这种电路的基本原理与下面介绍的调频电路相似。当导体接近传感器线圈时,由于涡流效应的作用,振荡器输出电压的幅度和频率都发生变化,变频调幅电路利用振荡的变化来检测线圈与导体间的位移变化,而对频率变化不予理会。

2. 调频电路

调频式测量转换电路如图 3-24 所示,图中将电涡流探头的电感量 L_x 与微调电容 C_0 构成 L_xC_0 振荡器,以振荡器的频率 f 作为输出量。由电工学知识可知,并联谐振回路的谐振频率为

$$f = \frac{1}{2\pi\sqrt{L_xC_0}} \tag{3-15}$$

当电涡流线圈与被测体的距离 x 改变时,引起电涡流线圈的电感量 L_x 改变,这样振荡器的输出频率 f 也随之发生变化,此频率可以通过 F/V 转换器(又称鉴频器),将 Δf 转换为电压 ΔU_0,由电压表显示。也可以直接将频率信号(TTL 电平)送到计算机的计数器,测量出频率的变化。

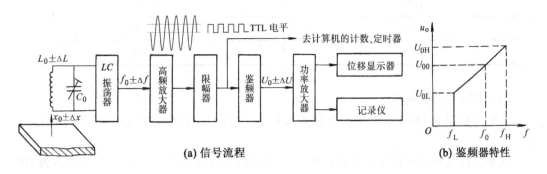

(a) 信号流程   (b) 鉴频器特性

图 3-24 调频式测量转换电路原理框图及特性

(四)工程实践

下面以在该厂使用最为广泛的 Bently3300 系列振动位移探头为例,说明如何对电涡流

传感器的探头做特性曲线分析,进行动态标定、静态标定及日常安装使用方法和常见故障处理。

本特利公司采用的是<10或<8的电涡流探头。探头传感器由平绕在固定支架上的铂金丝线圈构成,用不锈钢壳体和耐腐蚀的材料PPS封装而成,再引出同轴电缆和前置器的延伸电缆相接。

(1) 探头的静态标定

①按图3-25所示安装探头并连接线路。

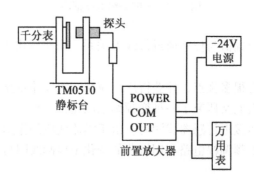

图3-25 探头静态标定连接

②根据表3-3中所列的电压数据,缓慢旋转千分表的粗调旋转,同时记录下相对的千分表刻度。

③根据记录的数据(如表3-3所列),描绘成特性曲线如图3-26所示。

表3-3　　　　　　　　传感器的探头位移——电压数据

X/mm	Y/V
0.25	2.00
0.75	6.10
1.25	10.10
1.75	14.06
2.25	18.00

(2) 探头的动态标定

①用派利斯的TM0520振动校准仪进行标定,按图3-27所示接线图把标定仪器连接好。

②调整探头和振动校准仪之间的距离,从万用表读前置器的输出,当其输出为10V时,把探头固定好。

③把TM0520校准仪的选择开关置于"位移"挡,然后调节其输出,使其产生一个100μm(峰-峰)的标准位移量输出。

④从万用表观察前置器的输出,此时应为280mV(AC)左右。

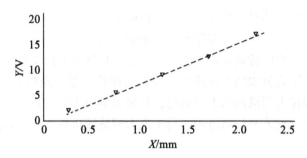

图3-26 传感器探头位移-电压特性曲线
（注：Y为输出电压）

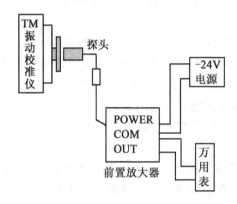

图3-27 探头动态标定接线

（3）振动位移探头的安装

①机械间隙安装法

用塞尺测量探头和轴表面的间隙，调整其间隙为1.25mm左右即可，因受安装位置的限制，该方法在安装中比较困难。

②电气测隙法

此方法是将探头、延伸电缆、前置放大器按要求接好并送电，用万用表观察前置器的输出电压，调整探头间隙，直到万用表读数为10V左右即可，然后固定紧固螺母。

（4）振动位移探头安装的注意事项

①根据API670标准推荐，对于振动测量，被测面表面粗糙度$Ra = 0.4 \sim 0.8 \mu m$，位移测量$R_a = 0.4 \sim 1.6 \mu m$，轴表面剩磁为$0.5 \mu T$。

②由于大多数旋转机械（汽轮机、压缩机）的转轴是采用40CrMo或与之接近的材料制成，制造厂家也是以此材料做出厂校准的。在实际应用中，当被测体材料与40CrMo相差较大时，应重新做特性曲线分析并进行标定。

③探头猪尾线在安装的过程中应与前置器延伸电缆断开。

④探头一定要固定紧，防止因机械振动而抖动，从而造成探头损坏。

⑤探头的猪尾线在压缩机盖里边的部分必须捆扎并固定，防止高压油流冲击造成

损坏。

⑥探头猪尾线引出壳体时，要注意密封，以防漏油。

⑦探头、前置器延伸电缆、前置器要一一对应，避免接错。

电涡流传感器在大型旋转机械中的广泛应用，为指导大型机组故障预测和检修起到重要的作用。而设备维护人员如何正确使用、维护这种传感器，提高其监控系统的可靠性、准确性和关联性，确保大型机组的平稳运行，是努力学习工作的目标。从现场的使用情况来看，其正确的选型、安装及日常维护，是实现大型旋转机械安全运行的有力保证。

四、拓展应用

电涡流传感器是 20 世纪 70 年代以来得到迅速发展的一种传感器，由于它具有结构简单、灵敏度高、线性范围大、频率响应范围宽、抗干扰能力强等优点，并能进行非接触测量，在科学领域和工业生产中得到广泛使用。下面介绍电涡流传感器的几种典型应用。

1. 位移测量

一些高速旋转的机械对轴向位移的要求很高。如当汽轮机运行时，叶片在高压蒸汽推动下高速旋转，它的主轴要承受巨大的轴向推力。若主轴的位移超过规定值，则叶片有可能与其他部件碰撞而断裂。采用电涡流传感器可以对旋转机械的主轴的轴向位移进行非接触测量（见图 3-28）。电涡流传感器可以用来测量各种形式的位移量，最大位移可达数百毫米，一般分辨率达 0.1%。但其线性度较差，只能达到 1%。

2. 振动测量

原则上，凡是可以转换成位移量的参数，都可以用电涡流传感器测量。例如在汽轮机或空气压缩机中常用电涡流传感器来监控主轴的径向振动。在研究轴的振动时，需要了解轴的振动形式，绘出轴的振动图，为此，可采用多个电涡流传感器探头并列安装在轴的侧面附近，用多通道指示仪输出并记录，以获得主轴各个部位的瞬时振幅及轴振动图。

3. 转速测量

如果被测旋转体上有一条或数条槽，或做成齿状，则利用电涡流传感器可测量出该旋转体的转速。当转轴转动时，传感器周期地改变着与旋转体表面之间的距离。于是它的输出电压也周期性地发生变化，此脉冲电压信号经信号放大、变换后，可以用频率计指示出频率值，从而测出转轴的转速。被测体转速 n、频率 f 和槽齿数 Z 的关系为

$$n = 60 \frac{f}{Z} \tag{3-16}$$

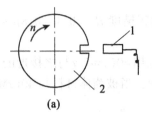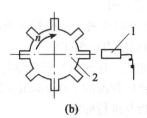

（a）带有凹槽的转轴　（b）带有凸槽的转轴　（c）实测图

1—传感器　2—被测物

图 3-28　转速测量

4. 电涡流表面探伤

采用电涡流式传感器可以检查金属的表面裂纹、热处理裂纹以及用于焊接部位的探伤。电涡流探伤时，传感器探头与被测体距离保持不变，如有裂纹出现，将引起金属的电阻率、磁导率的变化。在裂纹处也可认为有位移值的变化。这些综合参数的变化将引起传感器参数的变化，因此通过传感器参数的变化便可达到探伤的目的（见图 3-29）。

图 3-29　无损探伤检测

五、请你做一做

请你根据电涡流传感器设计一个金属零件计数测量仪，写出实施方案。到市场上进行调研，选择合适的传感器，有条件的情况下结合单片机或 plc 课程作为第二课堂的一次科技活动完成该项目任务。

反思与探讨

电涡流是什么？它是如何产生的？安装中应注意什么？

单元四 电容式传感器的应用

电容式传感器采用电容器作为传感元件，将被测非电量（如位移、压力等）的变化转化为电容量的变化。它的敏感部分就是具有可变参数的电容器。由绝缘介质分开的两个平行金属板组成的平板电容器，当忽略边缘效应影响时，其电容量与真空介电常数 ε_0（$8.854\times10^{-12}\mathrm{F\cdot m^{-1}}$）、极板间介质的相对介电常数 ε_r、极板的有效面积 S 以及两极板间的距离 d 有关：

$$C=\frac{\varepsilon_0\varepsilon_r S}{d}$$

d、S、ε_r 三个参数中任一个的变化都将引起电容量变化，并可用于测量。因此电容式传感器可分为极距变化型、面积变化型、介质变化型三类。极距变化型一般用来测量微小的线位移或由于力、压力、振动等引起的极距变化；面积变化型一般用于测量角位移或较大的线位移；介质变化型常用于物位测量和各种介质的温度、密度、湿度的测定。

电容器传感器的优点是结构简单，价格便宜，灵敏度高，过载能力强，动态响应特性好和对高温、辐射、强振等恶劣条件的适应性强等。缺点是输出有非线性，寄生电容和分布电容对灵敏度和测量精度的影响较大，以及连接电路较复杂等。随着集成电路技术的发展，出现了与微型测量仪表封装在一起的电容式传感器。这种新型的传感器能使分布电容的影响大为减小，使其固有的缺点得到克服。电容式传感器是一种用途极广、很有发展潜力的传感器。

在本单元中，通过电容式传感器在力和压力的测量、接近开关等两个项目的应用中来讲授如下核心知识技能点：

(1) 电容式传感器在力和压力测量中的基本原理、测量电路；

(2) 电容式接近传感器的测量原理、电路和使用。

任务一 电容式传感器在力和压力测量中的应用

一、任务描述与分析

在现代的工业生产中，常用电容式传感器作为压力传感器。当受到压力作用时，使可动电极产生位移，导致传感器电容量变化。利用电容敏感元件将被测压力转换成与之成一定关系的电量（或频率）输出的传感器称为压力传感器。电容式压力传感器属于变极距型电容传感器，可分为单电容式压力传感器和差动电容式压力传感器。图 4-1 为电容式压力传感器原理图。

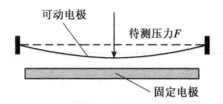

图 4-1 电容式压力传感器

二、相关知识

（一）什么是变极距型电容传感器？

图 4-2 为变极距型电容传感器的原理图。图中 1 为固定极板，2 为与被测对象相连的活动极板，初始状态时两极板间的距离为 d，在极板面积 S 和介质电常数不变时，电容器容量为：

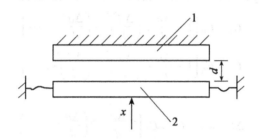

1—定极板　2—动极板
图 4-2　变极距型电容传感器

$$C_0 = \varepsilon S/d$$

当活动极板因被测参数的改变而引起移动时，两极板间的距离发生变化，在极板面积 S 和介质电常数不变时，电容量也相应发生改变。设移动距离为 Δd，两极间隙为 $(d-\Delta d)$，其电容量为：

$$C_1 = \frac{\varepsilon A}{d-\Delta d} = C_0 + \Delta C = \frac{C_0 d}{d-\Delta d}$$

$$\frac{\Delta C}{C_0} = \frac{\Delta d}{d}\left[1 + \frac{\Delta d}{d} + \left(\frac{\Delta d}{d}\right)^2 + \left(\frac{\Delta d}{d}\right)^3 + \cdots\right] \tag{4-1}$$

由式（4-1）可以看出，电容 C 与 Δd 成非线性关系。但是当 $\Delta d \ll d$ 时，略去高次项，得到 $\frac{\Delta C}{C_0} \approx \frac{\Delta d}{d}$，可以认为 ΔC 和 Δd 是线性关系。电容传感器的静态灵敏度为

$$k = \frac{\Delta C/C_0}{\Delta d} = \frac{1}{d} \tag{4-2}$$

它说明了单位输入位移所引起的输出电容相对变化的大小。因此这种类型的传感器一般用来测量微小变化的量，如 0.01μm 至零点几毫米的线位移等。

在实际的应用中，为了改善非线性，提高灵敏度，电容传感器常做成差动式结构，如图 4-3 所示。

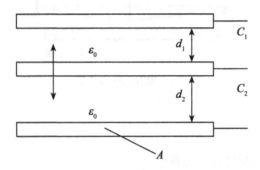

图 4-3　差动式电容传感器

在差动式电容传感器中，$d_1 = d_2 = d$，当动极板位移 Δd，电容器 C_1 的间隙 d_1 变为 $d - \Delta d$，电容器 C_2 的间隙 d_2 变为 $d + \Delta d$ 时，它们的特性方程分别为

$$C_1 = C_0 \left[1 + \frac{\Delta d}{d} + \left(\frac{\Delta d}{d}\right)^2 + \left(\frac{\Delta d}{d}\right)^3 + \cdots \right]$$

$$C_2 = C_0 \left[1 - \frac{\Delta d}{d} + \left(\frac{\Delta d}{d}\right)^2 - \left(\frac{\Delta d}{d}\right)^3 + \cdots \right]$$

电容值总的变化为

$$\Delta C = C_1 - C_2 = C_0 \left[2\frac{\Delta d}{d} + 2\left(\frac{\Delta d}{d}\right)^3 + \cdots \right] \tag{4-3}$$

电容的相对变化为

$$\frac{\Delta C}{C_0} = 2\frac{\Delta d}{d} \left[1 + \left(\frac{\Delta d}{d}\right)^2 + \left(\frac{\Delta d}{d}\right)^4 + \cdots \right] \tag{4-4}$$

当 $\Delta d \ll d$ 时，略去高次项，得

$$\frac{\Delta C}{C_0} = 2\frac{\Delta d}{d} \tag{4-5}$$

传感器的灵敏度 k' 为

$$k' = \frac{\Delta C / C_0}{\Delta d} = \frac{2}{d} \tag{4-6}$$

由上可见，电容式传感器做成差动式结构后，非线性误差大大降低了，而灵敏度则提高了 1 倍。与此同时，差动式电容式传感器还能减小静电引力给测量带来的影响，并有效地改善由于环境影响所造成的误差。

（二）变极距型电容传感器的结构

1. 单电容式压力传感器

它由圆形薄膜与固定电极构成。薄膜在压力的作用下变形，从而改变电容器的容量，其灵敏度大致与薄膜的面积和压力成正比，而与薄膜的张力和薄膜到固定电极的距离成反比。另一种形式的固定电极取凹形球面状，膜片为周边固定的张紧平面，膜片可用塑料镀金属层的方法制成（见图 4-4）。这种形式适于测量低压，并有较高过载能力。还可以采用带活塞动极膜片制成测量高压的单电容式压力传感器。这种形式可减小膜片的直接受压面积，以便采用较薄的膜片，提高灵敏度。它还与各种补偿和保护部以及放大电路整体封装在一起，以便提高抗干扰能力。这种传感器适于测量动态高压和对飞行器进行遥测。单电容式压力传感器还有传声器式（即话筒式）和听诊器式等形式。

2. 差动电容式压力传感器

它的受压膜片电极位于两个固定电极之间，构成两个电容器（见图4-5）。在压力的作用下，一个电容器的容量增大，而另一个则相应减小，测量结果由差动式电路输出。它的固定电极是在凹曲的玻璃表面上镀金属层而制成的，过载时膜片受到凹面的保护而不致破裂。差动电容式压力传感器比单电容式的灵敏度高、线性度好，但加工较困难（特别是难以保证对称性），而且不能实现对被测气体或液体的隔离，因此不宜工作在有腐蚀性或杂质的流体中。

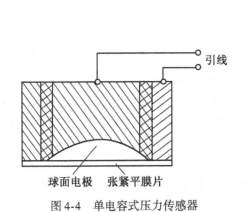

图 4-4 单电容式压力传感器

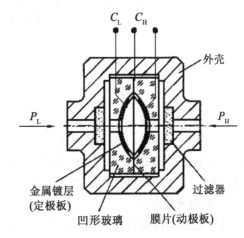

图 4-5 差动电容式压力传感器

三、相关技能

（一）如何将电容的变化转换为电量

电容式传感器的电容值十分微小，必须借助于信号调节电路将这微小电容的变化转换成与其成线性关系的电压、电流或频率等，以便显示、记录以及传输。用于电容式传感器的测量电路很多，常见的电路有普通交流电桥、脉冲调制电路、调频电路、双 T 电桥电路、运算放大器测量电路等。

1. 普通交流电桥

图 4-6 所示为电容式传感器的平衡电桥测量电路。电桥的平衡条件为

$$\frac{Z_1}{Z_1+Z_2} = \frac{C_2}{C_1+C_2} = \frac{d_1}{d_1+d_2} \tag{4-7}$$

式中：C_1 和 C_2 组成差动电容，d_1 和 d_2 为相应的间隙。初始状态 $d_1 = d_2 = d_0$，$C_1 = C_2 = C_0$，此时调节 $Z_1 = Z_2 = Z$，则电桥便处于平衡状态。若中心电极移动 Δd，使 $d_1 = d_0 + \Delta d$，$d_2 = d_0 - \Delta d$，则 $C_1 = C_0 - \Delta C$，$C_2 = C_0 + \Delta C$，这样使电桥的平衡状态被破坏，但只

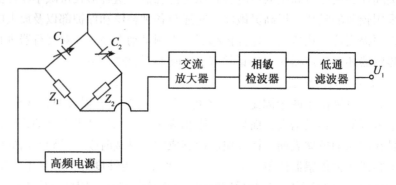

图 4-6 电桥测量电路

要适当调节 Z_1 和 Z_2，便会使电桥重新平衡，这时电桥的平衡条件为

$$\frac{d_1 + \Delta d}{d_1 + d_2} = \frac{Z'_1}{Z_1 + Z_2}$$

因此

$$\Delta d = (d_1 + d_2) \frac{Z'_1 - Z_1}{Z_1 + Z_2} = (d_1 + d_2)(b - a) \qquad (4-8)$$

式中：$a = Z_1/(Z_1 + Z_2)$，$b = Z'_1/(Z_1 + Z_2)$ 分别为位移前后的分压系数（$Z_1 + Z_2$ 通常设计成一线性分压器，分压系数在 $Z_1 = 0$ 时为 0，而在 $Z_2 = 0$ 时为 1）。这样，差动电容传感器中心电极位移 Δd 的大小便与其位移前后分压系数之差 $(b - a)$ 成正比，而且还可根据分压系数之差的正负号判定电极位移的方向。

2. 调频测量电路

这种电路是将电容传感器元件与一电感元件相配合构成一个调频振荡器，如图 4-7 所示。

当被测量使电容传感器的电容值发生变化时，振荡器的振荡频率产生相应变化。振荡器的振荡频率由式 (4-9) 决定：

$$f = \frac{1}{2\pi \sqrt{LC}} \qquad (4-9)$$

式中：L——振荡回路的电源；C——振荡回路的总电容。

C 一般由传感器电容 $C_0 \pm \Delta C$ 和谐振回路中的固定电容 C_1 及电缆 C_C 组成，即 $C = C_1 + C_C + C_0 \pm \Delta C$。当 $\Delta C \neq 0$ 时，振荡频率随 ΔC 而改变：

$$f = f_0 \mp \Delta f \frac{1}{2\pi \sqrt{L(C_1 + C_C + C_0 \pm \Delta C)}} \qquad (4-10)$$

式中：$f_0 = 1/2\pi \sqrt{L(C_1 + C_C + C_0)}$，为传感器处于初始状态时振荡电路的谐振频率。由式 (4-10) 知，振荡器输出信号是一个受被测量调制的调谐波，其频率由该式决定。可以通过限幅、鉴频、放大等电路后输出一定电压信号，也可直接通过计数器测定其频率值。这类测量电路的特点是：灵敏度高，可测量 0.01μm 甚至更小的位移变化量；抗干扰能力强；能获得高电平的直流信号或频率数字信号。缺点是受温度影响大，给电路设计和传感器设计带来一定麻烦。

单元四 电容式传感器的应用 69

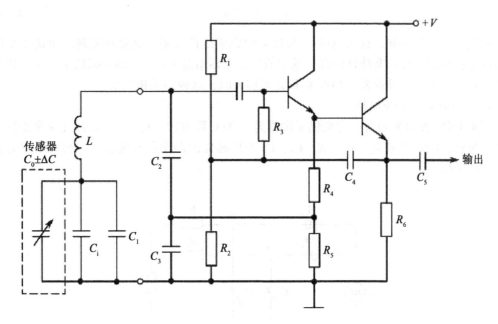

图 4-7 调频测量电路

3. 运算放大器式电路

这种电路的最大特点，是能够克服变间隙电容式传感器的非线性而使其输出电压与输入位移（间隙变化）呈线性关系，其原理电路如图 4-8 所示，其中 C_x 为传感器电容。

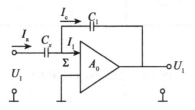

图 4-8 运算放大器工作原理图

由运算放大器工作原理知，$U_a = 0$，$I = 0$，则有

$$\left.\begin{aligned} \dot{U}_i &= -j\frac{1}{\omega C_0}\dot{I}_0 \\ \dot{U}_0 &= -j\frac{1}{\omega C_x}\dot{I}_x \\ \dot{I}_0 &= -\dot{I}_x \end{aligned}\right\} \tag{4-11}$$

由式（4-11）得

$$U_0 = -U_i\frac{C_0}{C_x} \tag{4-12}$$

而对于平板电容器 $C_x = \varepsilon S/d$，代入式（4-12），得

$$U_0 = U_i \frac{C_0}{\varepsilon S} d \tag{4-13}$$

由式（4-13）可知，输出电压 U_0 与极板间距成线性关系，这就从原理上解决了变间隙式电容传感器特性的非线性问题。这里假设放大器增益 $K = \infty$，输入阻抗 $Z_i = \infty$，因此仍然存在一定的非线性误差，但在 K 和 Z_i 足够大时，这种误差相当小。

4. 二极管双 T 交流电桥

图 4-9 中 e 是高频电源，它提供了幅值为 U 的对称方波，V_{D1}、V_{D2} 为特性完全相同的两只二极管，固定电阻 $R_1 = R_2 = R$，C_1、C_2 为传感器的两个差动电容。当传感器没有输入时，$C_1 = C_2$。

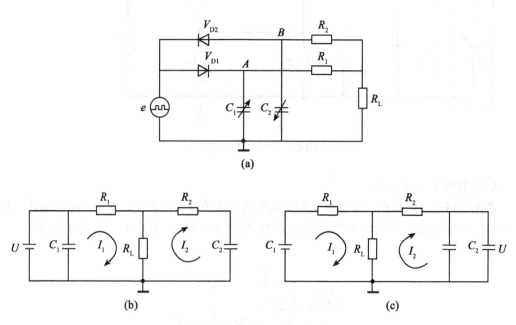

图 4-9 二极管双 T 交流电桥

其电路工作原理如下：当 e 为正半周时，二极管 V_{D1} 导通、V_{D2} 截止，于是电容 C_1 充电，其等效电路如图 4-9（b）所示；在随后负半周出现时，电容 C_1 上的电荷通过电阻 R_1、负载电阻 R_L 放电，流过 R_L 的电流为 I_1。

当 e 为负半周时，V_{D2} 导通、V_{D1} 截止，则电容 C_2 充电，其等效电路如图 4-9（c）所示；在随后出现正半周时，C_2 通过电阻 R_2、负载电阻 R_L 放电，流过 R_L 的电流为 I_2。

电流 $I_1 = I_2$，且方向相反，在一个周期内流过 R_L 的平均电流为零。

若传感器输入不为 0，则 $C_1 \neq C_2$，$I_1 \neq I_2$，此时在一个周期内通过 R_L 上的平均电流不为零，因此产生输出电压，输出电压在一个周期内平均值为

$$U_0 = I_L R_L = \frac{1}{T} \int_0^T [I_1(t) - I_2(t)] dt R_L \approx \frac{R(R + 2R_L)}{(R + R_L)^2} \cdot R_L U f (C_1 - C_2) \tag{4-14}$$

式中：f 为电源频率。

当 R_L 已知时，式中

$$\frac{R(R+2R_L)}{(R+R_L)^2} \cdot R_L = M \text{ (常数)} \tag{4-15}$$

则上式可改写为

$$U_0 = UfM(C_1 - C_2) \tag{4-16}$$

可知,输出电压 U_0 不仅与电源电压幅值和频率有关,而且与 T 形网络中的电容 C_1 和 C_2 的差值有关。当电源电压确定后,输出电压 U_0 是电容 C_1 和 C_2 的函数。电路的灵敏度与电源电压幅值和频率有关,故输入电源要求稳定。

(二) 常见的商用电容式压力传感器 (见图 4-10)

(a) JYB-3151精巧型电容式变送器(电容式压力传感器)　　(b) 312陶瓷电容式压力传感器　　(c) 阿尔卑斯电气(Alps Electric)研制出世界上最小的(4.8mm×4.8mm×1.8mm)电容式压力传感器,可满足在不同情况下,从汽车胎压到血压的各种检测需要

图 4-10　几种实际的电容式压力传感器

四、请你做一做

阅读下面资料,简要说明电容式压力传感器在天平中的应用。

1. 电容式压力传感器简介

科学技术的不断发展极大地丰富了压力测量产品的种类,现在,压力传感器的敏感原理不仅有电容式、压阻式、金属应变式、霍尔式、振筒式,等等,但仍以电容式、压阻式和金属应变式传感器最为多见。

金属应变式压力传感器是一种历史较长的压力传感器,但由于它存在迟滞、蠕变及温度性能差等缺点,其应用场合受到了很大的限制。

压阻式传感器是利用半导体压阻效应制造的一种新型的传感器,它具有制造方便、成本低廉等特点,但由于半导体材料对温度极为敏感,所以其性能受温度影响较大,产品的一致性较差。

电容式传感器是应用最广泛的一种压力传感器,其原理十分简单。一个无限大平行平板电容器的电容值可表示为:$C = \varepsilon S/d$ (ε 为平行平板间介质的介电常数,d 为极板的间距,S 为极板的覆盖面积)。改变其中某个参数,即可改变电容量。由于结构简单,几乎所有电容式压力传感器均采用改变间隙的方法来获得可变电容。电容式传感器的初始电容值较小，一般为几十皮法，它极易受到导线电容和电路的分布电容的影响，因而必须采用先进的电子线路才能检测出电容的微小变化。可以说，一个好的电容式传感器应该是可变电容设计和信号处理电路的完美结合。

2. Setra 压力传感器的工作原理

Setra 的压力传感器采用了结构简单、坚固耐用且极稳定的可变电容形式，图 4-11 为 Setra 压力传感器的结构示意图。可变电容由压力腔上的膜片和固定在其上的绝缘电极所组成，当感受到压力变化时，膜片要产生微微的翘曲变形，从而改变了两极的间距，采用 Setra 独特的检测电路测电容的微小变化，并进行线性处理和温度补偿。传感器输出与被测压力成正比的直流电压或电流信号。

精巧的结构、高性能的材料及先进的检测电路的完美结合，赋予了 Setra 压力传感器以很高的性能。

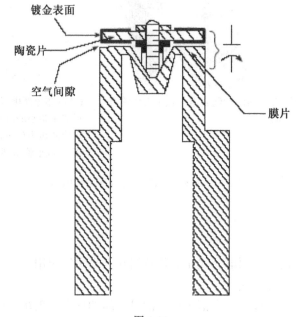

图 4-11

3. Setra 压力传感器的特点

（1）高性能

为了保证产品的高性能，Setra 压力传感器采用材料构成可变电容，由于这些材料具有极稳定的物理化学性能，使产品具有极高的性能。根据用户需要，Setra 可提供高达 $\pm 0.02\%$ FS 的传感器，稳定性优于 $\pm 0.05\%$ FS，如此高的性能是采用其他敏感原理的产品难以达到的。

此外，采用 Setra 先进的检验电路可检测出敏感电容极微小的变化，从而使传感器具有很高的分辨率，如 Setra 的 Model 270 大气压力传感器的分辨率可达 0.005% FS。

（2）机械变形

敏感电容模极板间距的微小的变化，即可产生可测量的电压信号变化，小的机械变形使传感器的迟滞和非重复性误差大大降低，同时传感器的速度也得到很大提高。

(3) 测量范围宽

Setra 的压力传感器具有很宽的测量范围，它可对 25Pa~70MPa 范围的压力进行精确的测量，且具有极高的稳定性。

图 4-12 所示的 Setra Model 239 高精度差压传感器的最小测量范围为 0~125Pa，测量精度可达 0.073% FS，静压可从真空至 1.7MPa。在 0~65℃ 范围内，温度影响小于 ±1.8% FS/100℃，过载能力最高可达 FS 的 270 倍。

(4) 长期稳定性好

Setra 的传感器与其他同类产品相比具有更高的稳定性，与其他传感器如金属应变式传感器不同，电容式传感器的蠕变、时效和温度影响均很小。几乎所有不利因素对电容式传感器输出稳定性的影响均小于其他形式的传感器。Setra 压力传感器的零点稳定性可达到 0.05% FS/a。

(5) 高输出信号

Setra 压力传感器的电路可将电容的微小变化直接转换成高输出信号，而无需进行信号放大。压阻式传感器（薄膜式，C 式）具有输出信号低、易受外界信号干扰等缺点，而这通常是传感器稳定性差、受温度影响大、易受电磁波干扰的主要原因。

(6) 防腐性能好

Setra 压力传感器与介质相接触的材料均采用优质不锈钢材料，因而可与许多酸碱溶液、腐蚀性气体或液体很好地相容。

(7) 抗电磁场干扰

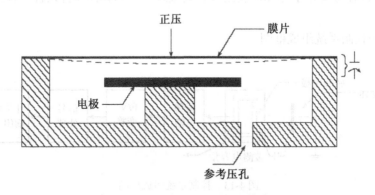

图 4-12 Setra Model 239 差压传感器

高输出信号、抗干扰设计及采用金属外壳，使 Setra 压力传感器对外部电磁场具有很高的抑制能力，它具有与可编程控制相当的抗干扰能力。

(8) 在恶劣环境中工作

Setra 的传感器非常经久耐用，它的工业级的产品可承受最小 10^7 次测满量程压力循环，如果工作压力不大，传感器的循环寿命几乎可达到无限长，而且其工业的产品均能承受 1~2kN 的冲击和最小 10~20Hz 的振动。

4. 电容式压力传感器在天平中的应用

不像大多数实验室天平采用电磁平衡测量原理，及绝大多数计数秤采用的应变片技术，Setra 采用了自己发明的独特的"可变陶瓷电容技术"。这种设计提供了重量测量的牢靠，精度和合理的价格，两个放置平行的镀金条被热熔于陶瓷传感器模块中，两个电极间间距只有几百分之一毫米。当一负载放在天平的秤盘上，引起陶瓷梁的弯曲，改变两个电极间间距，电极便被接入 LC 的振荡电路，振荡频率随负载测量电容而改变，从零负载到满负载（天平的标称量程），频率变化可达每秒 200 万个周期……1987 年，ISWM（国际称重计量协会）授予 Setra 技术卓越奖，表彰 Setra 对科学和测量工业的贡献和已被证明的商业上的成功，Setra 全力投身于发现新的更好的方法测量重量，下一代高精度的电子天平和秤已在 Setra 研发部门展开研制工作。

反思与探讨

1. 比较电阻应变片压力传感器与电容式压力传感器有何优缺点？
2. 采用电容式压力传感器怎样检测管道中的压力？试述其原理。

任务二　电容式接近开关的使用

一、任务描述与分析

随着我国经济的快速发展，水资源问题越来越突出了。如何有效地管理和节约用水是当务之急。本次任务就是学习如何利用电容式接近开关和其他器件设计一种控制水龙头开与关的系统。

图 4-13 为控制系统组成框图。

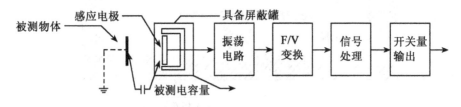

图 4-13　控制系统组成框图

如何来实现本系统的工作呢？下面我们首先介绍它的相关知识。

二、相关知识

1. 什么是电容式接近开关传感器

电容式接近开关亦属于一种具有开关量输出的介质型电容传感器，它的测量头通常是构成电容器的一个极板，而另一个极板是物体的本身，当物体接近开关时，物体和接近开关的介电常数发生变化，使得和测量头相连的电路状态也随之发生变化，由此便可控制开关的接通和关断。这种接近开关的检测物体，并不限于金属导体，也可以是绝缘的液体或粉状物体。在检测较低介电常数 ε 的物体时，可以顺时针调节多圈电位器（位于开关后部）来增加感应灵敏度，一般调节电位器使电容式的接近开关在 $0.7\sim0.8Sn$（Sn 为电容式接近开关的标准检测距离）的位置动作。图 4-14 所示为典型电容式接近开关。

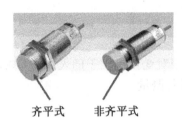 

图 4-14 典型电容式接近开关

2. 什么是变介质型电容式传感器

图 4-15 为变介质电容式传感器的两种形式。

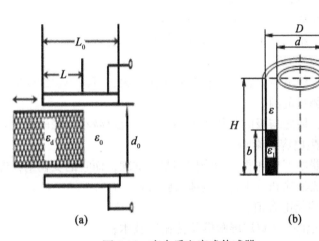

图 4-15 变介质电容式传感器

如图 4-15（a）所示，这种结构相当于两电容器并联。此时总电容为

$$C = C_1 + C_2 = \varepsilon_0 b_0 \frac{\varepsilon_{r_1}(L_0 - L) + \varepsilon_{r_2}L}{d_0} \tag{4-17}$$

当 $L=0$ 时，传感器的初始电容为：

$$C_0 = \frac{\varepsilon_0 \varepsilon_{r_1} L_0 b_0}{d_0} = \frac{\varepsilon_0 L_0 b_0}{d_0} \tag{4-18}$$

当被测介质进入极板间 L 深度后，引起电容的相对变化量为：

$$\frac{\Delta C}{C_0} = \frac{C - C_0}{C_0} = \frac{(\varepsilon_{r_2} - 1)L}{L_0} \tag{4-19}$$

电容的变化量与电介质的移动量 L 呈线性关系。

在图 4-15（b）中，总电容为：

$$C = \frac{2\pi\varepsilon_1 h}{\ln\frac{D}{d}} + \frac{2\pi\varepsilon_1(H-h)}{\ln\frac{D}{d}} = \frac{2\pi\varepsilon H}{\ln\frac{D}{d}} + \frac{2\pi h(\varepsilon_1-\varepsilon)}{\ln\frac{D}{d}} = C_0 + \frac{2\pi h(\varepsilon_1-\varepsilon)}{\ln\frac{D}{d}} \quad (4\text{-}20)$$

一般取介质为空气（ε），介质全部为空气的电容器的电容为 C_0，则

C_0——由变换器的基本尺寸决定的初始电容值由下式决定：

$$C_0 = \frac{2\pi\varepsilon H}{\ln\frac{D}{d}} \quad (4\text{-}21)$$

由此可见，由介质 ε_1 的插入所引起的电容的相对变化正比于插入深度。常利用这一原理对非导电液体和松散物料的液位或填充高度进行测量。

三、相关技能

（一）如何提高电容式传感器的精度

1. 减小温度对电容式传感器的影响

温度变化使传感器内各零件的几何尺寸和相互位置及某些介质的介电常数发生改变，从而改变传感器的电容量，产生温度误差。

湿度也影响某些介质的介电常数和绝缘电阻值。

因此必须从选材、结构、加工工艺等方面来减小温度等误差。

2. 消除和减小边缘效应

适当减小极间距，使电极直径或边长与间距比增大，可减小边缘效应的影响，但易产生击穿并有可能限制测量范围。

电极应做得极薄，使之与极间距相比很小，这样也可减小边缘电场的影响。

3. 消除和减小寄生电容的影响

寄生电容与传感器电容相并联，影响传感器灵敏度，而它的变化则为虚假信号，影响仪器的精度，必须设法消除和减小它。具体措施有：

（1）增加传感器原始电容值；

（2）采用"驱动电缆"（双层屏蔽等位传输）技术；

（3）整体屏蔽法。

（二）典型工业用电容式接近开关

图 4-16 为一种工业用电容式接近开关外形图。

1. 主要性能指标及使用

产品：M18 电容式接近开关（NPN 三极管驱动输出）

检测距离：1~10mm

被检测物：25mm×25mm×1mm

响应频率：50Hz

工作电压：10~36V 直流

工作电流：小于 10mA

输出驱动电流：300mA

温度范围：-25~70℃

这是一种电容接近开关，主要用于检测非金属物，被广泛应用到各种颗粒料位仪、人

图 4-16　CLG 型 M18×70 电容式接近开关外形图

体接近开关中，它的直径为 18mm，固定时只要在设备外壳上打一个 18mm 的圆孔就能轻松固定，长度约 70mm，背后有工作指示灯，当检测到物体时红色 LED 点亮，平时处于熄灭状态，非常直观，引线长度为 100mm。

图 4-17 为其安装连接图。

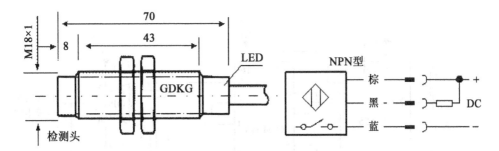

图 4-17　安装连接图

这种光电开关的输出采用 NPN 型三极管集电极开漏输出模式。也就是说，模块的黑线就是三极管的集电极，如果模块检测到信号，三极管就会导通，将黑线下拉到地电平，黑线和棕线之间就会出现电源电压，如果电源是 12V，那么这个电压就是 12V；如果电源是 24V，这个电压就是 24V。一般三极管的驱动能力为 100mA 左右，所以可以直接驱动继电器等小功率负载。如果客户希望得到的是一个电压信号，可以在黑线和棕线之间接一个 1K 的电阻，模块没有信号时，黑线就是电源正电极，模块检测到信号时黑线跳变成电源地（实际是 0.2V，三极管的导通压降）。

2. CLG 型 M18×70 电容式接近开关使用注意事项

（1）电容式接近开关理论上可以检测任何物体，当检测过高介电常数物体时，检测距离要明显减小，这时即使增加灵敏度也起不到效果。

（2）电容式接近开关的接通时间为 50ms，所以在用户产品的设计中，当负载和接近开关采用不同电源时，务必先接通接近开关的电源。

(3) 当使用感性负载（如灯、电动机等）时，其瞬态冲击电流较大，可能劣化或损坏交流二线的电容式接近开关，在这种情况下，请经过交流继电器作为负载来转换使用。

(4) 请勿将接近开关置于 $200×10^{-4}T$ 以上的直流磁场环境下使用，以免造成误动作。

(5) DC 二线的接近开关具有 0.5~1mA 的静态泄漏电流，在一些对 DC 二线接近开关泄漏电流要求较高的场合，尽量使用 DC 三线的接近开关。

(6) 避免接近开关在化学溶剂，特别是在强酸、强碱的环境下使用。

(7) 本产品均为 SMD 工艺生产制造，经严格的测试合格后才出厂，在一般情况下使用不会出现损坏。为了防止意外发生，请用户在接通电源前检查接线是否正确，核定电压是否为额定值。

(8) 为了使电容式接近开关长期稳定工作，避免其受潮湿、灰尘等因素的影响，请务必进行定期的维护，包括检测物体和接近开关的安装位置是否有移动或松动、接线和连接部位是否接触不良、是否有粉尘粘附等。

四、请你做一做

根据图 4-13 的设计框图和图 4-18 振荡电路与 F/V 部分及信号处理电路连线图，设计制作节水龙头的控制电路。

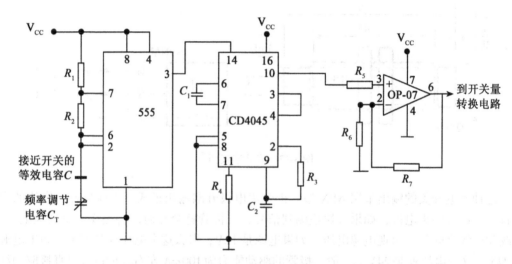

图 4-18　振荡电路与 F/V 部分及信号处理电路连线图

说明：如图 4-18 所示，由 555 定时器组成的振荡器，它的振荡频率为：$f = 1/0.69 × (R_1 + 2×R_2) × (C//C_T)$，$C$ 就是电容式接近开关的等效电容值，C_T 为频率调节电容，通过 C 的变化从而使振荡频率变化，将此种变化传给 F/V 电路，引起 F/V 电路的输出电压变化。由锁相环 CD4046 组成的 F/V 变换电路将频率值变成电压值后，经精密运放 OP-07 线性放大后输入到开关量转换器（A/D 转换器）的输入端。A/D 转换器将模拟信号转换成数字信号后，输入到水龙头控制电路的输入端，由水龙头控制电路控制水龙头的开与关。这些电路简单，限于篇幅，不作介绍。

安装要求示意图如图 4-19 所示，图中 S_1 表示检测面与支架的间距，要求 $\geq 1Sn$，S_2 表示检测面与背景的间距，要求 $\geq 3Sn$，S_3 表示并列安装间距，要求 $\geq 5Sn$，S_4 表示检测面与侧壁的间距，要求 $\geq 3Sn$（Sn 为电容式接近开关的标准检测距离）。

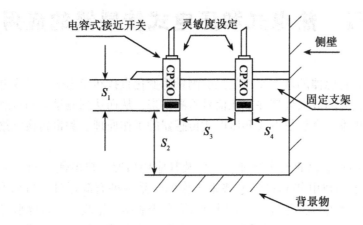

图 4-19　安装要求示意图

反思与探讨

1. 查阅相关资料，分析电容式键盘的工作原理是否与电容式接近开关传感器相似。
2. 试述电容式开关传感器检测液位的工作原理。

单元五　热电式和压电式传感器的应用

热电式和压电式传感器的基本原理是把被测量的变化直接转换为电压量或电流量的变化，然后通过对此信号的放大处理并把此信号检测出来，从而达到测量被测量的目的。本单元将从应用角度出发，介绍热电式和压电式传感器的工作原理、测量转换电路及一些应用实例。

（1）任务一介绍热电偶的工作原理、类型及其应用情况。热电偶是利用不同金属导体组成的回路所产生的热电势和接触电势来工作的，是一种有源器件。目前有 K 型、S 型、B 型等许多不同材质的热电偶，按不同的结构有普通型、铠装型、防爆型等多种结构形式。在使用过程中遵循四个基本定律，可按需要进行串联或并联连接组成不同的测量电路。串联主要用于高精度测量温度，并联可测量各点平均温度。一般在工业过程控制中，热电偶作为主要的测温探头，广泛应用于化工、冶金、食品等行业，但它仅仅是个温度探头，必须与处理芯片及相关软件配合起来才能组成一个实用测温系统或控温装置。

（2）压电式传感器是一种典型的自发电式传感器，压电元件的工作原理是基于压电效应。具有压电效应的压电材料有压电晶体、压电陶瓷和有机压电材料。压电材料的主要特性指标有压电系数、刚度、介电常数、电阻和居里点。压电元件的等效电路有电荷等效电路和电压等效电路，由于电荷放大器的输出电压仅与电荷量 q 和反馈电容 C_F 有关，而与电缆电容 C_c 无关，所以压电式传感器的测量转换电路用电荷放大器。由于压电元件的输出电荷 q 又与外力 F 成正比关系，从而压电传感器往往用于变化力、变化加速度、振动的测量，而不能用于静态力的测量。

任务一　热电偶在温度测量中的应用

一、任务描述与分析

温度是表示物体冷热程度的物理量，自然界中的许多现象都与温度有关，在工农业生产和科学实验中，会遇到大量有关温度测量和控制的问题。

在火电厂中，温度测量对于保证生产过程的安全、经济性有着十分重要的意义。如图 5-1 所示的锅炉汽水生产流程及检测系统图中，锅炉过热器的温度非常接近过热器钢管的极限耐热温度，如果温度控制不好，会烧坏过热器；在机组启、停过程中，需要严格控制汽轮机汽缸和锅炉汽包壁的温度，如果温度变化太快，汽缸和汽包会由于热应力过大而损坏。又如，蒸汽温度、给水温度、锅炉排烟温度等过高或过低都会使生产效率降低，导致多消耗燃料，而这些都离不开对温度的测量。

热电偶传感器是将温度转换成电动势的一种测温传感器。它与其他测温装置比较具有精度高、测温范围宽、结构简单、使用方便、可远距离测量等优点。在轻工、冶金、机械、电力、化工等工业领域中被广泛用于温度的测量、调节和自动控制等方面。

本单元的学习任务是掌握热电偶测温的基本原理，了解热电偶的分类及特点、热电偶的使用方法，重点进行热电偶测量两点温差电路的设计及制作。要求同学们通过实际设计的动手制作，掌握热电偶在温度测量与控制中的应用，会正确选用热电偶并按要求组成一定的测温电路。

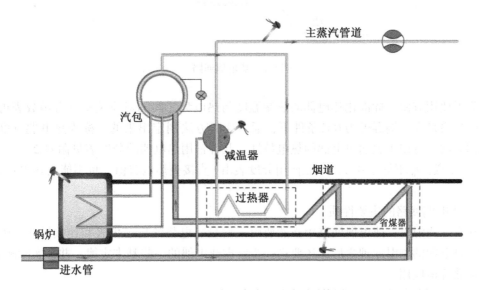

图 5-1　锅炉汽水生产流程及检测系统图

二、相关知识

（一）热电偶测温的工作原理

1. 热电效应

如图 5-1 所示，将两种不同材料的导体 A、B 的两个端点分别连接而构成一个闭合回路，若两个接点处温度不同，则回路中会产生电动势，从而形成电流，这个物理现象称为热电效应，因该现象是由德国科学家塞贝克发现的，故也称为塞贝克效应。在该热电偶回路中，把 A、B 两导体的组合称为热电偶，A、B 两种导体称为热电极，在 t 端的接点称为工作端或热端，在 t_0 端的接点称为自由端或冷端。

热电效应的本质是热电偶本身吸收了外部的热能，在内部转换为电能的一种物理现象。热电偶的热电势由两种导体的接触电势和单一导体的温差电势组成。接触电势（又称珀尔电动势）是由于两种不同导体的自由电子密度不同而在接触处形成的电势；温差电势（又称汤姆逊电动势）是在同一导体中，由于两端温度不同而使导体内高温端的自由电子向低温端扩散形成的电势。因此，热电偶回路的热电势仅与热电极材料和热电偶两个端点温度有关。当两个热电极的材料选定后，且冷端温度 t_0 保持不变，则热电偶回路产生的热电势 $E_{AB}(t, t_0)$ 就与热端温度 t 具有单值函数关系。因此，测得热电势 $E_{AB}(t, t_0)$，就可以确定被测温度 t 的数值，这就是热电偶测温的基本原理。

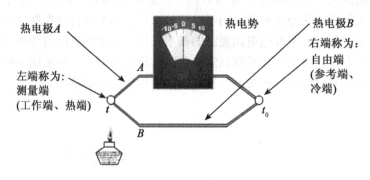

图 5-2 热电偶回路

为了使用方便，标准化热电偶的热端温度与热电势之间的对应关系都有函数表可查。这种函数表是在冷端温度为 0℃ 条件下，通过实验方法制定出来的，称为热电偶分度表。热电偶分度表可用于表达热电偶的热电特性。几种常用热电偶的分度表见附录 2-1 至附录 2-4。应注意，t_0 不等于 0℃，不能使用分度表由 t 直接查热电势值，也不能由热电势值直接查 t。

2. 热电偶回路的主要性质

在实际测温时，热电偶回路中必然要引入测量热电势的显示仪表和连接导线。因此，理解了热电偶的测温原理之后，还要进一步掌握热电偶的一些基本定律，并在实际测温中灵活而熟练地应用。

(1) 均质导体定律

由一种均质导体组成的闭合回路，不论其几何尺寸和温度分布如何，都不会产生热电势。

这条定律说明：

①热电偶必须由两种材料不同的均质热电极组成。

②热电势与热电极的几何尺寸（长度、截面积）无关。

③由一种导体组成的闭合回路中存在温差时，如果回路中产生了热电势，那么该导体一定是不均匀的。由此可检查热电极材料的均匀性。

④两种均质导体组成的热电偶，其热电势只决定于两个接点的温度，与中间温度的分布无关。

(2) 中间导体定律

由不同材料组成的闭合回路中，若各种材料接触点的温度都相同，则回路中热电势的总和等于零。

由此定律可以得到如下结论：

在热电偶回路中，接入第三种、第四种或者更多种均质导体，只要接入的导体两端温度相等，则它们对回路中的热电势没有影响。即

$$E_{ABC}(t, t_0) = E_{AB}(t, t_0) \tag{5-1}$$

其中：C 导体两端温度相同。

从实用观点看，这个性质很重要，正是由于这个性质存在，我们才可以在回路中引入

各种仪表、连接导线等,而不必担心会对热电势有影响,而且也允许采用任意的焊接方法来焊制热电偶。同时应用这一性质可以采用开路热电偶对液态金属和金属壁面进行温度测量,如图 5-3 所示,只要保证两热电极 A、B 插入地方的温度一致,则对整个回路的总热电势将不产生影响。

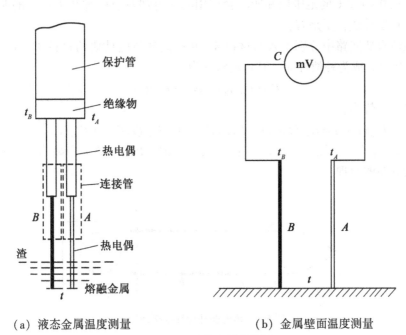

(a) 液态金属温度测量　　(b) 金属壁面温度测量

图 5-3　开路热电偶的使用

两种不同材料组成的热电偶回路,其接点温度为 t、t_0 的热电势,等于该热电偶在接点温度分别为 t、t_n 和 t_n、t_0 时的热电势的代数和。t_n 为中间温度(如图 5-4 所示),即

$$E_{AB}(t, t_0) = E_{AB}(t, t_n) + E_{AB}(t_n, t_0) \tag{5-2}$$

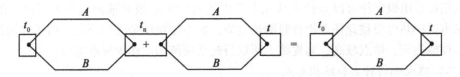

图 5-4　中间温度定律示意图

由此定律可以得到如下结论:

(1) 已知热电偶在某一给定冷端温度下进行的分度,只要引入适当的修正,就可在另外的冷端温度下使用。这就为制定和使用热电偶分度表奠定了理论基础。

【例 5-1】　已知铂铑$_{10}$-铂热电偶(分度号 S)的冷端温度 t_0 为 20℃ 时,测得的热电势为 9.474mV,求测量端温度 t。

解:由题意可知:$E_S(t, 20) = 9.474$(mV)

由 S 分度表查得:$E_S(20, 0) = 0.113$(mV)

由中间温度定律得：
$$E_S(t,0) = E_S(t,20) + E_S(20,0) = 9.474 + 0.113 = 9.587(\text{mV})$$
由 $E_S(t,0)$ 查 S 分度表，可得 $t = 1000℃$。

(2) 为使用补偿导线提供了理论依据。

一般把在 $0 \sim 100℃$ 的范围内和所配套使用的热电偶具有同样热电特性的两根廉价金属导线称为补偿导线，于是有：

① 当在热电偶回路中分别引入与材料 A、B 有同样热电性质的材料 A'、B'，如图 5-5 所示。A'、B' 组合成为补偿导线，其热电特性为：
$$E_{AB}(t'_0,t_0) = E_{A'B'}(t'_0,t_0) \tag{5-3}$$

② 回路总电势为：
$$E_{AB}(t,t_0) = E_{AB}(t,t'_0) + E_{A'B'}(t'_0,t_0) = E_{AB}(t,t'_0) + E_{AB}(t'_0,t_0)$$

③ 只要 t、t_0 不变，接 A'、B' 后不论接点温度如何变化，都不会影响总热电势，这就是引入补偿导线的原理。

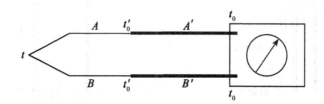

图 5-5 热电偶补偿导线接线图

(3) 标准电极定律

当工作端和自由端温度为 t 和 t_0 时，用导体 A、B 组成热电偶的热电势等于 AC 热电偶和 CB 热电偶的热电势之代数和。即
$$E_{AB}(t,t_0) = E_{AC}(t,t_0) + E_{CB}(t,t_0) \tag{5-4}$$
或
$$E_{AB}(t,t_0) = E_{AC}(t,t_0) - E_{BC}(t,t_0) \tag{5-5}$$

利用标准电极定律可以方便地从几个热电极与标准电极组成热电偶时所产生的热电势，求出这些热电极彼此任意组合时的热电势，而不需要逐个进行测定。由于纯铂丝的物理化学性能稳定，熔点较高，易提纯，所以目前常用纯铂丝作为标准电极。

(二) 热电偶的种类和结构形式

从应用的角度看，并不是任何两种导体都可以构成热电偶的。为了保证测温具有一定的准确度和可靠性，一般要求热电极材料满足下列基本要求：

① 物理性质稳定，在测温范围内，热电特性不随时间变化；
② 化学性质稳定，不易被氧化和腐蚀；
③ 组成的热电偶产生的热电势大，热电势与被测温度成线性或近似线性关系；
④ 电阻温度系数小，这样，热电偶的内阻随温度变化就小；
⑤ 复制性好，即同样材料制成的热电偶，它们的热电特性基本相同；
⑥ 材料来源丰富，价格便宜。

但是，目前还没有能够满足上述全部要求的材料，在选择热电极材料时，只能根据具体情况，按照不同测温条件和要求选择不同的材料。根据使用的热电偶的特性，常用热电偶可分为标准化热电偶和非标准化热电偶两大类。

1. 热电偶的种类

(1) 标准化热电偶

标准化热电偶的工艺比较成熟，应用广泛，性能优良稳定，能成批生产。同一型号可以互相调换和统一分度，并且有配套显示仪表。国产标准化热电偶如铂铑$_{10}$-铂、铂铑$_{30}$-铂铑$_6$等。表 5-1 列出了几种常用标准化热电偶的测温范围及特点。

(2) 非标准化热电偶

非标准化热电偶有钨-铼丝热电偶、铱-铑丝热电偶、铁-康铜丝热电偶等。非标准化热电偶在高温、低温、超低温、真空和核辐射等特殊环境中使用具有特别良好的性能。它们在节约贵重稀有金属方面具有重要意义。这类热电偶无统一分度表。

表 5-1　　　　　　　　　　　　　　　常用热电偶

名　　称	型号	分度号	测温范围（℃）	100℃时热电势（mV）	特　　点
铂铑$_{30}$-铂铑$_6$	WRR	B（LL-2）①	0～1800	0.033	使用温度高，范围广，性能稳定，精度高；易在氧化和中性介质中使用。但价格贵，热电势小，灵敏度低
铂铑$_{10}$-铂	WRP	S（LB-3）①	0～1600	0.645	使用温度范围广，性能稳定，精度高，复现性好。但热电势较小，高温下铑易升华，污染铂极，价格贵，一般用于较精密的测温中
镍铬-镍硅	WRN	K（EU-2）①	-200～1300	4.095	热电势大，线性好，价廉，但材质较脆，焊接性能及抗辐射性能较差
镍铬-考铜	WRK	E（EA-2）①	0～300	6.95	热电势大，线性好，价廉，测温范围小，考铜易受氧化而变质

①括号内为我国旧的分度号。

2. 热电偶的结构形式

为了保证热电偶可靠、稳定地工作，对它的结构要求如下：

①组成热电偶的两个热电极的焊接必须牢固；

②两个热电极彼此之间应很好地绝缘，以防短路；

③补偿导线与热电偶自由端的连接要方便可靠；

④保护套管应能保证热电极与有害介质充分隔离。

由于热电偶的用途和安装位置不同，其外形也常不相同。热电偶的结构形式常分为以下几种：

(1) 普通型热电偶

普通型热电偶是工程实际中最常用的一种形式，其结构大多由热电极、绝缘套管、保护套管和接线盒四部分组成,如图5-6所示。

①热电极。热电偶常以热电极材料种类来定名,例如铂铑-铂热电偶、镍铬-镍硅热电偶等。其直径大小由材料价格、机械强度、导电率以及热电偶的用途和测量范围等因素决定。热电偶长度由使用情况、安装条件,特别是工作端在被测介质中插入深度来决定。

②绝缘套管。绝缘套管又称绝缘子,用来防止两根热电极短路,其材料的选用视使用的温度范围和对绝缘性能的要求而定。绝缘套管一般制成圆形,中间有孔,长度为20mm,使用时根据热电偶长度可多个串起来使用,常用的材料是氧化铝、耐火陶瓷等。

③保护套管。保护套管的作用是使热电极与测温介质隔离,使之免受化学侵蚀或机械损伤。热电极在套上绝缘套管后再装入保护套管内。对保护套管的基本要求是经久耐用及传热良好。常用的保护套管材料有金属和非金属两类,应根据热电偶类型、测温范围和使用条件等因素来选择套管的材料。

④接线盒。接线盒供连接热电偶和测量仪表之用。接线盒固定在热电偶的保护套管上,一般用铝合金制成,分普通式和密封式两类,为防止灰尘、水分及有害气体侵入保护套管内,接线盒出线孔和盖子均用垫片及垫圈加以密封,接线端子上注明热电极的正、负极性。

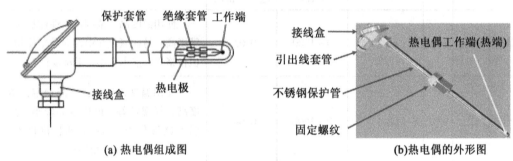

(a) 热电偶组成图　　　　(b) 热电偶的外形图

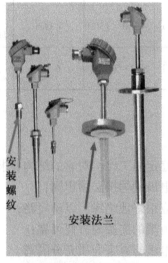

(c) 多种热电偶的外形图

图5-6　普通热电偶结构

普通型热电偶主要用于测量气体、蒸汽和液体介质的温度。根据测温范围和测温环境不同，可选择合适的热电偶和保护套。按其安装时的连接形式可分为螺纹连接和法兰连接两种。按使用状态的要求又可分为密封式和高压固定螺纹式。

(2) 铠装热电偶

铠装热电偶的外形像电缆，也称缆式热电偶。它是由金属套管、绝缘材料和热电偶丝三者组合而成一体的特殊结构的热电偶。热电偶的套管外径最细能达 0.25mm，长度可达 100m 以上。铠装热电偶具有体积小、精度高、响应速度快、可靠性好、耐振动、抗冲击、可挠性好、便于安装等优点，因而特别适用于复杂结构（如狭小弯曲管道内）的温度测量。使用时，可以根据需要截取一定长度，将一端护套剥去，露出热电极，焊成结点，即成热电偶。铠装热电偶外形及结构如图 5-7 所示。

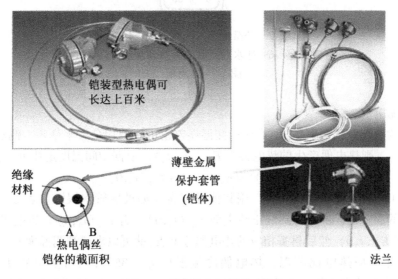

图 5-7　铠装热电偶外形及结构

此外，还有快速测量各种表面温度的薄膜型热电偶，为测量各种固体表面温度的表面热电偶，为测量钢水和其他熔融金属温度而设计的消耗式热电偶，利用石墨和难熔化合物为高温热电偶材料的非金属热电偶等。

(三) 为什么要进行热电偶冷端温度的补偿？怎样补偿？

由热电偶测温原理已经知道，只有当热电偶的冷端温度保持不变时，热电势才是被测温度的单值函数。在实际应用时，由于热电偶的热端与冷端离得很近，冷端又暴露在空间，容易受到周围环境温度波动的影响，因而冷端温度难以保持恒定，为消除冷端温度变化对测量的影响，可采用下述几种冷端温度补偿方法。

1. 恒温法

该法是人为制成一个恒温装置，把热电偶的冷端置于其中，保证冷端温度恒定。常用的恒温装置有冰点槽和电热式恒温箱两种。

冰点槽的原理结构如图 5-8 所示，把热电偶的两个冷端放在充满冰水混合物的容器内，使冷端温度始终保持为 0℃。为了防止短路和改善传热条件，两支热电极的冷端分别插在盛有变压器油的试管中。这种方法测量准确度高,但使用麻烦,只适用于实验室中。

在现场,常使用电加热式恒温箱。这种恒温箱通过接点控制或其他控制方式维持箱内温度恒定(常为50℃)。

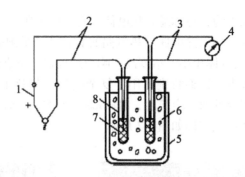

1—热电偶 2—补偿导线 3—铜导线 4—显示仪表
5—冰点器 6—冰水混合物 7—变压器油 8—试管

图5-8 冰点槽

2. 公式修正法

热电偶的冷端温度偏离0℃时产生的测温误差也可以利用公式来修正。测温时,如果冷端温度为 t_0,则热电偶产生的热电势为 $E_{AB}(t, t_0)$。根据中间温度定律可知:

$$E_{AB}(t,0) = E_{AB}(t,t_0) + E_{AB}(t_0,0)$$

因此,可在热电偶测温的同时,用其他温度表(如玻璃管水银温度表等)测量出热电偶冷端处的温度 t_0,从而得到修正热电势 $E_{AB}(t_0,0)$。将 $E_{AB}(t_0,0)$ 和热电势 $E_{AB}(t,t_0)$ 相加,计算出 $E_{AB}(t,0)$,然后再查相应的热电偶分度表,就可以求得被测温度 t。

例如,用K型热电偶测温,热电偶冷端温度 $t_0 = 35℃$,测得热电势 $E_K(t, t_0) = 34.604 \text{mV}$。从K热电偶的分度表中查得 $E_K(35,0) = 1.407 \text{mV}$,则由中间温度定律可得: $E_K(t,0) = 34.604 + 1.407 = 36.121(\text{mV})$,用36.121mV再查分度表便可得到被测温度 $t = 870℃$。

使用公式修正法时,需要多次查表计算,在生产现场很不方便,因此这种方法只适用于实验室中或在间断测量时对示值进行修正。

3. 显示仪表的机械零点调整法

显示仪表的机械零点是指仪表在没有外电源的情况下,即仪表输入端开路时,指针停留的刻度点,一般为仪表的刻度起始点。若预知热电偶冷端温度为 t_0,在测温回路开路情况下,将仪表的刻度起始点调到 t_0 位置,此时相当于人为给仪表输入热电势 $E_{AB}(t_0,0)$。在接通测温回路后,虽然热电偶产生的热电势即显示仪表的输入热电势为 $E_{AB}(t,t_0)$,但由于机械零点调到 t_0 处,相当于已预加了一个电势 $E_{AB}(t_0,0)$,因此综合起来,显示仪表的输入电势相当于 $E_{AB}(t,t_0) + E_{AB}(t_0,0) = E_{AB}(t,0)$,则显示仪表的示值将正好为被测温度 t,消除了 $t_0 \neq 0$ 引起的示值误差。本方法简单方便,适用于冷端温度比较稳定的场所。但要注意冷端温度变化后,必须及时重新调整机械零点。在冷端温度经常变化的情况下,不宜采用这种方法。

4. 补偿导线法

热电偶特别是贵金属热电偶，一般都做得比较短，其冷端离被测对象很近，这就使冷端温度不但较高而且波动也大。为了减小冷端温度变化对热电势的影响，通常要用与热电偶的热电特性相近的廉价金属导线将热电偶冷端移到远离被测对象，且温度比较稳定的地方（如仪表控制室内）。这种廉价金属导线就称为热电偶的补偿导线，其外形图如图 5-9 所示。

在前面的热电偶补偿导线连接图 5-4 中，A'、B'分别为测温热电偶热电极 A、B 的补偿导线。在使用补偿导线 A'、B'时应满足的条件为：

①补偿导线 A'、B'和热电极 A、B 的两个接点温度相同，并且都不高于100℃；

②在 0~100℃内，由 A'、B'组成的热电偶和由 A、B 组成的热电偶具有相同的热电特性，即 $E_{AB}(t'_0, t_0) = E_{A'B'}(t'_0, t_0)$

根据中间温度定律可以证明，用补偿导线把热电偶冷端移至温度 t_0 处和把热电偶本身延长到温度 t_0 处是等效的。

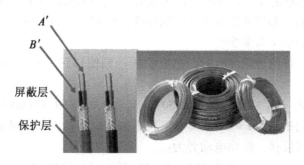

图 5-9　补偿导线外形图

补偿导线虽然能将热电偶延长，起到移动热电偶冷端位置的作用，但本身并不能消除冷端温度变化的影响。为了进一步消除冷端温度变化对热电势的影响，通常还要在补偿导线冷端再采取其他补偿措施。

在使用热电偶补偿导线时必须注意型号相配，极性不能接错，补偿导线与热电偶连接端的温度不能超过100℃且必须相等。常用热电偶的补偿导线列于表 5-2 中。

表 5-2　　　　　　　　　　常用热电偶的补偿导线

配用热电偶分度号	补偿导线型号	补偿导线正极		补偿导线负极		补偿导线在 100℃的热电势允许误差，mV	
		材料	颜色	材料	颜色	A（精密级）	B（精密级）
S	SC	铜	红	铜镍	绿	0.645 ± 0.023	0.645 ± 0.037
K	KC	铜	红	铜镍	蓝	4.095 ± 0.063	4.095 ± 0.105

续表

配用热电偶分度号	补偿导线型号	补偿导线正极		补偿导线负极		补偿导线在100℃的热电势允许误差,mV	
		材料	颜色	材料	颜色	A（精密级）	B（精密级）
K	KX	镍铬	红	镍硅	黑	4.095±0.063	4.095±0.105
E	EX	镍铬	红	铜镍	棕	6.317±0.102	6.317±0.170
J	JX	铁	红	铜镍	紫	5.268±0.081	5.268±0.135
T	TX	铜	红	铜镍	白	4.277±0.023	4.277±0.047

注：补偿导线型号头一个字母与热电偶分度号相对应；第二个字母 X 表示延伸型补偿导线，字母 C 表示补偿型补偿导线。

【例 5-2】 现有 E 分度号的热电偶温度显示仪表，它们由相应的补偿导线相连接，如图 5-5 所示。已知测量温度 $t=800℃$，接点温度 $t'_0=50℃$，仪表环境温度 $t_0=30℃$，仪表机械零位 $t_m=30℃$。如将补偿导线换成铜导线，仪表指示为多少？如将两根补偿导线的位置对换，仪表的指示又为多少？

解：当补偿导线都改为铜导线时，热电偶的冷端便移到了 $t'_0=50℃$ 处，故仪表的输入电动势为：

$$E_t = E_1 + E_2 = E_E(800,50) + E_E(30,0) = 59.77(\text{mV})$$

此时显示仪表的指示为 $t=784.1℃$，应将机械零位调到 50℃，才能指示出 800℃。

若两根补偿导线反接，线路电动势为：

$$E_1 = E_E(800,50) - E_E(50,30) = 56.722(\text{mV})$$

再加上仪表机械零位的调整，则

$$E_t = E_1 + E_m = 56.722 + 1.801 = 58.523(\text{mV})$$

这时仪表指示为 $t=768.3℃$。

由此可见，补偿导线若接反了，仪表指示将偏低，偏低的程度与接点处温度有关，所以补偿导线和热电偶的正负极不能接错。

5. 补偿装置法

热电偶所产生的热电势 $E_{AB}(t,t_0)=f_{AB}(t)-f_{AB}(t_0)$，当热电偶的热端温度不变，而冷端温度从初始平衡温度 t_0 升高到某一温度 t_x 时，热电偶的热电势将减小，其变化量为 $\Delta E = E_{AB}(t,t_0) - E_{AB}(t,t_x) = E_{AB}(t_x,t_0)$。如果能在热电偶的测量回路中串接一个直流电压 U_{cd}（见图 5-10），且 U_{cd} 能随冷端温度升高而增加，其大小与热电势的变化量相等，即 $U_{cd} = E_{AB}(t_x,t_0)$，则 $E_{AB}(t,t_x) + U_{cd} = E_{AB}(t,t_0)$。也就是说，送到显示仪表的热电势 $E_{AB}(t,t_0)$ 不会随冷端温度变化而变化，这样，热电偶由于冷端温度变化而产生的误差即可被消除。

怎样产生一个随温度而变化的直流电压 U_{cd} 呢？以前用冷端温度补偿器（由一个直流不平衡电桥构成）来产生一个随冷端温度变化的 U_{cd}，现在一般是在相应的温度显示仪表或温度变送器中设置热电偶冷端温度补偿电路，产生 U_{cd}，从而实现热电偶冷端温度自动补偿。

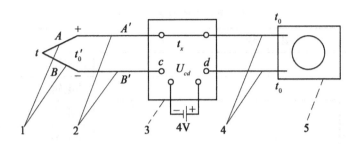

1—热电偶 2—补偿导线 3—补偿装置 4—连接导线 5—显示仪表

图 5-10 具有冷端温度补偿装置的热电偶测量线路

正确使用冷端温度补偿器应注意以下几点：

①热电偶冷端温度必须与冷端温度补偿器工作温度一致，否则达不到补偿效果。为此热电偶必须用补偿导线与冷端温度补偿器相连接。

②要注意冷端温度补偿器在测温系统中连接时的极性。

③冷端温度补偿器必须与相应型号的热电偶配套使用。

以上几种补偿法常用于热电偶和动圈显示仪表配套的测温系统中。由于自动电子电位差计和温度变送器等温度测量仪表的测量线路中已设置了冷端补偿电路，因此，热电偶与它们配套使用时不用再考虑补偿方法，但补偿导线仍旧需要。

【例 5-3】 有一采用 S 分度热电偶的测温系统，如图 5-10 所示。当 $t=1000℃$，$t_n=40℃$，冷端温度补偿器的平衡温度为 20℃ 时，试问此温度显示表的机械零位应调在多少度上？当冷端温度补偿器的电源开路（失电）时，仪表指示为多少？电源极性接反时，仪表指示又为多少？

解：(1) 热电偶冷端在 40℃，但由于冷端温度补偿器的作用，相当于冷端温度在 20℃，此时仪表的机械零位应调整到 20℃，仪表指示 $t=1000℃$。

(2) 当冷端温度补偿器电源开路而失去补偿作用时，仪表输入的电势为

$$E_t = E_1 + E_2 = E_S(1000,40) + E_S(20,0) = 9.465(mV)$$

则得 $t=989℃$

(3) 当冷端温度补偿器电源接反时，它不但不补偿，还抵消了一部分热电势，即

$$E_t = E_1 - U_{cd} + E_2 = E_S(1000,40) - E_S(40,20) + E_S(20,0) = 9.334(mV)$$

$$t = 978℃$$

三、相关技能

(一) 热电偶的型号命名方法

1. 普通型热电偶型号命名方法

普通型热电偶型号命名方法见表 5-3。

表 5-3　　　　　　　　　　　普通型热电偶型号命名方法

型　　号						说　　明
W						温度仪表
	R					热电偶
		M				镍铬硅-镍硅
		N				镍铬-镍硅
		E		感温材料		镍铬-铜镍
		C				铜-铜镍
		F				铁-铜镍
			无	偶丝对数		单支
			2			双支
				1		无固定装置
				2		固定螺纹
				3	安装	活动法兰
				4		固定法兰
				5	固定	活络管接头式
				6		固定螺纹锥式
				7	形式	直形管接头式
				8		固定螺纹管接头式
				9		活动螺纹管接头式
					2 接线盒形式	防喷式
					3	防水式
					0	φ16
					1 保护管直径	φ20
					2	φ16 高铝质管
					3	φ20 高铝质管
					G　工作端形式	变截面

WRN2-231G 型号表示普通型双支镍铬-镍硅热电偶，采用固定螺纹安装固定，防水式接线盒，保护管直径 φ20，工作端面为变截面形式。

2. 铠装热电偶型号命名方法

铠装热电偶型号命名方法见表 5-4。

表 5-4　　　　　　　　　　　　铠装热电偶型号命名方法

型　　号							说　　明
W							温度仪表
	Z						热电偶
		P					铂铑10-铂
		M			感温元件材料		镍铬硅-镍硅
		N					镍铬-镍硅
		E					镍铬-铜镍
		C					铜-铜镍
		F					铁-铜镍
			K				铠装式
				无	偶丝对数		单支
				2			双支
					1	安装固定形式	无固定装置
					2		固定卡套螺纹
					3		活动卡套螺纹
					4		固定卡套法兰
					5		活动卡套法兰
						2	防喷式
						3	防水式
						6 接线盒形式	圆接插式
						7	扁接插式
						8	手柄式
						9	补偿导线式
						1 工作端形式	绝缘式
						M 附加装置形式	接触块式
						G	包箍式

WZPK2-231G 型号表示铠装双支铂铑 10-铂热电偶，采用固定卡套螺纹安装固定，防水式接线盒，工作端面为变截面形式，附加装置形式为包箍式。

（二）热电偶的选型

1. 热电偶的选型原则

选择热电偶要根据使用温度范围、所需精度、使用气氛、测定对象的性能、响应时间和经济效益等因素综合考虑。

（1）测量精度和温度测量范围的选择

使用温度在1300~1800℃，要求精度又比较高时，一般选用B型热电偶；要求精度不高，气氛又允许时，可用钨铼热电偶；高于1800℃时一般选用钨铼热电偶；使用温度在1000~1300℃，要求精度又比较高，可用S型热电偶和N型热电偶；在1000℃以下一般用K型热电偶和N型热电偶；低于400℃一般用E型热电偶；250℃以下以及负温测量一般用T型热电偶，在低温时T型热电偶稳定而且精度高。

(2) 使用气氛的选择

S型、B型、K型热电偶适合于强的氧化和弱的还原气氛中使用，J型和T型热电偶适合于弱氧化和还原气氛。若使用气密性比较好的保护管，对气氛的要求就不太严格。

(3) 耐久性及热响应性的选择

线径大的热电偶耐久性好，但响应较慢一些；对于热容量大的热电偶，响应就慢，测量梯度大的温度时，在温度控制的情况下，控温就差。要求响应时间快又要求有一定的耐久性，选择铠装型热电偶比较合适。

(4) 测量对象的性质和状态对热电偶的选择

运动物体、振动物体、高压容器的测温要求机械强度高，有化学污染的气氛要求有保护管，在电气干扰的情况下要求绝缘比较高。

2. 热电偶的选型方法

(1) 选型流程

型号—分度号—防爆等级—精度等级—安装固定形式—保护管材质—长度或插入深度。

(2) 产品选型及订货时要求注明

①产品型号。产品型号包括分度号、保护管材料及直径、保护管总长L及置入深度I、固定装置形式、产品实际测量范围等。

②螺纹式固定装置型式在订货时不标注均为固定外螺纹M27×2（其余螺纹固定型式均需注明）。

③因用户特殊需要而与上述产品型号不符者，需要专门制造的产品，需注明特殊技术要求。

(三) 热电偶的校验

热电偶在测温过程中，由于测量端受到氧化、腐蚀、污染等影响，使用一段时间后，它的热电特性会发生变化，增大测量误差。为了保证测量准确，热电偶不仅在使用前要进行检测，而且在使用一段时间后也要进行周期性的检验。

1. 影响热电偶检验周期的因素

①热电偶使用的环境条件：环境条件恶劣的，检验周期应短些；环境条件较好，检验周期可长些。

②热电偶使用的频繁程度：连续使用的，检验周期应短些；反之，可长些。

③热电偶本身的性能：稳定性好的，检验周期长；稳定性差的，检验周期短。

2. 热电偶的检验项目

工业用热电偶的检验项目主要有外观检查和允许误差检验两项。

(1) 外观检查

热电偶装配质量和外观应满足以下要求：

①测量端焊接应光滑、牢固、无气孔和夹灰等缺陷，无残留助焊剂等污物；

②各部分装配正确，连接可靠，零件无损、缺；

③保护管外层无显著的锈蚀和凹痕、划痕；

④电极无短路、断路、极性标志正确。

外观质量通过目测进行观察，短路、断路可使用万用电表检查。

(2) 允许误差检验

允许误差检验一般采用比较法，即将被检热电偶与比它精确度等级高一等的标准热电偶同置于检定用的恒温装置中，在检验点温度下进行热电势比较。这种方法的检验准确度取决于标准热电偶的准确度等级、测量仪器仪表的误差、恒温装置的温度均匀性和稳定程度。比较法的优点是设备简单、操作方便，一次能检验多支热电偶，工作效率高。现将比较法简单介绍如下。

Ⅰ．校验主要设备和仪器

①管式电炉，最高工作温度1300℃，加热管内径50～60mm，长度600～1000mm，用自耦变压器（0～250V，5kVA）调炉温，炉温能稳定到5min内温度变化不大于2℃；

②二等标准铂铑-铂热电偶；

③直流电位差计（UJ31，UJ33A或UJ36）；

④冰点槽，恒温误差不大于0.1℃；

⑤精密级热电偶及补偿导线；

⑥标准水银温度计，最小分度0.1℃；

⑦铜导线及切换开关；

⑧被校热电偶。

Ⅱ．校验方法

热电偶300℃以上的校验在管式电炉中与标准热电偶比对，300℃以下在油浴恒温器中与标准水银温度计比对（无特别需要时，300℃以下可以不校验）。热电偶校验系统接线见图5-11。

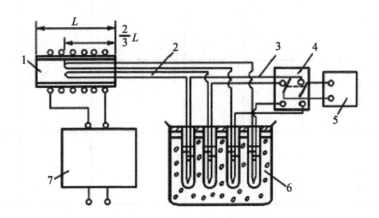

1—电炉　2—被校与标准热电偶　3—铜导线　4—切换开关　5—电位差计　6—冰点槽　7—调压器

图5-11　热电偶校验线路图

①校验点包括常用温度在内,应不少于 5 点,上限点应高于最高常用温度 50℃。

②将被校热电偶和标准热电偶的测量端置于管式电炉内的多孔或单孔镍块(或不锈钢块)孔内,以使它们处于相同的温度场中。

③将热电偶冷端置于充有变压器油的试管内,然后将试管放入盛有适量冰、水混合物的冰点槽中,冰点槽中温度用具有 0.1℃分度值的水银温度计测量。

④当电炉温升至第一个校验点,且炉温在 5min 内变化不大于 2℃时即可读数。

⑤校验前应检查电位差计的工作电流,读数时由标准热电偶开始依次读数,读至最后一支被校热电偶,再从该支热电偶反方向依次读数,取每支热电偶的两次读数的平均值,作为标准与被校热电偶的读数结果 E_n 和 E_x,再分别由分度表查出对应的温度 t_n 和 t_x,误差 Δt 为:$\Delta t = t_x - t_n$。

误差 Δt 值应符合允许误差的要求。大于允许误差者,则认为不合格。

若标准热电偶出厂检定证书的分度值与统一分度表值不同,则应将标准热电偶测值加上校正值后作为热电势标准值。

将被校热电偶与标准热电偶的热电势值,填入表 5-5,进行计算,确定热电偶的精度等级。

表 5-5　　　　　　　　　　热电偶校验记录表

(校验点附近)标准热电偶说明书上的热电势值:
(校验点附近)标准热电偶分度表上的热电势值:
修正值:
标准验热电偶型号:
被校验热电偶型号:　　　　　　　　　Ⅱ级标准:

序号	被校热电偶热电势		标准热电偶热电势		标准验热电偶的修正后的热电势(mV)	真实温度(℃)	测量温度(℃)
	测量值(mV)	平均值(mV)	测量值(mV)	平均值(mV)			

基本误差:
校验结果:

【例5-4】 在1100℃下,测得被校K型的热电势之算术平均值为41.347mV,二等S型的热电势之算术值为9.601mV。该标准热电偶证书上写明,在测量端为1000℃、冷端为0℃时的热电势为9.624mV。

求此被校K型在1000℃时的误差,并验证是否合格。

解:首先查S型热电偶的分度表,得$E(1000,0) = 9.585$mV,则该标准热电偶的修正值为$9.624 - 9.585 = 0.039$(mV),可见标准热电偶的示值是偏高的。因此要把标准算术平均值减去修正值:$9.601 - 0.039 = 9.562$(mV)。再查S型的分度表,其热电势值9.562mV相当于998℃,这个温度就是被校热电偶与标准的测量端的真实温度。

从K型的分度表中查得41.347mV相当于1002℃,所以此被校热电偶在1000℃时的误差为$1002 - 998 = 4$(℃)。

根据检定技术规范可知,被校K型在$-40 \sim +1300$℃的温度范围内,允许误差为$\pm 0.75\% t$,所以被校K型热电偶的实际偏差小于允许偏差,即$4℃ < 998℃ \times 0.75\% = 7.5℃$。所以此热电偶在该校验点合格。

为了降低操作者的劳动强度,提高检定的工作质量,确保量值传递的统一性,现在大多采用热电偶全自动检定系统,从而可实现热电偶检定过程的全部自动化,即自动控温、自动检定、自动数据处理、自动打印检定结果。

(四)热电偶的安装

对热电偶的安装,应注意有利于测温准确、安全可靠及维修方便,而且不影响设备运行和生产操作。为了满足这些需求,需要考虑的问题很多,在此只将安装时经常遇到的一些主要问题介绍如下。

1. 安装部位及插入深度

为了使热电偶热端与被测介质之间有充分的热交换,应合理选择测点位置,不能在阀门、弯头及管道和设备的死角附近装设热电偶。带有保护套管的热电偶有传热和散热损失,会引起测量误差。为了减少这种误差,热电偶应具有足够的深度。对于测量管道中流体温度的热电偶(包括热电阻和膨胀式压力表式温度计),一般都应将其测量端插入到管道中心,即装设在被测流体最高流速处,如图5-12(a)、(b)、(c)所示。

对于高温高压和高速流体的温度测量(例如主蒸汽温度),为了减小保护套对流体的阻力和防止保护套在流体作用下发生断裂,可采取保护管浅插方式或采用热套式热电偶装设结构。浅插方式的热电偶保护套管,其插入主蒸汽管道的深度应不小于75mm;热套式热电偶的标准插入深度为100mm。当测温元件插入深度超过1m时,应尽可能垂直安装,否则应有防止保护套管弯曲的措施,例如加装支撑架(见图5-12(d))或加装保护套管,等等。

在负压管道或设备上安装热电偶时,应保证其密封性。热电偶安装后应进行补充保温,以防因散热而影响测温的准确性。在含有尘粒、粉物的介质中安装热电偶时,应加装保护屏(如煤粉管道),防止介质磨损保护套管。

热电偶的接线盒不可与被测介质管道的管壁相接触,保证接线盒内的温度不超过$0 \sim 100℃$范围。接线盒的出线孔应朝下安装,以防因密封不良、水汽灰尘与脏物等沉积造成接线端子短路。

2. 金属壁表面测温热电偶的安装

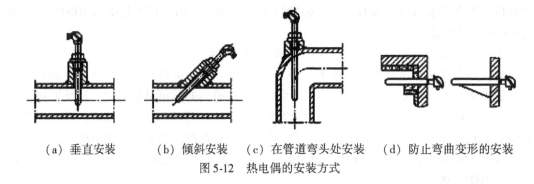

(a) 垂直安装　　(b) 倾斜安装　　(c) 在管道弯头处安装　　(d) 防止弯曲变形的安装

图 5-12　热电偶的安装方式

(1) 焊接安装

如图 5-13 所示，有三种焊接方式：球形焊、交叉焊和平行焊。球形焊是先焊好热电偶，然后将热电偶的热电极焊到金属壁面上；交叉焊是将两根热电极丝交叉重叠放在金属壁面上，然后用压接焊或其他方法将热电极丝与金属面焊在一起；平行焊是将两根热电极丝分别焊在金属面上，通过该金属构成了测温热电偶。

(2) 压接安装

将热电偶测量端置入一个比它尺寸略大的钻孔内，然后用捶击挤压工具挤压孔的四周，使金属壁与测量端牢固接触，这是挤压安装；紧固安装是将热电偶的测量端置入一个带有螺纹扣的槽内，垫上铜片，然后用螺栓压向垫片，使测量端与金属壁牢固接触。

对于不允许钻孔或开的金属壁，可采用导热性良好的金属块预先钻孔或开槽，用以固定测量端，然后将金属块焊于被测物体上进行测温。

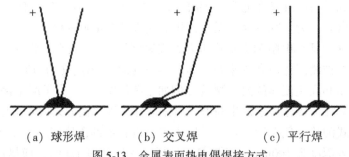

(a) 球形焊　　(b) 交叉焊　　(c) 平行焊

图 5-13　金属表面热电偶焊接方式

(五) 热电偶的常用测温线路

1. 单点温度测量的典型线路

热电偶测温时，可以直接与显示仪表（如电子电位差计、数字表等）配套使用，也可与温度变送器配套，转换成标准电流信号，图 5-14 为典型的热电偶测温线路。

2. 两点间温差的测量

图 5-15 是用两支热电偶和一个仪表配合测量两点之间温差的线路。图中用了两支型号相同的热电偶并配用相同的补偿导线。工作时，两支热电偶产生的热电势方向相反，故输入仪表的是其差值，这一差值正好反映了两支热电偶热端的温差。为了减少测量误差，

提高测量精度,要尽可能选用热电特性一致的热电偶,同时要保证两热电偶的冷端温度相同。

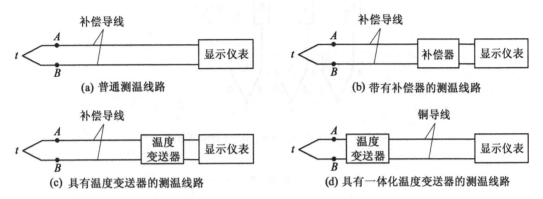

图 5-14 热电偶典型测温线路

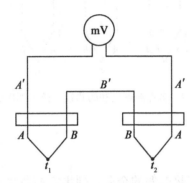

图 5-15 两点温差的测量(热电偶的反向串联)

3. 多点平均温度的测量

有些大型设备,需测量多点的平均温度。可以通过热电偶并联的测量电路来实现,如图 5-16 所示。将 n 支同型号热电偶的正极和负极分别连接在一起的线路称并联测量线路。如果 n 支热电偶的电阻均相等,则并联测量线路的总热电势等于 n 支热电偶热电势的平均值,即

$$E_{并} = \frac{E_1 + E_2 + \cdots + E_n}{n} \tag{5-6}$$

热电偶并联线路中,当其中一支热电偶断路时,不会中断整个测温系统的工作。

4. 多点温度之和的测量

将 n 支同型号热电偶依次按正负极相连接的线路称串联测量线路,如图 5-17 所示。串联测量线路的热电势等于 n 支热电偶热电势之和,即

$$E_{串} = E_1 + E_2 + \cdots + E_n = nE \tag{5-7}$$

串联线路的主要优点是热电势大,仪表的灵敏度大为增加。缺点是只要有一支热电偶断路,整个测量系统便无法工作。

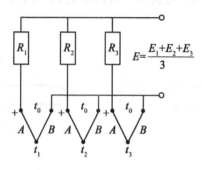

图 5-16 多点平均温度的测量（热电偶并联）

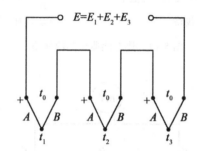

图 5-17 多点温度之和的测量（热电偶串联）

四、请你做一做

1. 上网查找 5 家以上生产热电偶的企业，列出它们所生产的热电偶型号规格，了解其特点和适用范围。

2. 动手设计一个测量平均温度的电路。

反思与探讨

1. 什么叫热电效应？试说明热电偶的测温原理。

2. 试简述热电偶回路的主要性质，说明它们的实用价值。

3. 热电偶的结构有哪几种类型？各有何特征？

4. 用 K 型热电偶测量温度时，其仪表指示为 520℃，而冷端温度为 25℃，则实际温度为 545℃，对吗？为什么？正确值应为多少？

5. 补偿导线的作用是什么？使用补偿导线的原则是什么？

6. 为什么要对热电偶的冷端温度进行补偿？有哪几种方法？仅采用补偿导线能否消除冷端温度变化的影响？为什么？

7. 一支 S 分度热电偶，用铜导线直接接至显示仪表，仪表量程为 20～600mV。试问：（1）当热电偶测量端温度为 20℃，冷端温度的两个连接点温度也为 20℃时，回路中的热电势是多少毫伏？（2）当热电偶测量端温度为 20℃，冷端中的铂铑热电极与铜线的连接点温度为 100℃，而铂热电极与铜线的连接点温度为 20℃ 时，回路中的热电势是否有变化？此时的示值是多少？

8. 绘出由热电偶、补偿导线、补偿器、显示仪表、连接导线构成的测温系统原理图，并说明各部分的作用。

9. 用两支分度号为 K 的热电偶测量 t_1 和 t_2 的温差，连接回路如图 5-15 所示。当热电偶参考端温度 t_0 为 0℃ 时，仪表指示 200℃。问在参考端温度上升 25℃ 时，仪表的指示值为多少，为什么？

任务二 压电式传感器在压力测量中的应用

一、任务描述与分析

压电式传感器是一种典型的自发电式传感器，它由传力机构、压电元件和测量转换电路组成。压电元件是以某些电介质的压电效应为基础，在外力作用下，在电介质表面产生电荷，从而实现非电量电测的目的。压电元件是力敏感元件，它也可以测量最终能变换为力的那些非电物理量，如压力、加速度等。

本次学习任务是掌握压电传感器的测量原理、测量转换电路及一些应用实例，要求同学们通过实际设计、动手制作，掌握压电传感器在力、压力、加速度、位移、振动等方面测量的应用。

二、相关知识

（一）压电效应的概念

某些物质（物体），如石英、铁酸钡等，当受到外力作用时，不仅几何尺寸会发生变化，而且内部也会被极化，表面上也会产生电荷；当外力去掉时，其又重新回到原来的状态。这种现象称为压电效应——将机械能转换成电能。相反，如果将这些物质（物体）置于电场中，其几何尺寸也会发生变化，这种由外电场作用导致物质（物体）产生机械变形的现象，称为逆压电效应，或称为电致伸缩效应——将电能转换成机械能。具有压电效应的物质（物体）称为压电材料（或称为压电元件），压电材料能实现机械能—电能的相互转换，如图 5-18 所示。

（二）压电材料的种类

在自然界中，大多数晶体都具有压电效应，但多数晶体的压电效应过于微弱。具有实用价值的压电材料基本上可分为三大类：压电晶体、压电陶瓷和新型压电材料。压电晶体是一种单晶体，例如石英晶体、酒石酸钾钠等；压电陶瓷是一种人工制造的多晶体，例如钛酸钡、锆钛酸铅、铌酸锶等；新型压电材料属于新一代的压电材料，其中较为重要的有压电半导体和高分子压电材料。下面以石英晶体与压电陶瓷为例，简要说明压电现象。

1. 石英晶体

根据结构分析，石英晶体结构是结晶六边形体系，棱柱体是它的基本组织，在它上面有三个直角坐标轴，如图 5-19 (a)、(b) 所示。图中 (b) 是石英晶体中间棱柱断面的下半部分，其断面为正六边形。Z 轴是晶体的对称轴，称它为光轴，该轴方向上没有压电

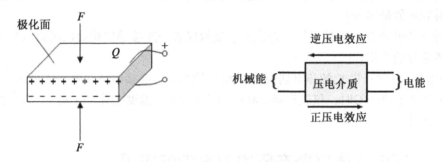

图 5-18 压电效应及其可逆性

效应；X 轴称为电轴，垂直于 X 轴晶面上的压电效应最显著；Y 轴称为机械轴，在电场的作用下，沿此轴方向的机械变形最显著。如果从石英晶体上切割出一个平行六面体，使它的晶面分别平行于电轴、光轴和机械轴，如图 5-19（b）中阴影部分，那么在垂直于光轴的力（P_X 或 P_Y）的作用下，晶体会发生极化现象，并且其极化矢量是沿着电轴，即电荷出现在垂直于电轴的平面上。

在沿着电轴 X 方向力的作用下，产生电荷的现象称为纵向压电效应；而把沿机械轴 Y 方向力的作用下，产生电荷的现象称为横向压电效应。当沿光轴 Z 方向受力时，晶体不会产生压电效应。在晶体切片上，产生电荷的极性与受力的方向有关。图 5-20 给出了电荷极性与受力方向的关系。若沿晶片的 X 轴施加压力 F_X，则在加压的两表面上分别出现正、负电荷，如图 5-20（a）所示。若沿晶片的 Y 轴施加压力 F_Y 时，则在加压的表面上不出现电荷，电荷仍出现在垂直于 X 轴的表面上，只是电荷的极性相反，如图 5-20（c）所示。若将 X、Y 轴方向施加的压力改为拉力，则产生电荷的位置不变，只是电荷的极性相反，如图 5-20（b）、（d）所示。

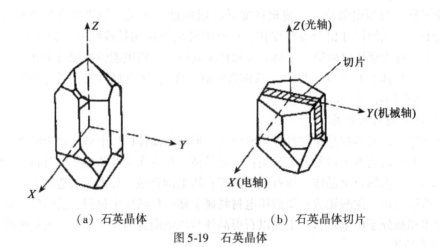

（a）石英晶体　　　　　　　　　（b）石英晶体切片

图 5-19 石英晶体

2. 压电陶瓷

压电陶瓷也是一种常用的压电材料。它与石英晶体不同。石英晶体是单晶体，压电陶

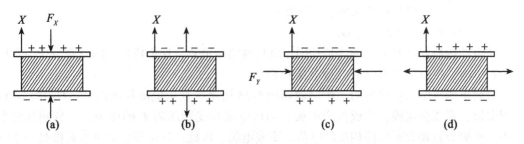

图 5-20 晶片电荷极性与受力方向的关系

瓷是人工制造的多晶体压电材料,它具有类似铁磁材料磁畴结构的电畴结构。电畴是分子自发形成的区域,有一定的极化方向,从而存在一定电场。在无外电场作用时,各个电畴在晶体中杂乱分布,它们的极化效应相互抵消了,所以,原始的压电陶瓷呈中性,不具压电性质。图 5-21(a)示出了钛酸钡压电陶瓷未极化时的电畴分布情况。为了使压电陶瓷具有压电效应,须做极化处理,即在 100~170℃温度下,对两个镀银电极的极化面加上高压电场(1~4kV/mm),电畴的极化方向发生转动,趋向于按外电场方向排列,从而使材料得到极化,如图 5-21(b)所示。极化处理后,陶瓷材料内部仍存在有很强的剩余极化强度,当压电陶瓷受外力作用时,电畴的界限发生移动,因此剩余极化强度将发生变化,压电陶瓷就呈现出压电效应。

当压电陶瓷在极化面上受到垂直于它均匀分布的作用力时(即作用力沿极化方向),则在这两镀银极化面上分别出现正、负电荷,如图 5-22 所示。

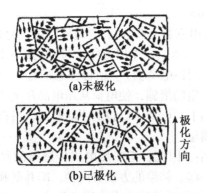

图 5-21 钛酸钡压电陶瓷的电畴结构

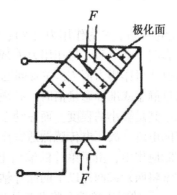

图 5-22 压电陶瓷压电原理图

3. 压电材料的主要特性指标

①压电系数 d。表示压电材料产生电荷与作用力的关系。一般为单位作用力下产生电荷的多少。单位为 C/N(库仑/牛顿)。

②刚度 H。压电材料的刚度是它固有频率的重要参数。

③介电常数 ε。这是决定压电晶体固有电容的主要参数,而固有电容影响传感器工作频率的下限值。

④电阻 R。它是压电晶体的内阻,它的大小决定其泄漏电流。

⑤居里点。压电效应消失的温度转变点。

(三) 什么是压电式传感器

压电式传感器的基本原理就是利用压电材料的压电效应这个特性,即当有力作用在压电材料上时,传感器就有电荷(或电压)输出。

最简单的压电式传感器的工作原理如图 5-23 所示。在压电晶片的两个工作面上进行金属蒸镀,形成金属膜,构成两个电极。当压电晶片受到压力 F 的作用时,分别在两个极板上积聚数量相等而极性相反的电荷,形成电场。因此,压电传感器可以看做是一个电荷发生器,也可以看成是一个电容器。

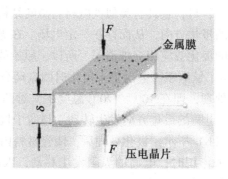

图 5-23　压电式传感器的工作原理

如果施加于压电晶片的外力不变,积聚在极板上的电荷又无泄漏,那么在外力继续作用时,电荷量将保持不变。这时在极板上积聚的电荷与力的关系为

$$q = DF \tag{5-8}$$

式中:q 为电荷量;F 为作用力(N);D 为压电常数(C/N),与材质及切片的方向有关。

上式表明,电荷量 q 与作用力 F 成正比。当然,在作用力终止时,电荷也随之消失。显然,若要测得作用力值 F,主要问题是如何测得电荷值 q。值得注意的是:利用压电式传感器测量静态或准静态量值时,必须采取一定的措施,使电荷从压电晶片上经测量电路的漏失减小到足够小的程度。而在动态力作用下,电荷可以得到不断补充,可以供给测量电路一定的电流,故压电传感器适宜作动态测量。

在实际应用中,由于单片的输出电荷很小,因此,组成压电式传感器的晶片不止一片,而常常将两片或两片以上的晶片粘结在一起。粘结的方法有两种,即并联和串联,如图 5-24 所示。并联连接就是将两片压电晶片的负电荷集中在中间电极上,正电荷集中在两侧的电极上。并联时,$q' = 2q$,$U' = U$,$C' = 2C$,即传感器的输出电荷量大,电容量大,时间常数大,故这种传感器适用于测量缓变信号及电荷量输出信号。串联连接就是将正电荷集中于上极板,负电荷集中于下极板。串联时,$q' = q$,$U' = 2U$,$C' = \frac{1}{2}C$,传感器本身的输出电压大,电容量小,响应较快,故这种传感器适用于测量以电压作输出的信号和频率较高的信号。

(四) 压电传感器的等效电路

当压电晶体承受应力作用时,在它的两个极面上出现极性相反但电量相等的电荷。故

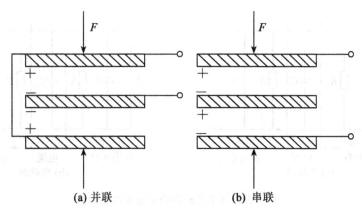

图 5-24 压电晶体的并联和串联

可把压电传感器看成一个电荷源与一个电容并联的电荷发生器，如图 5-25（a）所示。

其电容量为：

$$C_a = \frac{\varepsilon S}{\delta} = \frac{\varepsilon_r \varepsilon_0 S}{\delta} \tag{5-9}$$

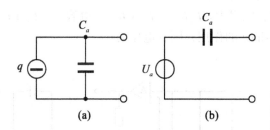

图 5-25 压电传感器的等效电路

当两极板聚集异性电荷时，板间就呈现出一定的电压，其大小为：

$$U_a = \frac{q}{C_a} \tag{5-10}$$

因此，压电传感器还可以等效为电压源 U_a 和一个电容器 C_a 的串联电路，如图 5-25（b）所示。

实际使用时，压电传感器通过导线与测量仪器相连接，连接导线（电缆）的等效电容 C_c、前置放大器的输入电阻 R_i、输入电容 C_i 对电路的影响就必须一起考虑进去。当考虑了压电元件的绝缘电阻 R_a 以后，压电传感器完整的等效电路可表示成图 5-26 所示的电压等效电路（a）和电荷等效电路（b）。这两种等效电路是完全等效的。

（五）压电式传感器的测量电路

由于压电式传感器的输出电信号很微弱，通常先把传感器信号输入到高输入阻抗的前置放大器中，经过阻抗交换以后，方可用一般的放大检波电路将信号输入到指示仪表或记录器中（其中，测量电路的关键在于高阻抗输入的前置放大器）。

前置放大器的作用：一是将传感器的高阻抗输出变换为低阻抗输出；二是放大传感器

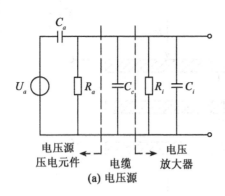 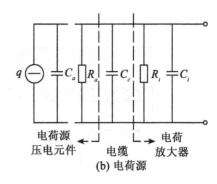

图 5-26 压电传感器的完整等效电路

输出的微弱电信号。

前置放大器电路有两种形式：一是用电阻反馈的电压放大器，其输出电压与输入电压（即传感器的输出）成正比；另一种是用带电容板反馈的电荷放大器，其输出电压与输入电荷成正比。由于电荷放大器电路的电缆长度变化的影响不大，几乎可以忽略不计，故而电荷放大器应用日益广泛。

1. 电压放大器（阻抗变换器）

在图 5-27（b）中，电阻 $R = R_a R_i / (R_a + R_i)$，电容 $C = C_c + C_i$，而 $U_a = q/C_a$，若压电元件受正弦力 $f = F_m \sin\omega t$ 的作用，则其电压为：

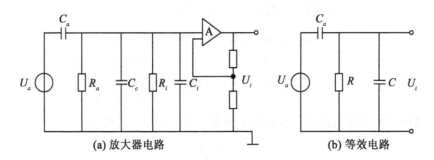

(a) 放大器电路　　　　　　　　(b) 等效电路

图 5-27 压电传感器接放大器的等效电路

$$\dot{U}_a = \frac{dF_m}{C_a}\sin\omega t = U_m \sin\omega t \tag{5-11}$$

式中：U_m——压电元件输出电压幅值，$U_m = dF_m/C_a$；

d——压电系数。

在理想情况下，传感器的 R_a 电阻值与前置放大器输入电阻 R_i 都为无限大，即 $\omega(C_a + C_c + C_i) \gg 1$，那么由式（5-22）可知，理想情况下输入电压幅值 U_{im} 为

$$U_{im} = \frac{d_{33}F_m}{C_a + C_c + C_i} \tag{5-12}$$

上式表明前置放大器输入电压 U_{im} 与频率无关，一般在 $\omega/\omega_0 > 3$ 时，就可以认为 U_{im}

与 ω 无关，ω_0 表示测量电路时间常数之倒数，即

$$\omega_0 = \frac{1}{(C_a + C_c + C_i) R} \tag{5-13}$$

这表明压电传感器有很好的高频响应，但是，当作用于压电元件的力为静态力($\omega = 0$)时，前置放大器的输出电压等于零，因为电荷会通过放大器输入电阻和传感器本身漏电阻漏掉，所以压电传感器不能用于静态力的测量。

当 $\omega(C_a + C_c + C_i) R \gg 1$ 时，放大器输入电压 U_{im} 如式（5-12）所示，式中 C_c 为连接电缆电容，当电缆长度改变时，C_c 也将改变，因而 U_{im} 也随之变化。因此，压电传感器与前置放大器之间连接电缆不能随意更换，否则将引入测量误差。

2. 电荷放大器

电荷放大器等效电路如图 5-28 所示。

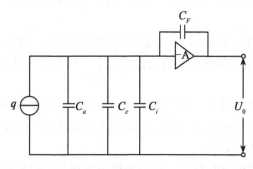

图 5-28 电荷放大器等效电路

电荷放大器常作为压电传感器的输入电路，由一个反馈电容 C_F 和高增益运算放大器构成。由于运算放大器的输入阻抗极高，放大器输入端几乎没有分流，故可略去 R_a 和 R_i 并联电阻，其输出电压为：

$$U_0 \approx U_d = -\frac{q}{C_F} \tag{5-14}$$

式中：U_0——放大器输出电压；

U_d——反馈电容两端电压。

上式表明：

①放大器的输出电压接近于反馈电容两端的电压，电荷 q 只对反馈电容充电。

②电荷放大器的输出电压与电缆电容无关，而与 q 成正比，这是电荷放大器的突出优点。由于 q 与被测压力成线性关系，所以，输出电压也与被测压力成线性关系。

压电式传感器在测量低压力时线性度不好，主要是传感器受力系统中力传递系数非线性所致。为此，在力传递系统中加入预加力，称预载。这除了消除低压力使用中的非线性外，还可以消除传感器内外接触表面的间隙，提高刚度。特别是，它只有在加预载后才能用压电传感器测量拉力和拉、压交变力及剪力和扭矩。

三、相关技能

（一）压电式传感器基本结构和应用特点

凡是能转换成力的机械量如位移、压力、冲击、振动加速度等，都可用相应的压电传感器测量，它们用以实现力-电转换功能的基本结构是共同的。故可归纳出压电式传感器的基本结构如下：

（1）基座和外壳

为隔离试件应变和环境声、磁、热干扰，并增强刚性，基座通常都很厚，并采用刚度大的不锈钢或钛合金材料；壳体取用与基座相同的材料，起密封、屏蔽作用。

（2）压电元件

根据设计需要，可取压电晶体或陶瓷。结构形式较多采用双晶片并联形式。压电加速度传感器中常采用平板式或圆筒式结构，取厚度压缩或剪切变形方式。

（3）敏感元件

指加速度传感器中的 m-k-c 系统，位移传感器中的弹簧，或压力传感器中的弹性膜片（盒）等。m-k-c 系统中质量块通常采用高比重合金，以利缩小结构和尺寸。

（4）预载件

即压块、弹簧或螺栓螺母等，用以对压电元件施加预紧力。加预紧力的作用是：

①消除压电元件内外接触面的间隙，提高传感器弹性系统的刚度，从而获得良好的静态（灵敏度和线性）、动态特性。

②足够的预紧力，才能确保拉力、剪力和扭矩传感器获得足够的正压力后靠摩擦传递切向力。

③利用预载对外力的分载原理，可用它来实现对外力的分载调节，用以改变传感器的灵敏度、线性或量程。

（5）引线及接插件用以与外接电缆连接。

压电式传感器的应用特点：

①灵敏度和分辨率高，线性范围大，结构简单、牢固，可靠性好，寿命长。

②体积小，重量轻，刚度、强度、承载能力和测量范围大，动态响应频带宽，动态误差小。

③易于大量生产，便于选用，使用和校准方便，并适用于近测、遥测。

目前压电式传感器应用最多的仍是测力，尤其是对冲击、振动加速度的测量。迄今在众多形式的测振传感器中，压电加速度传感器占 80% 以上。

基于逆压电效应的超声波发生器（换能器）是超声检测技术及仪器的关键器件。此外，逆压电效应还可作力和运动（位移、速度、加速度）发生器——压电驱动器。

利用压电陶瓷的逆压电效应来实现微位移，不像传统的传动系统那样，必须通过机械传动机构把转动变为直线运动，从而避免了机构造成的误差，而且具有位移分辨力极高（可达 $10^{-3}\mu m$ 级）、结构简单、尺寸小、发热少、无杂散磁场和便于遥控等特点。

（二）压电式传感器的应用

压电式传感器可用于力、压力、速度、加速度、振动等许多非电量的测量，可做成力传感器、压力传感器、振动传感器等，在医药、军工、机械、土木等领域都有广泛应用。

1. 压电式测力传感器

压电式测力传感器是利用压电元件直接实现力电转换的传感器,在拉、压场合,通常较多采用双片或多片石英晶片作压电元件。它刚度大,测量范围宽,线性及稳定性高,动态特性好。当采用大时间常数的电荷放大器时,可测量准静态力。按测力状态分,有单向、双向和三向传感器,它们在结构上基本一样。

压电式单向测力传感器主要由石英晶片、绝缘套、电极、上盖和基座等组成,如图5-29 所示。传感器的上盖为传力元件,当受到外力作用时,它将产生弹性形变,将力传递到石英晶片上,利用石英晶片的压电效应实现力—电转换。绝缘套用于绝缘和定位。它的测力范围是 0~5kN,最小分辨率为 0.01N,电荷灵敏度为 3.8~4.4μC/N,固有频率为 50~60kHz,非线性误差小于 ±1%,整个该传感器重为 10g。

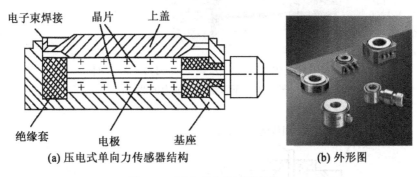

图 5-29 压电式力传感器结构

压电式测力传感器用于机床动态切削力的测试,如图 5-30 所示。图中压电传感器位于车刀前部的下方。切削过程中,车刀在切削力的作用下,上下剧烈颤动,将脉动力传递给单向动态力传感器。传感器的电荷变化量由电荷放大器转换成电压,再用记录仪记录下切削力的变化量。

2. 压电式压力传感器

它是基于压电效应的压力传感器,种类和型号繁多。按弹性敏感元件和受力机构的形式可分为膜片式和活塞式两类。膜片式主要由本体、膜片和压电元件组成,如图 5-31 所示。压电元件支撑于本体上,由膜片将被测压力传递给压电元件,再由压电元件输出与被测压力成一定关系的电信号。

当膜片受到压力 F 作用后,在压电晶片表面上产生电荷。在一个压电片上所产生的电荷 q 为

$$q = d_{11}F = d_{11}Sp \tag{5-15}$$

式中:S 为晶片表面积;d_{11} 为压电系数(下同)。

即:压电式压力传感器的输出电荷 q 与输入压强 p 成正比。

压电式压力传感器体积小,结构简单,工作可靠;测量范围宽,可测 100MPa 以下的压力;测量精度较高;频率响应高,可达 30kHz,是动态压力检测中常用的传感器。但由于压电元件存在电荷泄漏,故不适宜测量缓慢变化的压力和静态压力。

3. 压电式加速度传感器

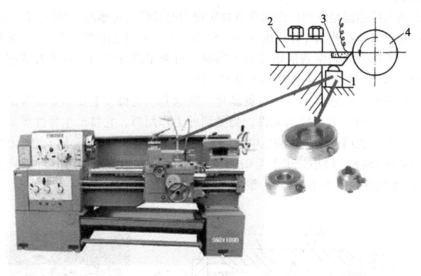

1—压电传感器　2—压块　3—刀具　4—工件

图 5-30　车床动态切削力的测试

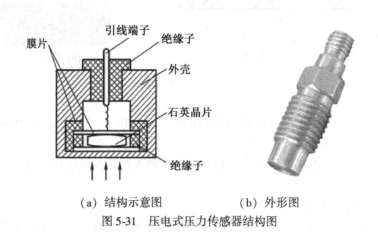

（a）结构示意图　　　（b）外形图

图 5-31　压电式压力传感器结构图

压电式加速度传感器主要由压电元件、质量块、预压弹簧、基座及外壳等组成，其结构如图 5-32 所示。压电元件一般由两片压电片组成，在两个压电片的表面镀上一层银，并在银层上焊接输出引线，在压电片上放置一个比重较大的质量块，然后对质量块预加载荷。

测量时，将传感器基座与试件刚性固定在一起。当传感器与被测物体一起受到冲击振动时，质量块与传感器基座感受到相同的振动，并受到与加速度方向相反的惯性力的作用，根据牛顿第二定律，此惯性力为：

$$F = ma$$

此时惯性力 F 作用于压电元件上，因而产生电荷 q，当传感器选定后，m 为常数，则传感器输出的电荷为：

$$q = d_{11}F = d_{11}ma \tag{5-16}$$

即传感器输出的电荷与加速度 a 成正比。因此，测得加速度传感器输出的电荷便可知加速度的大小。

图 5-32　压电式加速度传感器结构图

压电式加速度传感器测量线路如图 5-33 所示。当传感器感受振动时，质量块感受与传感器基座相同的振动，并受到与加速度方向相反的惯性力的作用。这样，质量块就有一正比于加速度的交变力作用在压电片上。由于压电片压电效应，两个表面上就产生交变电荷，当振动频率远远低于传感器的固有频率时，传感器的输出电荷（电压）与作用力成正比，亦即与试件的加速度成正比。

输出电量由传感器输出端引出，输入到前置放大器后就可以用普通的测量仪器测出试件的加速度，如在放大器中加进适当的积分电路，就可以测出试件的振动速度或位移。

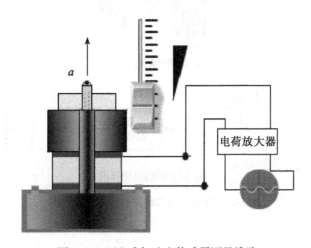

图 5-33　压电式加速度传感器测量线路

4. 压电式玻璃破碎报警器

BS-D2 压电式传感器是专门用于检测玻璃破碎的一种传感器，它利用压电元件对振动敏感的特性来感知玻璃受撞击和破碎时产生的振动波。传感器把振动波转换成电压输出，输出电压经放大、滤波、比较等处理后提供给报警系统。

BS-D2 压电式玻璃破碎传感器的外形及内部电路如图 5-34 所示。传感器的最小输出电压为 100mV，最大输出电压为 100V，内阻抗为 15～20kΩ。

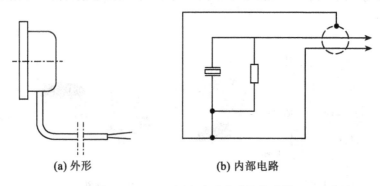

图 5-34　BS-D2 压电式玻璃破碎传感器

报警器的电路框图如图 5-35 所示。使用时传感器用胶粘贴在玻璃上，然后通过电缆和报警电路相连。为了提高报警器的灵敏度，信号经放大后，需经带通滤波器进行滤波，要求它对选定的频谱通带的衰减要小，而带外衰减要尽量大。由于玻璃振动的波长在音频和超声波的范围内，这就使滤波器成为电路中的关键。当传感器输出信号高于设定的阈值时，才会输出报警信号，驱动报警执行机构工作。

(a) 传感器粘贴位置

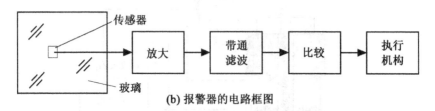

(b) 报警器的电路框图

图 5-35　压电式玻璃破碎报警器电路框图

5. 交通监测

将两根高分子压电电缆相距若干米，平行埋设于柏油公路的路面下约 5cm，如图 5-36 所示，可以用来测量车速及汽车的载重量，并根据存储在计算机内部的档案数据，判定汽车的车型。

将高分子压电电缆埋在公路上，除可以获取车型分类信息，包括轴数、轴距、轮距、单双轮胎外，还可以进行车速监测、收费站地磅、闯红灯拍照、停车区域监控、交通数据信息采集和统计（道路监控）及行驶中称重等。

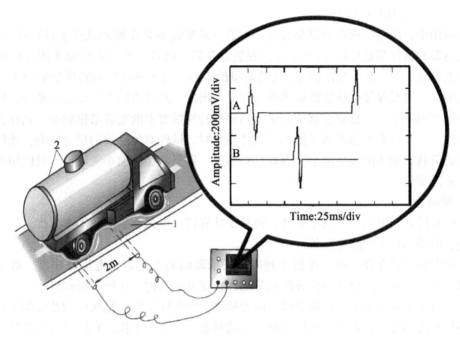

图 5-36 压电传感器在交通监测中的应用

(三) 影响压电式传感器工作的主要因素

1. 横向灵敏度

横向灵敏度是衡量横向干扰效应的指标。一只理想的单轴压电传感器，应该仅敏感其轴向的作用力，而对横向作用力不敏感。如对于压缩式压电传感器，就要求压电元件的敏感轴（电极向）与传感器轴线（受力向）完全一致。但实际的压电传感器由于压电切片、极化方向的偏差，压电片各作用面的粗糙度或各作用面的不平行，以及装配、安装不精确等种种原因，都会造成压电传感器电轴 X 向与机械轴 Y 向不重合。

产生横向灵敏度的必要条件，一是伴随轴向作用力的同时，存在横向力；二是压电元件本身具有横向压电效应。因此，消除横向灵敏度的技术途径也相应有二：一是从设计、工艺和使用诸方面确保力与电轴的一致；二是尽量采用剪切型力-电转换方式。一只较好的压电传感器，最大横向灵敏度不大于 5%。

2. 环境温度和湿度

环境温度对压电传感器工作性能的影响主要通过三个因素：①压电材料的特性参数；②某些压电材料的热释电效应；③传感器结构。

环境温度变化将使压电材料的压电常数 d、介电常数 ε、电阻率 ρ 和弹性系数 k 等机电特性参数发生变化。d 和 k 的变化将影响传感器的输出灵敏度；ε 和 ρ 的变化会导致时间常数 $\tau = RC$ 的变化，从而使传感器的低频响应变坏。

在必须考虑温度——尤其是高温对传感器低频特性影响的情况下，采用电荷放大器将会得到满意的低频响应。

环境湿度主要影响压电元件的绝缘电阻，使其明显下降，造成传感器低频响应变坏。

因此在高湿度环境中工作的压电传感器，必须选用高绝缘材料，并采取防潮密封措施。

3. 安装差异及基座应变

在应用中，压电传感器总是要通过一定的方式紧密安装在被测试件上进行接触测量。由于传感器和试件都是质量-弹簧系统，安装连接后，两者将相互影响原来固有的机械特性（固有频率）。安装方式的不同，安装质量的差异，对传感器频响特性影响很大。因此在应用中，一是要保证传感器的敏感轴向与受力向的一致性不因安装而遭到破坏，以避免横向灵敏度的产生。二是应根据承载能力和频响特性所要求的安装谐振频率，选择合适的安装方式。三是只有传感器质量远小于试件质量时，试件对传感器的耦合影响，或传感器对试件的负载影响才能减至最小，因此，对刚度、质量和接触面小的试件，只能用微小型压电传感器测量。

4. 噪声等

压电元件是高阻抗、小功率元件，极易受外界机、电振动引起的噪声干扰。噪声主要有声场、电源和接地回路噪声等。

①压电传感器在强声中工作将受到声波振动激励而产生寄生电信号输出，谓之声噪声。目前大多数压电传感器设计成隔离基座和独立外壳结构，声噪声影响极小。

②电缆噪声是同轴电缆在振动或弯曲变形时，电缆屏蔽层、绝缘层和芯线间引起局部相对滑移摩擦和分离，而在分离层之间产生的静电感应电荷干扰，它将混入主信号中被放大。减小电缆噪声的方法，一是在使用中固定好传感器的引出电缆，二是选用低噪声同轴电缆。

③接地回路噪声是压电传感器接入二次测量线路或仪表而构成测试系统后，由于不同电位处的多点接地，形成了接地回路和回路电流所致。克服的根本途径是消除接地回路。常用的方法是在安装传感器时，使其与接地的被测试件绝缘连接，并在测试系统的末端一点接地。这样就大大消除了接地回路噪声。

四、请你做一做

上网查找 5 家以上生产压电传感器的企业，列出它们所生产的压电传感器型号规格，了解其特点和应用范围。

动手设计声振动传感器制作的电子狗。一般说来，狗在休息时，一只耳朵总贴着地面，监听着地面传来的信号，一有动静，便发出"汪汪"的叫声，一方面报告主人有客来，一方面警示来人不可近前。这里采用了狗的这种特别功能，利用土层传感，将人走动时的脚对地面接触摩擦声、震动声经高灵敏度接收放大，触发模拟狗叫声——集成电路发声。不管是白天黑夜，它均能忠实地为你看家守舍。

反思与探讨

1. 什么是压电效应？以石英晶体为例说明压电晶体是怎样产生压电效应的。
2. 石英晶体 X、Y、Z 轴的名称及其特点是什么？
3. 压电片叠在一起的特点及连接方式是什么？
4. 什么是压电传感器？有哪些特点和主要用途？

5. 压电式传感器测量电路的作用是什么？其核心是解决什么问题？
6. 压电式传感器能否用于静态测量？为什么？
7. 简述压电加速度传感器的工作原理。
8. 试分析压电式金属加工切削力测量传感器的工作原理。

单元六 霍尔及磁电式传感器的应用

从20世纪40年代中期半导体技术出现之后,随着半导体材料、制造工艺和技术的应用,出现了各种半导体霍尔元件,特别是锗的采用推动了霍尔元件的发展,相继出现了采用分立霍尔元件制造的各种磁场传感器、磁罗盘、磁头、电流传感器、非接触开关、接近开关、位置、角度、速度、加速度传感器、压力变送器等。霍尔传感器就是利用霍尔效应制成的各种传感器,应用十分广泛。

自20世纪60年代开始,随着集成电路技术的发展,出现了将霍尔半导体元件和相关的信号调节电路集成在一起的霍尔传感器。进入20世纪80年代,随着大规模、超大规模集成电路和微机械加工技术的进展,霍尔元件从平面向三维方向发展,出现了三端口或四端口固态霍尔传感器,实现了产品的系列化、加工的批量化、体积的微型化。

磁感应电式传感器简称感应式传感器,它把被测物理量的变化转变为感应电动势,是一种机-电能量变换型传感器,不需要外部供电电源,电路简单,性能稳定,输出阻抗小,又具有一定的频率响应范围(一般为10~1000Hz),适用于振动、转速、扭矩等测量。

在本单元中,通过霍尔式传感器在汽车转速、电流测量上的应用以及磁电传感器在位移、接近测量等四个项目的应用来讲授如下核心知识技能点:
(1) 霍尔开关传感器、测量电路及其使用;
(2) 集成式霍尔开关传感器的使用;
(3) 磁栅传感、测量电路及其使用。

任务一 霍尔传感器在转速测量中的应用

一、任务描述与分析

速度传感器在发动机中是用来采集行车状态信息的重要部件(每车需用4~8只)。大多仍采用感应传感器来做速度传感器。用感应传感器来做车轮速度传感器的缺点是:其输出信号幅值随车速变化,在低于5km/h时,幅值极低;其体积圈套、灵敏度随空气隙变化等。但ITT Teves于1995年就已宣布他们正在开发零频率响应的车轮速度传感器,这种传感器中使用的就是霍尔速度传感器。

采用霍尔器件制作的速度传感器,在整个车速范围内信号幅值恒定,即使速度为0,信号幅值仍保持不变。而且,还可用这些输出信号去做汽车中许多需做的其他工作,例如牵引控制、速度表、里程表、导航系统以及作发动机和变速器的管理等。霍尔速度传感器还具有无触点、长寿命、高可靠性、无火花、无自激振荡、温度性能好、抗污染能力强、构造简单、坚固、体积小、耐冲击等优点,所以常选用霍尔效应接近式传感器作为柴油机转速传感器，其安装使用结构图如图 6-1 所示。

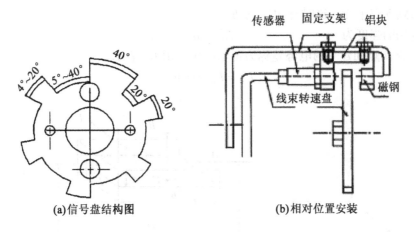

(a)信号盘结构图　　　　(b)相对位置安装

图 6-1　汽车发动机转速测量

在图 6-1 中，信号盘由一般钢板制成，结构图如图（a）所示，盘上共有 6 个齿，其中有一个 40°的宽齿（作为喷油正时基准信号），5 个 20°度的窄齿；围绕盘中心有 4 个均布（相隔 90°）的孔，2 个大孔为 $\phi21$，另 2 个小孔为 $\phi10.6$，盘中心还有一个 $\phi52$ 的中心孔。把宽齿齿边与盘中心连线对应的大孔作为特殊孔，这几个孔在发动机上主要用于定位。信号盘与发动机安装在一起，随发动机转动，传感器固定在支架上，垂直于转速盘，与其相对的位置安装一块永久磁铁，当转速盘旋转时，霍尔传感器就输出矩形脉冲信号，输出 6 个脉冲，对应发动机一个工作循环每个信号对应一个缸，其中的 2 个宽脉冲信号配合上止点信号精确确定上止点的位置。此检测装置完全模拟发动机上传感器的安装位置。铝块、磁钢和传感器提前装在一起，装好之后再一起固定在固定支架上。磁钢铆紧在铝块上，为了保证在铝块上不松动，可在磁钢上涂抹一些密封胶。传感器通过两个螺母拧紧在铝块上。铝块则通过两个螺钉固定在固定支架上，并保证传感器的接近距离为 8mm，如图 6-1（b）所示。

如何实现这些功能呢？下面一起来学习。

二、相关知识

（一）霍尔传感器是如何工作的？

金属或半导体薄片置于磁场中，当有电流流过时，在垂直于电流和磁场的方向上将产生电动势，这种物理现象称为霍尔效应。

如图 6-2 所示，图中的材料是 N 型半导体，导电的载流子是电子。在 Z 轴方向的磁场作用下，电子将受到一个沿 Y 轴负方向力的作用，这个力就是洛伦兹力。洛伦兹力用 $F_\perp$ 表示，大小为：

$$F_\perp = qvB \tag{6-1}$$

式中：q 为载流子电荷；v 为载流子的运动速度；B 为磁感应强度。

在洛伦兹力的作用下，电子向一侧偏转，使该侧形成负电荷的积累，另一侧则形成正电荷的积累。这样，A、B 两端面因电荷积累而建立了一个电场 E_h，称为霍尔电场。该电场对电子的作用力与洛伦兹力的方向相反，即阻止电荷的继续积累。当电场力与洛伦兹力相等时，达到动态平衡，这时有 $qE_h = qvB$。

霍尔电场的强度为
$$E_h = vB \tag{6-2}$$

在 A 与 B 两点间建立的电势差称为霍尔电压，用 U_H 表示

$$U_H = E_h b = vBb \tag{6-3}$$

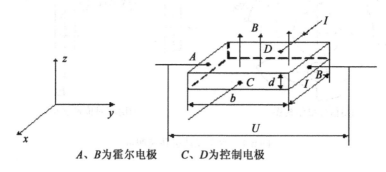

A、B 为霍尔电极　　C、D 为控制电极

图 6-2　霍尔元件的工作原理

由式（6-3）可见，霍尔电压的大小决定于载流体中电子的运动速度，它随载流体材料的不同而不同。材料中电子在电场作用下运动速度的大小常用载流子迁移率来表征，所谓载流子迁移率，是指在单位电场强度作用下，载流子的平均速度值。载流子迁移率用符号 μ 表示，$\mu = v/E_l$。其中 E_l 是 C、D 两端面之间的电场强度。它是由外加电压 U 产生的，即 $E_l = U/l$。因此我们可以把电子运动速度表示为 $v = \mu U/l$。这时式（6-3）可改写为：

$$U_H = \frac{\mu U}{l} bB \tag{6-4}$$

由上式可知：霍尔元件灵敏度 K_H 是在单位磁感应强度和单位激励电流作用下，霍尔元件输出的霍尔电压值，它不仅决定于载流体材料，而且取决于它的几何尺寸。通过以上分析可知：

①霍尔电压 U_H 与材料的性质有关，霍尔元件一般采用 N 型半导体材料。

②霍尔电压 U_H 与元件的尺寸有关。

d 愈小，K_H 愈大，霍尔灵敏度愈高，所以霍尔元件的厚度都比较薄，但 d 太小，会使元件的输入、输出电阻增加。

霍尔电压 U_H 与控制电流及磁感应强度有关。当控制电流恒定时，磁感应强度愈大，霍尔电压愈大。当磁场改变方向时，霍尔电压也改变方向。同样，当霍尔灵敏度及磁感应强度恒定时，增加控制电流，也可以提高霍尔电压的输出。

霍尔电压 U_H 正比于控制电流和磁感应强度。在实际应用中，总是希望获得较大的霍尔电压。增加控制电流虽然能提高霍尔电压输出，但控制电流太大，元件的功耗也增加，从而导致元件的温度升高，甚至可能烧毁元件。

通过霍尔元件的最大允许控制电流为：

$$I_{cm} = b\sqrt{2Ad\Delta T/\rho} \tag{6-5}$$

霍尔元件在最大允许温升下的最大开路霍尔电压为：

$$U_{Hm} = \mu \rho^{\frac{1}{2}} bB \sqrt{2A\Delta T/d} \qquad (6-6)$$

（二）集成霍尔传感器

集成霍尔传感器是利用硅集成电路工艺将霍尔元件和测量线路集成在一起的一种传感器。它取消了传感器和测量电路之间的界限，实现了材料、元件、电路三位一体。集成霍尔传感器与分立的相比，由于减少了焊点，因此显著地提高了可靠性。此外，它具有体积小、重量轻、功耗低等优点，正越来越受到重视。

集成霍尔传感器的输出是经过处理的霍尔输出信号。按照输出信号的形式，可以分为开关型集成霍尔传感器和线性集成霍尔传感器两种类型。

开关型霍尔集成传感器（以下简称开关型霍尔传感器）的内部由霍尔元件、放大器、稳压电源、施密特整形电路和集电极开路输出等部分组成。常用的开关型霍尔传感器没有输入端，因磁场是由空间输入的。规定用磁铁的 S 极接近开关型霍尔传感器正面时形成的 B 为正值，从图6-3特性曲线看：当 $B=0$ 时，V_0 为高；$B=B_{OP}$ 时，V_0 立即变低，这点称为"导通点"。继续升高 B，V_0 不变。降低 B 到 B_{RP} 时，V_0 又回升，这点称为"释放点"。

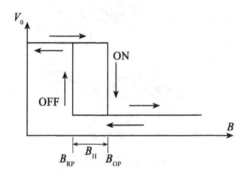

图6-3 工作特性

B_{OP} 和 B_{RP} 之间存在一个回差：$B_H = B_{OP} - B_{RP}$。这一特性使开关动作更可靠，并可防止干扰所引起的误差动作。

（三）霍尔开关的几种使用型式

1. 碰头式

如图6-4所示，磁铁处在开关型霍尔传感器的中心轴线上，且移动方向与中心轴线相一致。当磁铁接近开关霍尔传感器时，$B \geq B_{OP}$，开关霍尔传感器导通，输出低电平。当磁铁反向离开时，$B \leq B_{RP}$，开关霍尔传感器断开，输出高电平。磁铁在这种情况下往复移动就产生高低电平的信号。

2. 滑近式

滑近式有"平行滑近"和"旋转滑近"。平行滑近：磁铁端平面与霍尔传感器工作面的延长面相平行。其间距使磁铁平行滑近正对开关型霍尔传感器时，所产生的磁感应强度 $B \geq B_{OP}$，开关型霍尔传感器输出为低电平；磁铁平行滑离，使 $B \leq B_{RP}$ 时，开关型霍尔传感器产生高电平。旋转滑近如图6-5所示，是出租车计价器的一种传感器，由开关型霍尔传感器、转轴（上嵌有磁铁）、上下轴承、铝材制成的壳体等组成。转轴与汽车变速箱连

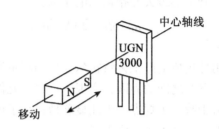

图 6-4 碰头式霍尔开关

动,汽车行驶时转轴也旋转。当嵌有的磁铁从侧面滑近正对开关型霍尔传感器时,输出低电平;当磁铁滑离时,开关型霍尔传感器输出高电平。转轴不断旋转,所产生的高、低电平供计价器计数。

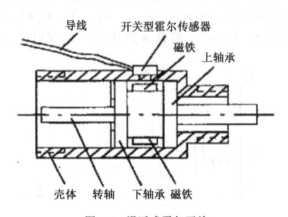

图 6-5 滑近式霍尔开关

3. 磁屏蔽式

开关型霍尔传感器正对着磁铁,它们之间有一定距离的空气隙,这时开关型霍尔传感器受到磁场作用,输出低电平。若在空气隙中加一片软铁薄片,如图 6-6 所示,将作用于开关型霍尔传感器上的磁场屏蔽,输出高电平。磁铁与开关型霍尔传感器装在铜材制成的壳体中。开关型霍尔传感器正对磁铁,它们之间有一定的空气隙。由软铁薄片制成的转盘,形状如图 6-6 所示,转盘上有对称且相互间隔的"叶片"和"缺口"。转盘安装在检定装置主滚轮的轴端,随主滚轮转动。当叶片转入气隙中,磁力线被屏蔽,霍尔传感器输出高电平。当叶片转离气隙而缺口转入时,霍尔传感器输出低电平。转盘随主滚轮不断转动,霍尔传感器输出的高、低电平的脉动信号供检定装置计数器计数。

4. 集磁式

由触发齿圈、霍尔传感器、永久磁铁等组成。永久磁铁的磁力线,穿过开关霍尔传感器通向触发齿,这时触发齿圈相当于一个集磁器。当触发齿圈旋转为图 6-7 (a) 状态时,磁力线分散,穿过开关型霍尔传感器的磁场相对较弱。当齿圈旋转为图 6-7 (b) 状态时,磁力线密集,穿过开关霍尔传感器的磁场相对就强,开关霍尔传感器随着触发齿圈的旋转输出高低电平。

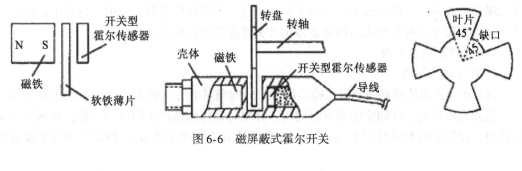

图 6-6 磁屏蔽式霍尔开关

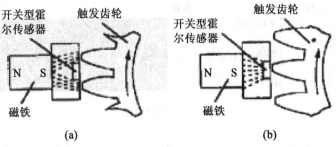

图 6-7 集磁式霍尔开关

三、相关技能

（一）介绍一种检测电路

有关资料查得：开关型霍尔传感器的"输出导通电流"$I_{OUT} \leqslant 25\text{mA}$，可带动发光二极管工作。如果需经常对由开关型霍尔传感器和磁铁构成的"成品传感器"的输出是否有"开"、"关"性能进行检测，这里介绍一种电路，如图6-8所示。成品传感器接进该电路时，如果发光二极管不亮，则表示成品传感器输出高电平（关）；如果发光二极管点亮，则表示成品传感器输出低电平（开）。

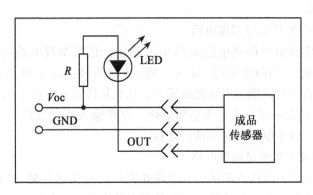

图 6-8 简单的检测电路

如将传感器接进该电路,慢速旋转转轴,转轴上嵌有两个磁铁,转轴每旋转一周,发光二极管点亮两次,说明输出高低电平两次,这个价器传感器是合格的。这种电路既简单又实用,适用于各种类型成品传感器输出开关性能的定性检测。

(二) 转速测量原理

1. 转速测量原理

图 6-9 是霍尔传感器的测量及输出信号。转速测量的方法很多,在这里采用频率测量法。其测量原理为,在固定的测量时间内,计取转速传感器产生的脉冲个数,从而算出实际转速。设固定的测量时间 T_c(min),计数器计取的脉冲个数 m_1,假定脉冲发生器每转

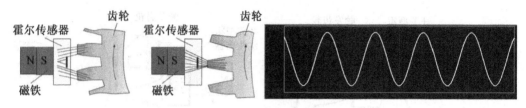

图 6-9 测量原理

输出 p 个脉冲,对被测转速为 N(r/min),则 $f=pN/60$;另在测量时间 T_c 内,计取转速传感器输出的脉冲个数 m_1 应为 $m_1=T_cf$,所以,当测得 m_1 值时,就可算出实际转速值 $N=60m_1/pT_c$。本检测装置中发动机的转速传感器信号盘安装在转轴上,工作时传感器输出信号经整形后可得到相应的方波脉冲信号。利用单片机的输入捕捉功能,可得到相邻的两个上升沿的时间差,即可算出当前转速 N。公式为:

$$N=\frac{60 \cdot j}{iT} \text{ (r/min)} \tag{6-7}$$

式中:i 为转速信号盘每转输出信号数;

j 为信号盘转 1 圈发动机转的圈数(信号盘安装在曲轴上时 $j=1$,装在凸轮轴上则 $j=2$);

T 为单片机输入捕捉所计算出的相邻两个上升沿之间的时间差值。

(三) 测量电路

1. 简单的脉冲产生及信号调理电路

设计的脉冲产生及信号调理电路如图 6-10 所示。信号调理电路为系统的前级电路,其中霍尔传感元件 b、d 为两电源端,d 接正极,b 接负极;a、c 两端为输出端,安装时霍尔传感器对准转盘上的磁钢,当转盘旋转时,从霍尔传感器的输出端获得与转速成正比的脉冲信号。图中 LM358 部分为过零整形电路,以使输入的交变信号更精确地变换成规则稳定的矩形脉冲,便于单片机对其进行计数。

2. 高精度差分放大器测量调理电路

仅使用 2 个放大器的高输入阻抗放大电路如图 6-11 中的虚线框(1)部分,它是 2 个同相放大器的简单串联组合,差动输入信号从 2 个放大器的同相端送入,从而获得很高的输入电阻 Z。根据运算放大器的理论知识,由图 6-11 不难看出,差动输入电阻几乎就是 2 个运算放大器的共模输入电阻之和。

单元六 霍尔及磁电式传感器的应用 **123**

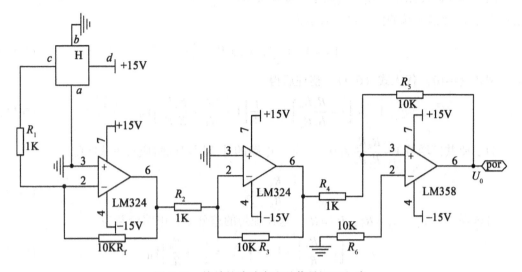

图 6-10 简单的脉冲产生及信号调理电路

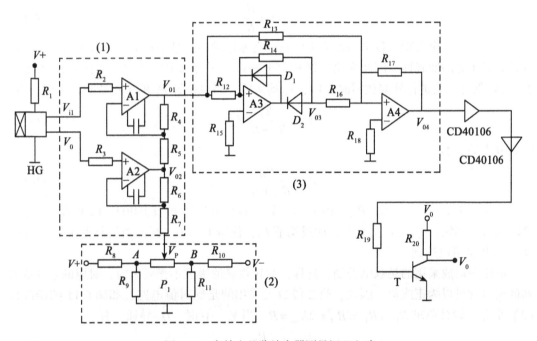

图 6-11 高精度差分放大器测量调理电路

设 $V_p = 0$，图 6-11 中的 A_2 是同相比例运算放大器，它的输出电压为

$$V_{02} = \left[1 + \frac{R_6}{R_7}\right] V_{i2} \tag{6-8}$$

A_1 是双端输入比例运算放大器，它的输出电压为

$$V_{01} = \left[1 + \frac{R_4}{R_5}\right] V_{i1} - \frac{R_4}{R_5} V_{02} = \left[1 + \frac{R_4}{R_5}\right] V_{i1} - \frac{R_4}{R_5} \left[1 + \frac{R_6}{R_7}\right] V_{i2} \tag{6-9}$$

因为在实际应用中,输入端除了差动输入电压 V_H ($V_H = V_{i1} - V_{i2}$) 外,还有共模输入电压 V_{ic},因此输入端的信号可以表示为

$$V_{i1} = V_{ic} + \frac{V_H}{2}, \quad V_{i2} = V_{ic} - \frac{V_H}{2} \tag{6-10}$$

把式 (6-10) 代入式 (6-9),整理后得

$$V_{01} = \left[1 - \frac{R_4 R_6}{R_5 R_7}\right] V_{ic} + \frac{1}{2}\left[1 + \frac{2R_4}{R_5} + \frac{R_4 R_6}{R_5 R_7}\right] V_H \tag{6-11}$$

为了使共模增益 $1 - \frac{R_4 R_6}{R_5 R_7}$ 为 0,显然,电路的外部回路电阻应按下式匹配:

$$\frac{R_5}{R_4} = \frac{R_6}{R_7} \tag{6-12}$$

可选择 $R_5 = R_6$,$R_4 = R_7$,$R_2 = R_3$。这样理想的差分放大电路增益为

$$V_{01} = \left[1 + \frac{R_4}{R_5}\right](V_{i1} - V_{i2}) = \left[1 + \frac{R_4}{R_5}\right] V_H \tag{6-13}$$

可见,第 1 级的增益为

$$A_1 = 1 + \frac{R_4}{R_5} \tag{6-14}$$

在实验过程中发现,各类差动放大电路都有零位输出,且很难通过运放本身调零,这就影响了实验的准确性。因此为第一级放大电路设计了外部调零线路,如图 6-11 的虚线框 (2) 部分。在进行外部调零时,V_{i1},V_{i2} 均为零。当电位计 P_1 的中点滑到 A 点时,有

$$V_A = \frac{R_9}{R_8 + R_9} V_+ \tag{6-15}$$

滑到 B 点时,有

$$V_B = \frac{R_{11}}{R_{10} + R_{11}} V_- \tag{6-16}$$

设计要求 $R_8 = R_{10}$,$R_9 = R_{11}$,则 $V_B = -V_A$。这样电位计 P_1 上的电压 V_P 可在 V_B 与 V_A 之间调节。当输入 V_{i1},V_{i2} 为 0 时,通过调节 P_1,使得 $V_{01} = 0$。甚至当只要求输入为 0 时,使 $V_{04} = 0$ 也可以达到。

电路中运放采用的是双电源制,这样,对钕铁硼的级性不作要求时,对应的差动放大器的输出就可以为正或负。因此,第 2 级放大采用的是绝对值电路,如图 6-11 的虚线框 (3) 部分,设计要求 $R_{12} = R_{13} = R_{14} = 2R_{16} = R$。当 $V_{01} > 0$ 时,D_2 导通,有

$$V_{03} = -\frac{R_{14}}{R_{12}} V_{01} \tag{6-17}$$

$$V_{04} = \left[-\frac{R_{17}}{R_{13}} V_{01}\right] + \left[-\frac{R_{17}}{R_{16}} V_{03}\right] = \frac{R_{17}}{R} V_{01} = \left|\frac{R_{17}}{R} V_{01}\right| \tag{6-18}$$

当 $V_{01} < 0$ 时,D_1 导通,有

$$V_{03} = 0$$

$$V_{04} = -\frac{R_{17}}{R_{13}} V_{01} = -\frac{R_{17}}{R} V_{01} = \left|\frac{R_{17}}{R} V_{01}\right| \tag{6-19}$$

这样,无论钕铁硼的 N 级还是 S 级与霍尔片相对,第 2 级运放均输出正电压,以便

控制 D 触发器和 OC 门的正常工作。其增益为 $A_2 = \dfrac{R_{17}}{R}$。

该设计线路的优越性在于：

（1）由 2 个运放组成的差动放大电路的精度高，且与由 3 个运放组成的差动放大电路相比，性价比较好。

（2）可靠的外部调零线路保证了输出的准确性。

（3）绝对值放大电路使得测量时不需要进行磁极判断。

通过本任务的设计与完成，使学生进一步了解霍尔开关的应用，同时也看到将理论应用到工程实践中去，还需要具备很多其他学科的知识，还需要在工程实践中不断总结经验。

四、请你做一做

要求测量 0~600r/min 的电机转速，到市场上进行调研，选择合适的霍尔传感器，设计一个测量方案，结合单片机或 PLC 课程完成该项目任务。

反思与探讨

霍尔式开关传感器在接近测量时，对被测物有何要求，应考虑哪些因素？

任务二　霍尔传感器在电流测量中的应用

一、任务描述与分析

电流是工业生产中常需要监测和控制的参数，当前在许多设备中使用霍尔元件作为电流的检测元件。霍尔元件构成的霍尔电流传感器与普通的 CT 相比，具有量程宽、精度高、线型度高、灵敏度高等优点。本任务将使用霍尔元件制成一个霍尔电流传感器。

如何来实现呢？还是一步一步来看吧！

二、相关知识

霍尔元件是如何感受电流的呢？

众所周知，当电流通过一根长导线时，在导线周围将产生一磁场，这一磁场的大小与流过导线的电流成正比。在一块环形铁磁材料上，绕一组线圈或母线直接贯穿其间，通有一定控制电流 I_c 的霍尔器件置于铁磁体的气隙中，在电流绕组产生的磁电势作用下，用霍尔器件测出气隙里磁压降，就决定了被测电流 I_1。由于铁磁体的磁阻远小于气隙磁阻，因此铁磁体磁压降比气隙的磁压降小到可以忽略的程度。又因为气隙较小而均匀，所以可认为霍尔器件的磁轴方向与气隙里的磁感应强度方向一致，则霍尔器件输出的霍尔电压 U_H 正比于气隙里磁感应强度和磁场强度，即正比于气隙里的磁压降。

其霍尔电压：

$$U_H = K_H \times I_c \times B \tag{6-20}$$

将霍尔电压放大后直接输出，或经交流/直流变换器把 0~1V 的交、直流信号转换为 I_z：4~20mA 或 0~20mA、V_z：0~5V 或 1~5V 的标准直流信号输出。上述测量方式称为直测法。

以这种测量方式做成的霍尔电流传感器（直测式）的优点是结构简单、成本较低。但随电流增大，磁芯有可能出现磁饱和以及频率升高，磁芯中的涡流损耗、磁滞损耗等也会随之升高等，从而使其精度、线性度变差，响应时间较慢，温度漂移较大，同时它的测量范围、带宽等也会受到一定的限制。

磁平衡法（又称零磁通法、闭环反馈补偿法）则在直测法原理的基础上，加入了磁平衡原理。即将前述霍尔器件的输出电压进行放大，再经功率放大后，让输出电流通过次级补偿线圈，使补偿线圈产生的磁场和被测电流产生的磁场方向相反，从而补偿原边磁场，使霍尔输出逐渐减小。这样，当原次级磁场相等时，补偿电流不再增大。实际上，这个平衡过程是自动建立的，是一个动态平衡，建立平衡所需的时间极短。平衡时，霍尔器件处于零磁通状态。磁芯中的磁感应强度极低（理想状态应为0），故不会使磁芯饱和，也不会产生大的磁滞损耗和涡流损耗。因此，与直测式霍尔电流传感器相比，磁平衡法做成的霍尔电流传感器（磁平衡式）的频带更宽，测试精度更高，响应时间更短。

霍尔传感器电流测量原理如图 6-12 所示。

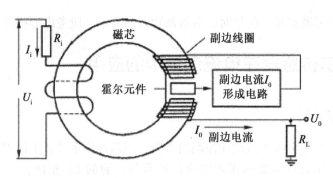

图 6-12　霍尔传感器电流测量原理

三、相关技能

1. 直测式电流传感器

如图 6-13 所示，当电流 I_1 通过导线时，在导线周围将产生一磁场，这一磁场的大小与流过导线的电流成正比。霍尔器件的磁轴方向与气隙里的磁感应强度方向一致，则霍尔器件输出的霍尔电压 U_H 正比于气隙里磁感应强度和磁场强度，也正比于电流 I_1。霍尔电压 U_H 经过两级反向放大后给后续变换电路。根据不同的要求，后续变换电路也可不同，可以输出是直流电压、电流，也可以是频率信号。

2. 磁补偿式电流传感器

磁补偿式电流传感器的测量电路如图 6-14 所示。一次电流 I_1 流过一次绕组 N_1 产生的磁通作用于导磁体气隙中的霍尔元件，在一定的控制电流 I_c 下，其霍尔输出电压经放大器 A_1 进行电压放大及互补三极管 T_1、T_2 功率放大后，输出的补偿电流 I_2 经二次（补偿）绕

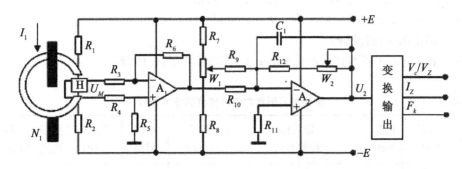

图6-13 直测式电流传感器电路

组 N_2 产生与一次电流相反的磁通,因而补偿了一次电流产生的磁通,使霍尔输出电压逐渐减小,直到一、二次侧磁通相等时,二次电流不再增加。这时霍尔器件起到指示零磁通的作用,且有

$$I_1 N_1 = I_2 N_2 \quad (即 I_2 = (N_1/N_2) I_1) \tag{6-21}$$

上述电流补偿的过程是一个动态平衡过程。当 I_1 通过 N_1,I_2 尚未形成时,霍尔器件 H 检测出 $I_1 N_1$ 所产生的磁场的霍尔电压,经电压、功率放大。由于 N_2 为补偿绕组,经过它的电流不会突变。I_2 只能逐渐上升,$I_2 N_2$ 产生的磁通抵消(补偿)$I_1 N_1$ 产生的磁通,霍尔输出电压降低,I_2 上升减慢。当 $I_2 N_2 = I_1 N_1$ 时,磁通为零,霍尔输出电压为零。由于二次绕组的缘故,I_2 还会再上升,这样 $I_2 N_2 > I_1 N_1$,补偿过冲,霍尔输出电压改变极性,互补三极管组成的功率放大输出级使 I_2 减少,如此反复在平衡点附近振荡。这样的动态平衡建立时间≤1ns,二次电流正比于一次被测电流。采用霍尔器件、导磁体、放大电路、补偿绕组和交流/直流变换器把 $0 \sim 1V$ 的交、直流信号转换为 I_z:$4 \sim 20mA$ 或 $0 \sim 20mA$,V_z:$0 \sim 5V$ 或 $1 \sim 5V$ 的标准直流信号。

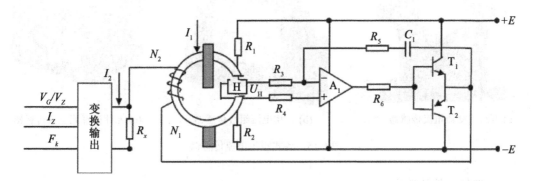

图6-14 磁补偿式电流传感器电路

基于霍尔效应的磁平衡原理具有几个特性:

①由于磁平衡,可使输出电流 I_o 精确地反映出原边电流 I_i,输出电压 U_o 精确地反映出原边的电压 U_i,因此采用该原理研制的传感器从理论上讲可具有传感精度高、线性度好的特性。

②输出与输入之间高度隔离,非常有利于电隔离。

霍尔器件的温度特性与光敏器件相比具有极大的优越性。

3. 商用霍尔电流传感器

商用霍尔电流传感器技术指标见表6-1,其实物如图6-15所示。

表6-1　　　　　某公司系列霍尔电流传感器技术指标

检测方式	产品型号	精度等级	输入标称值系列	输出标称值	响应时间	负载能力	静态功耗	温度漂移(ppm/℃)
直测式	I22IS	1.0	φ13 穿心输入:30A,50A,φ20 穿心输入:100A,150A,200A,250A,300A,400A,500A	3.5V,5V	15μs	5mA	120mW	600
	I222SI	1.0		5V,10V	250ms	5mA	120mW	600
	I222aSI	1.0		1~5V	250ms	5mA	150mW	700
	I224SI	1.0		20mA	250ms	6V	150mW	700
	I224aSI	1.0		4~20mA	250ms	6V	150mW	800
磁平衡式	I22IS	0.5	φ9 穿心输入:5A,10A,20A,30A,40A,50A　φ20 穿心输入:10A,20A,30A,40A,50A,60A,70A,80A,90A,100A	3.5V,5V	15μs	5mA	120mW	200
	I222SI	0.5		5V,10V	250ms	5mA	120mW	250
	I222aSI	0.5		1~5V	250ms	5mA	150mW	250
	I224SI	0.5		20mA	250ms	6V	150mW	250
	I224aSI	0.5		4~20mA	250ms	6V	150mW	250

(a) 开启式交流电流传感器

(b) 三相电流组合传感器

(c) 元件型直流电流传感器

图6-15　各式霍尔电流传感器

4. 霍尔元件的选择

我们知道,霍尔效应磁敏传感器的选择最重要的就是霍尔元件的选择。首先根据被测信号的形式是线性、脉冲、高变、位移和函数等,选择性能与之相类似的霍尔元件;其次对应用环境和技术性能进行分析,在选择的几种霍尔元件中,进行第二次挑选,从技术条件和性能方面分析,看哪一种更适合应用场合;最后分析一下霍尔元件的价格和市场供应等情况,选择成本低、市场供应量大的更合适。所有的霍尔集成片都具有基本相同的线路。在集成片的基底上除了霍尔元件外，还有信号整定线路。霍尔元件的输出电平很小，是微伏级。低噪音、高输入阻抗放大器将信号放大到和系统电子线路相兼容的电平。电压调整器或参考电压源也是共有的。为了使霍尔电压仅与磁场变化有关，大部分传感器以恒流源供电。除片内的线路基本相同外，霍尔元件的封装也基本相同。大部分霍尔集成片采用单列直插式塑料封装，有3个脚或4个脚。下面我们从几个方面叙述一下，霍尔元件在各种应用条件下所选用的原则。

（1）磁场测量

如果要求被测磁场精度较高，如优于±0.5%，那么通常选用砷化镓霍尔元件，其灵敏度高，为5～10mV/100mT，温度误差可忽略不计，且材料性能好，做成后体积较小。在被测磁场精度较低、体积要求不高（如精度低于±0.5%）时，最好选用硅和锗霍尔元件。

（2）电流测量

大部分霍尔元件可以用于电流测量。要求精度较高时，选用砷化镓霍尔元件；精度不高时，可选用砷化镓、硅、锗等霍尔元件。

（3）转速和脉冲测量

测量转速和脉冲时，通常选用集成霍尔开关和锑化铟霍尔元件。如在录像机和摄像机中采用了锑铟霍尔元件替代电机的电刷，提高了使用寿命。

（4）信号的运算和测量

通常利用霍尔电势与控制电流、被测磁场成正比，并与被测磁场同霍尔元件表面的夹角成正弦关系的特性，制造函数发生器。利用霍尔元件输出与控制电流和被测磁场乘积成正比的特性。制造功率表、电度表等。

（5）拉力和压力测量

选用霍尔件制成的传感器较其他材料制成的阵感器灵敏度和线性度更佳。

四、请你做一做

请你和几个要好的同学一起将任务二的内容归纳一下，写出书面总结。

任务三 霍尔传感器在定位系统中的应用

一、任务描述与分析

磁栅尺是一种全封闭位移测量的传感器，在机床上安装和维修起来方便，比较适于安装在中小型镗铣床上。磁栅尺适应机床的工作环境，可靠性高、抗干扰能力强，可满足精度要求，并且成本低，维修起来也很方便。

昆钢轧钢小车定位选用静磁栅绝对编码器长直线型工作方案，在轨道一侧等距离安装静磁栅源，静磁栅尺（2m）安装在小车上，一套系统由一条静磁栅尺、5个静磁栅源构成，共检测10m行程。静磁栅源经过信号转换器后变成与位置相对应的信号，此信号可直接供PLC使用，如图6-16所示。如何来实现呢？本任务就是通过该项目讲授磁栅在位移检测上的应用。

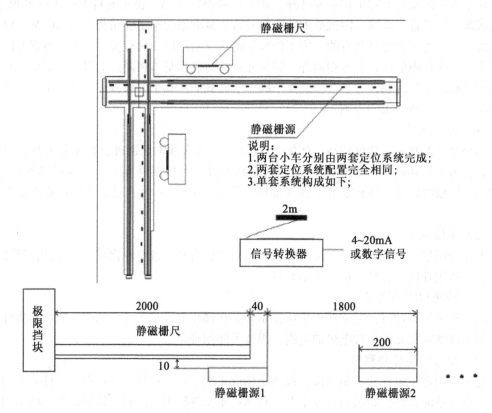

图 6-16 静磁栅长直线位移传感器安装示意图

二、相关知识

磁栅尺测量的工作原理如下：

磁栅尺是在非导磁材料上涂一层 10～20μm 的磁胶。这种磁胶多是镍-钴合金高导磁性材料与树胶相混合制成的，其抗拉强度要高一些，不易变形。然后在这条磁性带上记录磁极，N 极和 S 极相间变化，在磁带上录成 N 极和 S 极是用录磁磁头来制成的，将相等节距（常为 200μm 或 50μm）周期变化的电信号以磁的方式记录到磁性尺上，用它做为测量位移的基准尺。在检测位移时，用拾磁磁头读取记录在磁性标尺上的磁信号，通过检测电路将位移量用数字显示出来或送入位置环。测量用的磁栅与普通的磁带不同。测量用的磁栅磁性标尺的等距录磁的精度要高，需在高精度的专用录磁设备上对磁栅标尺进行录磁。当磁尺与拾磁磁头之间的相对运动速度很低或处于静止状态时，也能进行位置测量，测量只与位置有关，与速度无关。

1. 磁性标尺

磁性标尺所涂的磁胶的剩磁感应强度 B_r，矫顽磁力 H_c 都比较大，也就是这种材料的磁滞回环比较大。近几年来，随着磁性材料的研究，有很多适合这种性能的材料，这种材料不易受到外界温度电磁场的干扰。磁性膜制好后，用录磁磁头在磁性尺上记录相等节距的周期性磁化信号，输入到录磁磁头的电信号可以来自基准尺（即更高精度的磁尺），也可以来自激光干涉仪。记录上磁信号的磁标尺,就可以装在机床上应用。通常还在磁尺表面涂一层 1~2μm 厚的保护层,以防止磁头接触到磁尺时,对磁膜产生磨损。

2. 拾磁磁头

采用磁通响应型磁头读取磁尺上的磁信号,这种磁头的结构如图 6-17 所示,它是利用可饱和铁芯的磁性调制器原理构成的。在普通录音磁头上加有激磁线圈的可饱和铁芯,用 5kHz 的激磁电流给该线圈激磁,产生周期性正反两方向的磁化,当磁头靠近磁尺时,磁力线在磁头气隙处进入铁芯闭合,被 5kHz 的激磁电流所产生的磁通所调制,在线圈中得到该激磁电流的二次调制波电动势输出,公式为:

$$e = E_0 \sin(2\pi X/\lambda) \sin\omega t \tag{6-22}$$

式中:E_0 为系数;λ 为磁尺上磁信号的节距;X 为磁头在磁尺上的位移量;ω 为激磁电流的倍频。

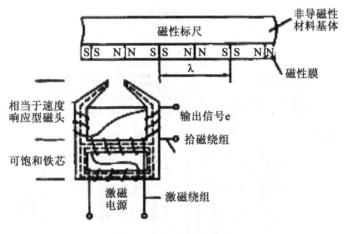

图 6-17 拾磁磁头结构

使用单磁头输出信号小,而且对磁尺上的磁化信号的节距和波形精度要求高,因此不能采用饱和录磁。为此,在使用时将几十个磁头以一定方式连接起来,组成多磁头串联方式,如图 6-18 所示。每个磁头以相同间距 $\lambda/2$ 配置,并将相邻两个磁头的输出线圈反相串联,其总的输出电压是每个磁头输出电压的叠加。当相邻两个磁头的间距 $\lambda_m/2$ 恰好等于磁尺上磁化信号的节距的 1/2 和 $\lambda/\lambda_m = 3,5,7$ 时,总的输出就是最大。其他情况下总的输出最小。为了辨别磁头与磁尺相对移动的方向,通常采用两组磁头彼此相距 $(m+1/4)\lambda$(m 为正整数)的配置,如图 6-19 所示,它的输出电压分别为:

$$e_1 = E_0 \sin(2\pi/\lambda) \sin\omega t \tag{6-23}$$

$$e_2 = E_0 \cos(2\pi/\lambda) \sin\omega t \tag{6-24}$$

由上式可见,若以其中的一相作为参考信号,则另一相将超前或滞后于参考信号 90°,由此来确定运动方向。

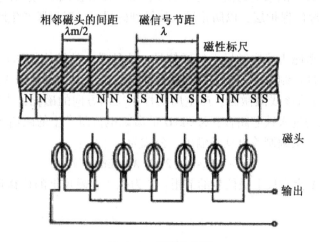

图 6-18 多磁头串联

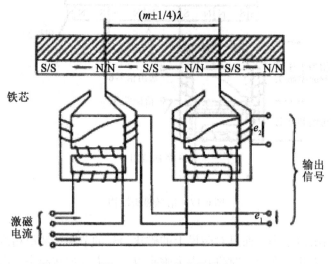

图 6-19 两组磁头的配置

三、相关技能

（一）检测电路

磁栅检测电路包括磁头激磁电路，读取信号的放大、滤波及变相电路，细分的内插电路，显示及控制电路等几个部分。

根据检测方法的不同，分幅值检测和相位检测两种，以相位检测应用较多。相位检测是以第一组磁头的激磁电流移相45°，或将它的输出信号移相90°，得下式：

$$e_1 = E_0\sin(2\pi X/\lambda)\cos\omega t \qquad (6-25)$$

$$e_2 = E_0\cos(2\pi/X)\sin\omega t \qquad (6-26)$$

将两组磁头信号求和，得

$$e = E_0\sin(\omega t + 2\pi X/\lambda) \qquad (6-27)$$

磁栅检测系统原理的方框图如图 6-20 所示，由脉冲发生器发出 400kHz 脉冲序列，经 80 分频，得到 5kHz 的激磁信号，再经带通滤波器变成正弦波后分成两路：一路经功率放大器送到第一组磁头的激磁线圈；另一路经 45°移相后由功率放大器送到第二组磁头的激磁线圈，从两组磁头读出信号（e_1，e_2），由求和电路去求和，即可得到相位随位移 X 而变化的合成信号。将该信号进行放大、滤波、整形后变成 10kHz 的方波，再与一相激磁电流（基准相位）鉴相，以细分内插的原理，即可得到分辨率为 5μm（磁尺上的磁化信号节距 200μm）的位移测量脉冲，该脉冲可送至显示计数器或位置检测控制回路。

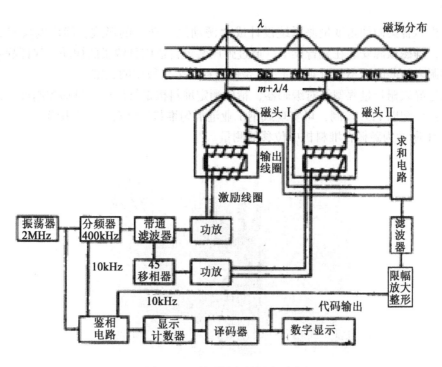

图 6-20 磁栅检测系统原理框图

（二）磁栅尺的类型

磁栅尺分平面型直线磁尺和同轴型线状磁尺两种。

1. 平面型直线磁尺

这种磁尺有一种与金属刻线尺的结构相似，一种与钢带光圈相似。带状磁尺是用专用的金属框架安装。金属支架将带状磁尺以一定的预应力绷紧在框架或支架中间，使磁性标尺的热膨胀系数与框架或机床的热膨胀系数相接近。工作时磁头与磁尺接触，因为带状磁尺有弹性，允许有一定的变形。这种磁尺可以做的比较长，一般做到 1m 以上的长度。

2. 同轴型线状磁尺

这是一根由直径 2mm 的圆棍做成的磁尺，磁头也是特殊结构的，它把磁尺包在中间，是一种多间隙的磁道响应型的磁头。这种结构的优点是输出信号大，精度高，抗干扰性好；缺点是不易做得很长（一般在 1.5m 以下），热膨胀系数较大，通常适用于小型精密机床及测量机。

（三）静磁栅绝对位移传感器在堆料机的应用

武钢工业港铁矿石混匀堆料机连续均匀地将进料沿直线方向堆成多层相互平行、上下重叠的料层，取料机在垂直于料层方向的截面上切取一定厚度的所有料层的物料，使各层成分各异的物料得到混合，从而达到均化物料的目的。

混匀堆料机的走行装置为连续工作制。最初堆料时，悬臂梁位于较低的俯仰角度位置，以减少因堆料发生的扬尘现象。随着料堆的增高，开动俯仰装置，适当地抬高悬臂，保证从溜筒下口到垛面落差高度控制在 1m 以内。

通过静磁栅绝对编码器，精确测定堆料机悬臂梁俯仰角度，自动控制溜筒下口到垛面落差高度。

堆料机悬臂梁俯仰角度量测系统设计成"源动尺不动"的形式，静磁栅尺安装在立柱支架上，静磁栅源安装在悬臂梁上，通过弹压装置自适应悬臂梁的摆动，保证静磁栅尺与静磁栅源之间的间隙不超过 40mm，这是保证稳定采集数据的关键。

再通过静磁栅长量程型绝对编码器，精确测定堆料机走行位移，自动控制堆料机直线方向走行；再配以 PLC 控制，可实现武钢工业港混匀堆料机全自动无人操作。

图 6-21 所示为磁栅在堆料机中位移的测量。

图 6-21　磁栅在堆料机中位移的测量

（四）静磁栅在水电站闸门水下穿销定位系统的应用

在清江水利工程"高坝州自动抓梁系统"项目上选用了静磁栅位移传感器，用于抓梁系统的穿销/就位传感检测。静磁栅位移传感器动态的反映穿销/就位的运行状态，检测精度达 1mm（见图 6-22）。

清江高坝洲水电站"尾水门机自动抓梁控制系统"之穿销/就位位移传感器技术要求如下：

(1) 水下 100m，泥沙水流冲击环境；

(2) 量程 800mm，分辨度 1mm；

(3) 水下温度环境；

(4) SSI 方式绝对位移数据远传；

(5) 平行安装于驱动液压油缸上方；

(6) 提供穿销/就位位移传感器标准的 SSI 信号进 PLC。

6-22 磁栅传感器在水下穿销定位系统的应用

（五）静磁栅绝对位移传感器在烟草行业的应用

加料工序是制丝生产的关键的工序，加料的精度直接影响烟丝的吸味和口感。长久以来，操作工在进行生产时依靠人工观察加料罐内液位的变化来判断，一旦流量计计量出现问题，加料精度就得不到保证，影响烟丝的吸味和口感。车间液位计有偏差又不能参与比较和控制，上述原因大大增加了由于人为失误和流量计计量不准造成加料不合格的概率。

车间现场液位测量与控制中，基本为罐内液位的精密检测。这类液位控制精确度要求高，其温度高且有搅拌现象，有挥发性，有泡沫。由于上述原因，车间以前也试用过多种液位计，如电容式以及超声波液位计等，但一直存在检测不准的问题，所以一直都没有让其参与控制。另外，车间加（送）料、加（送）香的管路与地沟都直接相联，阀门误动作会出现漏料，以前就出现过由于阀门不到位，而导致料液进入地沟或泄漏的情况。由于以前车间的液位计没有参与控制，出现此类情况时就未能及时发现，导致质量事故的发生。针对车间的现状，在总结以往液位检测设备的使用经验和分析目前液位检测领域中各检测仪性能后，技术人员对 WNA 静磁栅液位计进行改进后，在梗加料和片叶加料处试用。

1. WNA 静磁栅尺的改进

WNA 静磁栅尺的改进后安装示意图如图 6-23 所示。

WNA 静磁栅以前用于对运动物体位置的检测，WNA 静磁栅源只需固定于被测物体上即可。通过被测物体的移动来检测移动位置。我们要在液位进行检测，于是便在料液罐外安装一玻璃管并与料液罐连通，这就是旁通玻璃管，将 WNA 静磁栅源改制成浮子式的静磁栅源（简称浮子）放进旁通玻璃管中。将浮子设计成两头粗中间细的形状，粗端为不规则形，只有三个点与玻璃管接触，以减小浮子在旁通玻璃管中的阻力。当液位发生变化时，"静磁栅源"即"浮子"能在旁通管内随液位的变化而自由移动，以减小测量误差。

2. 静磁栅液位计的应用

静磁栅液位计的输出信号可以直接送入到现场的 PLC 中，在送料和加料的过程中都得以应用。料罐形状为 U 形，最底部有 8kg 的液体为不可测的，上面为均匀的圆柱体。在此范围静磁栅尺上刻度每变化 1mm，料罐液位就变化 1.1kg。

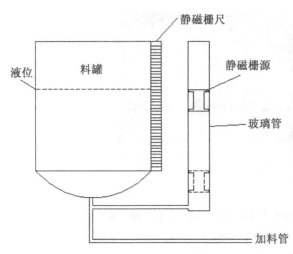

图 6-23 静磁栅液位计安装

在送料过程中：

$\Delta L = L_L - L_C - K$

$L\% = (\Delta L / L_L) \times 100\%$

L_L = 理论上送入料罐的料液重量/1.1；

K = （底部不可测料液重量 8kg + 送料管路中的料液重量）/1.1。

（注：静磁栅尺的读数每变化 1mm，罐内料液重量变化 1.1kg。）

式中：L_L 为理论液位；L_C 为测量液位即静磁栅尺的读数；K 为补偿系数（定值）。

由于送料流量较大为 1800kg/h，考虑到送料管路和料罐底部的料液无法测量到，所以送料开始 30s 后，PLC 程序开始每 5s 对料罐中液位进行一次读入、计算和比较。如果某时刻读入到 PLC 中的数值经过运算比较后得出 $L\% > \pm 0.5\%$，系统就会发出精度偏低的报警信号，同时在集控电脑和现场电脑上显示出报警信息；如果得出 $L\% > \pm 1\%$，系统就发出精度偏低停车的信号，使设备停机，同时在集控电脑和现场电脑上显示报警信息，通知维修人员检查。

四、请你做一做

磁栅位移测量装置通常做成独立结构，有各种不同长度可供选择。磁栅尺在中小型机床上安装方便。由于磁栅尺具有与铁芯相似的热膨胀系数，因此，受温度影响小。加上它又具有抗机械振动、铁屑和油污染，并可以屏蔽外界磁干扰，能保证精度要求，便于维修等优点，在机床上也有许多实用，调研时要注意观察在中小型机床上磁栅位移的使用。

单元七　光电式传感器的应用

光电式传感器是采用光电元件作为检测元件的传感器。它首先把被测量的变化转换成光信号的变化，然后借助光电元件进一步将光信号转换成电信号。光电传感器一般由光源、光学通路和光电元件三部分组成。光电检测方法具有精度高、反应快、非接触等优点，而且可测参数多，传感器的结构简单，形式灵活多样，因此，光电式传感器在检测和控制中应用非常广泛。

在本单元中，通过光电式传感器在位移、尺寸、开度测量等几个项目中的应用，讲授如下核心知识技能点：

(1) 模拟光电式传感器和光电开关的使用；
(2) 光电编码的应用；
(3) CCD 传感器的使用；
(4) 光栅的应用；
(5) 红外传感器的应用。

任务一　模拟式光电式传感器在位置测量中的应用

一、任务描述与分析

由光通量对光电元件的作用原理不同所制成的光学测控系统是多种多样的，按光电元件（光学测控系统）输出量性质可分两类，即模拟式光电传感器和脉冲（开关）式光电传感器。模拟式光电传感器是将被测量转换成连续变化的光电流，它与被测量间呈单值关系。图 7-1 为模拟光电传感器测带材跑偏检测器原理示意图。

当带材走偏时，边缘经常与传送机械发生碰撞，易出现卷边，造成废品，跑偏检测器用来检测带型材料在加工中偏离正确位置的大小及方向，从而为纠偏控制电路提供纠偏信号，主要用于印染、送纸、胶片、磁带等生产过程。

如何将带材跑偏的方向及大小用电压表显示出来呢？本次学习任务就是熟悉光电元件的特性及光电传感器的各种应用。

二、相关知识

(一) 光电效应

光电效应是指物体吸收了光能后转换为该物体中某些电子的能量，从而产生的电效应。光电传感器的工作原理基于光电效应。

根据光的波粒二象性，我们可以认为光是一种以光速运动的粒子流，这种粒子称为光

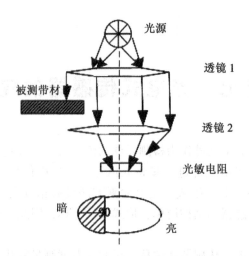

图 7-1 光电传感器测带材跑偏检测器原理示意图

子。每个光子具有的能量为

$$E = hf \tag{7-1}$$

式中：f 为光波频率；h 为普朗克常数，$h = 6.63 \times 10^{-34}$（J·s）。

不同频率的光，其光子能量是不相同的，光波频率越高，光子能量越大。用光照射某一物体，可以看做是一连串能量为 $h\upsilon$ 的光子轰击在这个物体上，此时光子能量就传递给电子，电子得到光子传递的能量后其状态就会发生变化，从而使受光照射的物体产生相应的电效应。通常把光电效应分为三类：

①在光线作用下能使电子逸出物体表面的现象称为外光电效应。基于外光电效应的光电元件有光电管、光电倍增管等。

②在光线作用下能使物体的电阻率改变的现象称为内光电效应。基于内光电效应的光电元件有光敏电阻、光敏晶体管等。

③在光线作用下，物体产生一定方向电动势的现象称为光生伏特效应。基于光生伏特效应的光电元件有光电池等。

（二）光电元器件

1. 基于外光电效应的光电元器件

利用物质在光的照射下发射电子的外光电效应而制成的光电器件，一般是真空的或充气的光电器件，如光电管和光电倍增管。光电管的外形和结构如图 7-2 所示。

半圆筒形金属片制成的阴极 K 和位于阴极轴心的金属丝制成的阳极 A 封装在抽成真空的玻璃壳内，当入射光照射在阴极上时，单个光子就把它的全部能量传递给阴极材料中的一个自由电子，从而使自由电子的能量增加 $h\upsilon$。当电子获得的能量大于阴极材料的逸出功 W 时，它就可以克服金属表面束缚而逸出，形成电子发射。这种电子称为光电子，光电子逸出金属表面的速度可以由能量守恒定律确定：

$$\frac{1}{2}mv^2 = hf - W \tag{7-2}$$

式中：m 为电子质量；W 为金属材料的逸出功。

由上式可知，光电子逸出阴极表面的必要条件是 $hf > W$。由于不同材料具有不同的逸出功，因此对每一种阴极材料，入射光都有一个确定的频率限，当入射光的频率低于此频率限时，不论光强多大，都不会产生光电子发射，此频率限称为"红限"。

光电管正常工作时，阳极电位高于阴极，如图7-3所示。在入射光频率大于"红限"的前提下，从阴极表面逸出的光电子被具有正电位的阳极所吸引，在光电管内形成空间电子流，称为光电流。此时若光强增大，轰击阴极的光子数增多，单位时间内发射的光电子数也就增多，光电流变大。在图7-3所示的电路中，电流 I_Φ 和电阻只 R_L 上的电压降 U_O 就和光强成函数关系，从而实现光电转换。

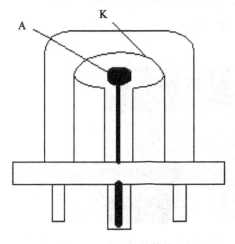

图7-2　光电管的结构

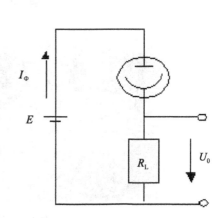

图7-3　光电管的测量电路图

阴极材料不同的光电管，具有不同的红限，因此适用于不同的光谱范围。此外，即使入射光的频率大于红限，并保持其强度不变，但阴极发射的光电子数量还会随入射光频率的变化而改变，即同一种光电管对不同频率的入射光灵敏度并不相同。光电管的这种光谱特性，要求人们应当根据检测对象是紫外光、可见光还是红外光去选择阴极材料不同的光电管，以便获得满意的灵敏度。图7-4为紫外光电管外形。在工业检测中用于紫外线测量、火焰监测等。

此外，光电效应的典型元器件还有光电倍增管。它的灵敏度比光电管高出很多，可用于微光测量。图7-5为光电倍增管的外形图。

由于光电倍增管是玻璃真空器件，体积大、易破碎，工作电压高达上千伏，目前已逐渐被新型半导体光敏元件所取代。

2. 基于内光电效应的光电元器件

利用物质在光的照射下电导性能改变的光电器件称内光电效应器件，常见的有光敏电阻和光敏晶体管等。

（1）光敏电阻

光敏电阻又称光导管，为纯电阻元件，其工作原理是基于光电导效应，其阻值随光照增强而减小。其优点是：灵敏度高，光谱响应范围宽，体积小、重量轻、机械强度高，耐

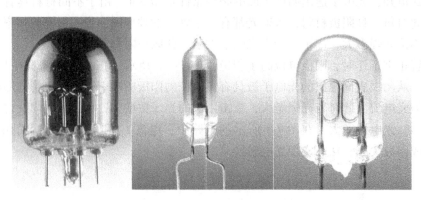

图 7-4 紫外光电管外形

图 7-5 光电倍增管的外形图

冲击、耐振动、抗过载能力强和寿命长等。不足是：需要外部电源，有电流时会发热。

光敏电阻除用硅、锗制造外，尚可用硫化镉、硫化铅、硒化铟、硒化镉等材料制造。光敏电阻的典型结构见图 7-6，管芯是一块安装在绝缘衬底上带有两个欧姆接触电极的光电导体。光导体吸收光子而产生的光电效应，只限于光照的表面薄层，虽然产生的载流子也有少数扩散到内部去，但扩散深度有限，因此光电导体一般都做成薄层。为了获得高的灵敏度，光敏电阻的电极一般采用梳状图案。

图 7-7 为光敏电阻的外观图。

光敏电阻的主要参数有：

① 光电流、亮阻。在一定外加电压下，当有光（100lx 照度）照射时，流过光敏电阻的电流称光电流；外加电压与该电流之比为亮阻，一般几到几十千欧。

② 暗电流、暗阻。在一定外加电压下，当无光（0lx 照度）照射时，流过光敏电阻的电流称暗电流；外加电压与该电流之比为暗阻，一般几百至几千千欧以上。

(2) 光敏二极管

光敏晶体管通常指光敏二极管和光敏三极管，它们的工作原理也是基于内光电效应。

光敏二极管和普通二极管相比，除它的管芯也是一个 PN 结、具有单向导电性能外，其他均差异很大。首先管芯内的 PN 结结深比较浅（小于 $1\mu m$），以提高光电转换能力；其次，PN 结面积比较大，电极面积则很小，以有利于光敏面多收集光线；再次，光敏二

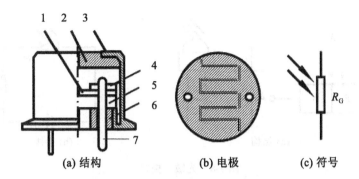

1—光导层 2—玻璃窗口 3—金属外壳 4—电极 5—陶瓷基座 6—黑色绝缘玻璃 7—电阻引线

图 7-6　光敏电阻的结构及表示符号

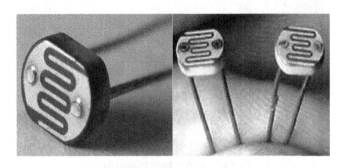

图 7-7　光敏电阻的外观图

极管在外观上都有一个用有机玻璃透镜密封、能汇聚光线于光敏面的"窗口",所以光敏二极管的灵敏度和响应时间远远优于光敏电阻。

光敏二极管的结构如图 7-8（a）所示。按材料分,光敏二极管有硅、砷化镓、锑化铟等许多种。国产硅光电二极管按衬底材料的导电类型不同,分为 2CU 和 2DU 两种系列。2CU 系列以 N-Si 为衬底,2DU 系列以 P-Si 为衬底。2CU 系列的光电二极管只有两条引线,而 2DU 系列光敏二极管有三条引线。光敏二极管在电路中通常处于反向偏置状态,如图 7-8（b）所示。

光敏二极管的优点是线性好,响应速度快,对宽范围波长的光具有较高的灵敏度,噪声低;缺点是单独使用输出电流（或电压）很小,需要加放大电路。适用于通信及光电控制等电路。

图 7-9 为光敏二极管的外形图。

（3）光敏三极管

光敏三极管有两个 PN 结,因而可以获得电流增益,它比光敏二极管具有更高的灵敏度。大多数光敏三极管无引出线,其结构和基本接线图如图 7-10 所示,广泛应用于低频的光电控制电路。

图 7-11 为光敏三极管外观图。

3. 基于光生伏特效应的光电元件

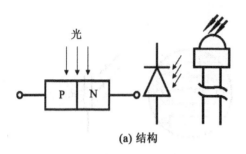 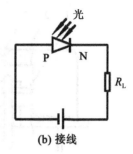

图 7-8 光敏二极管

图 7-9 光敏二极管的外形图

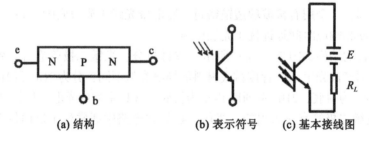

图 7-10 光敏三极管

光电池是基于光生伏特效应制成的,是一种自发电式的有源元件,它受到光照时自身能产生一定方向的电动势,在不加电源的情况下,只要接通外电路,便有电流通过。图 7-12 为光电池结构图。

通常在 N 型衬底上制造一薄层 P 型区作为光照敏感面。当入射光子的数量足够大时,P 型区每吸收一个光子就产生一个光生电子-空穴对,光生电子-空穴对的浓度从表面向内部迅速下降,形成由表及里扩散的自然趋势。PN 结的内电场使扩散到 PN 结附近的电子-空穴对分离,电子被拉到 N 型区,空穴被拉到 P 型区,故 N 型区带负电,P 型区带正电。如果光照是连续的,经短暂的时间,新的平衡状态建立后,PN 结两侧就有一个稳定的光生电动势输出。

图 7-11　光敏三极管外观图

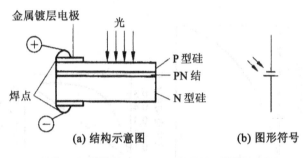

图 7-12　光电池结构图

光电池的种类很多，有硅、砷化镓、硒、锗、硫化镉光电池等。其中应用最广的是硅光电池，这是因为它有一系列优点：性能稳定、光谱范围宽、频率特性好、传递效率高、能耐高温辐射和价格便宜等。砷化镓光电池是光电池中的后起之秀，它在效率、光谱特性、稳定性、响应时间等多方面均有优势，今后会逐渐得到推广应用。

图 7-13 为光电池的外观图。

图 7-13　光电池的外观

（三）光电元件的特性

上面讨论的光敏电阻、光敏二极管、光敏三极管和光电池等都是半导体传感器件。它们各有特性，但又有相似之处，为了便于分析和选用，把它们的特性综合如下：

1. 光照特性

当在光电元件上加上一定的电压时，光电流 I 和与光电元件上光照度 E 的对应关系，称光照特性。图7-14为各光电元件的光照特性图。

对于光敏电阻器，因其灵敏度高而光照特性呈非线性，一般用于自动控制中做开关元件。其光照特性如图7-14（a）所示。

光电池的开路电压 U 与照度只是对数关系，如图7-14（b）曲线所示。在2000lx的照度下趋于饱和。在负载电阻一定时，光电池的短路电流值为 I_{SC}，单位为mA。光电池的输出电流与受光面积成正比。增大受光面积可以加大短路电流。光电池大多用做测量元件。由于它的内阻很大，加之与照度是线性关系，所以多以电流源的形式使用。

光敏二极管的光照特性为线性，适于做检测元件，其特性如图7-14（c）所示。

光敏三极管的光照特性呈非线性，如图7-14（d）所示。但由于其内部具有放大作用，故其灵敏度较高。

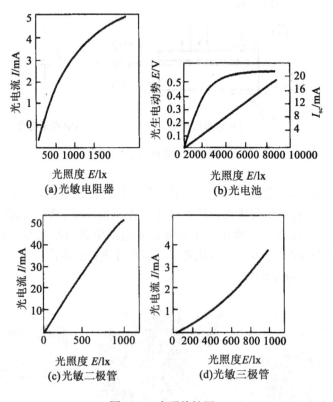

图7-14 光照特性图

2. 光谱特性

光敏元件上加上一定的电压这时如有一单色光照射到光敏元件上，若入射光功率相同，光电流会随入射光波长的不同而变化。入射光波长与光敏器件相对灵敏度或相对光电流间的关系即为该元件的光谱特性。各光敏元件的光谱特性如图7-15所示。

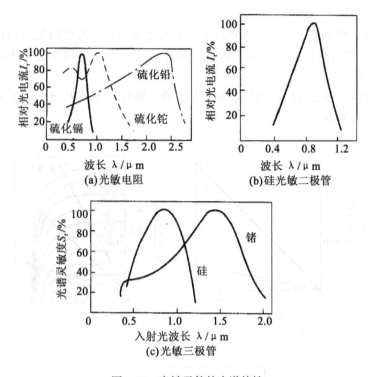

图 7-15 光敏元件的光谱特性

由图 7-15 可见，元件材料不同，所能响应的峰值波长也不同。因此，应根据光谱特性来确定光源与光电器件的最佳匹配。在选择光敏元件时，应使最大灵敏度在需要测量的光谱范围内，才有可能获得最高灵敏度。

目前已研制出的几种光敏材料光谱峰值波长列于表 7-1 中，而表 7-2 则列出了光的波长与颜色的关系。

表 7-1　　几种光敏材料光谱峰值波长

材料名称	GaAsP	GaAs	Si	HgCdTe	Ge	GaInAsP	AlGaSb	GaInAs	InSb
峰值波长/μm	0.6	0.65	0.8	1~2	1.3	1.3	1.4	1.65	5.0

表 7-2　　光的波长与颜色的关系

颜色	紫外	紫	蓝	绿	黄	橙	红	红外
波长/μm	10^{-4}~0.39	0.39~0.46	0.46~0.49	0.49~0.58	0.58~0.60	0.60~0.62	0.62~0.76	0.76~1000

3. 伏安特性

在一定照度下，光电流 I 与光敏元件两端电压 V 的对应关系，称为伏安特性。各种光敏元件的伏安特性如图 7-16 所示。

同晶体管的伏安特性一样,光敏元件的伏安特性可以帮助我们确定光敏元件的负载电阻,设计应用电路。

图 7-16(a)中的曲线 1 和 2,分别表示照度为零和某一照度时光敏电阻器的伏安特性。光敏电阻器的最高使用电压由它的耗散功率确定,而耗散功率又与光敏电阻器的面积、散热情况有关。

光敏三极管在不同照度下的伏安特性与一般三极管在不同基极电流下的输出特性相似,如图 7-16(c)所示。

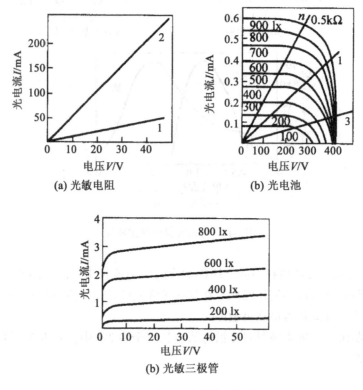

图 7-16 光敏元件的伏安特性

4. 频率特性

在相同的电压和同样幅值的光照下,当入射光以不同频率的正弦波调制时,光敏元件输出的光电流 I 和灵敏度 S 会随调制频率 f 的变化而变化,称为频率特性。以光生伏特效应原理工作的光敏元件频率特性较差,以内光电效应原理工作的光敏元件(如光敏电阻)频率特性更差,如图 7-17 所示。

从图 7-17 可以看出,光敏电阻的频率特性较差。

光电池的 PN 结面积大,又工作在零偏置状态,所以极间电容较大。由于响应速度与结电容和负载电阻的乘积有关,要想改善频率特性,可以减小负载电阻或结电容。

光敏二极管的频率特性是半导体光敏元件中最好的。光敏二极管结电容和杂散电容与负载电阻并联,工作频率越高,分流作用越强,频率特性越差。要想改善频率响应可采取

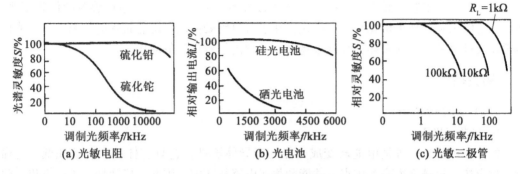

图 7-17 光敏元件的频率特性

减小负载电阻的办法。

光敏三极管由于集电极结电容较大,基区渡越时间长,它的频率特性比光敏二极管差。

5. 温度特性

部分光敏器件输出受温度影响较大。如光敏电阻,当温度上升时,暗电流增大,灵敏度下降,因此常常需要温度补偿。再如光敏晶体管,由于温度变化对暗电流影响非常大,并且是非线性的,因而给微光测量带来较大误差。由于硅管的暗电流比锗管小几个数量级,所以在微光测量中应采用硅管,并用差动的办法来减小温度的影响。

光电池受温度的影响主要表现在开路电压随温度增加而下降,短路电流随温度上升缓慢增加。其中,电压温度系数较大,电流温度系数较小。当光电池作为检测元件时,也应考虑温度漂移的影响,采取相应措施进行补偿。

6. 响应时间

不同光敏器件的响应时间有所不同,如光敏电阻较慢,为 $10^{-1} \sim 10^{-3}$ s,一般不能用于要求快速响应的场合。工业用的硅光敏二极管的响应时间为 $10^{-5} \sim 10^{-7}$ s 左右,光敏三极管的响应时间比二极管约慢一个数量级,因此在要求快速响应或入射光、调制光频率较高时选用硅光敏二极管。

由于光敏元件品种较多,且性能差异较大,为方便使用,列出供参考,如表 7-3 所示。

表 7-3 光敏元件特性比较

类别	灵敏度	暗电流	频率特性	光谱特性	线性	稳定性	分散度	测量范围	用途	价格
光敏电阻	很高	大	差	窄	差	差	大	中	开关	低
光电池	低	小	中	宽	好	好	小	宽	模拟	高
光敏二极管	较高	大	好	宽	好	好	小	中	模拟	高
光敏三极管	高	大	差	较窄	差	好	小	窄	开关	中

光电传感器通常由光源、光学通路和光电元件三部分组成，光电传感器的敏感范围远远超过了电感、电容、磁力、超声波传感器的敏感范围。此外，光电传感器的体积很小，而敏感范围很宽，加上机壳有很多样式，几乎可以到处使用。随着技术的不断发展，光电传感器设计灵活，形式多样，在越来越多的领域内得到广泛的应用。

三、相关技能

（一）光源的选择

1. 发光二极管

发光二极管是一种把电能转变成光能的半导体器件。它具有体积小、功耗低、寿命长、响应快、机械强度高等优点，并能和集成电路相匹配。因此，广泛地用于计算机、仪器仪表和自动控制设备中。

2. 钨丝灯泡

这是一种最常用的光源，它具有丰富的红外线。如果选用的光电元件对红外光敏感，构成传感器时可加滤色片将钨丝灯泡的可见光滤除，而仅用它的红外线做光源，这样，可有效防止其他光线的干扰。

3. 激光

激光与普通光线相比具有能量高度集中、方向性好、频率单纯、相干性好等优点，是很理想的光源。

（二）光电转换电路的选择

光电传感器在用于光电检测时，还必须配备适当的测量电路。测量电路能够把光电效应造成的光电元件电性能的变化转换成所需要的电压或电流。不同的光电元件，所要求的测量电路也不相同。下面介绍几种半导体光电元件常用的测量电路。

半导体光敏电阻可以通过较大的电流，所以在一般情况下，无需配备放大器。在要求较大的输出功率时，可用图 7-18 所示的电路。

图 7-19（a）给出带有温度补偿的光敏二极管桥式测量电路。当入射光强度缓慢变化时，光敏二极管的反向电阻也是缓慢变化的，温度的变化将造成电桥输出电压的漂移，必须进行补偿。图中一个光敏二极管作为检测元件，另一个装在暗盒里，置于相邻桥臂中。温度的变化对两只光敏二极管的影响相同，因此，可消除桥路输出随温度的漂移。

光敏三极管在低照度入射光下工作时，或者希望得到较大的输出功率时，也可以配以放大电路，如图 7-19（b）所示。

由于光敏电池即使在强光照射下，最大输出电压也仅为 0.6V，还不能使下一级晶体管有较大的电流输出，故必须加正向偏压，如图 7-20（a）所示。为了减小晶体管基极电路阻抗变化，尽量降低光电池在无光照时承受的反向偏压，可在光电池两端并联一个电阻。或者像图 7-20（b）所示的那样，利用锗二极管产生的正向压降和光电池受到光照时产生的电压叠加，使硅管 e、b 极间电压大于 0.7V，从而导通工作。这种情况下也可以使用硅光电池组，如图 7-20（c）所示。

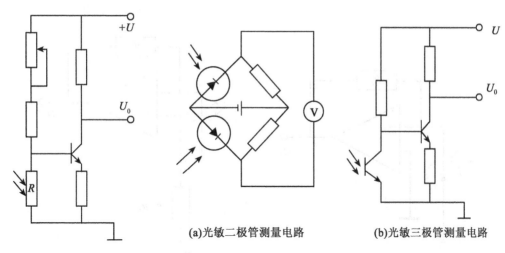

图 7-18 光敏电阻测量电路　　　图 7-19 光敏晶体管测量电路

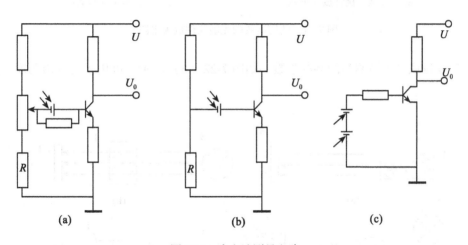

图 7-20 光电池测量电路

半导体光电元件的光电转换电路也可以使用集成运算放大器。硅光敏二极管通过集成运放可得到较大输出幅度，如图 7-21（a）所示。为了保证光敏二极管处于反向偏置，在它的正极要加一个负电压。图 7-21（b）给出硅光电池的光电转换电路，由于光电池的短路电流和光照呈线性关系，因此将它接在运放的正、反相输入端之间。利用这两端电位差接近于零的特点，可以得到较好的效果。

（三）常见模拟光电传感器及使用

1. 模拟光电传感器的形式

模拟光电元件接受的光通量随被测量连续变化，因此，输出的光电流也是连续变化的，并与被测量呈确定的函数关系，这类传感器通常有以下四种形式，如图 7-22 所示。

①光源本身是被测物，它发出的光投射到光电元件上，光电元件的输出反映了光源的某些物理参数，如图 7-22（a）所示。这种形式的光电传感器可用于光电比色高温计和照度计。

②恒定光源发射的光通量穿过被测物，其中一部分被吸收，剩余的部分投射到光电元

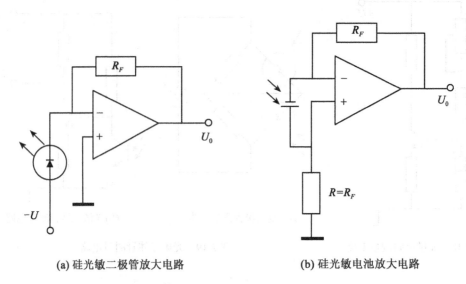

(a) 硅光敏二极管放大电路　　(b) 硅光敏电池放大电路

图 7-21　使用运放的光敏元件放大电路

件上,吸收量取决于被测物的某些参数,如图 7-22(b)所示。可用于测量透明度、混浊度。

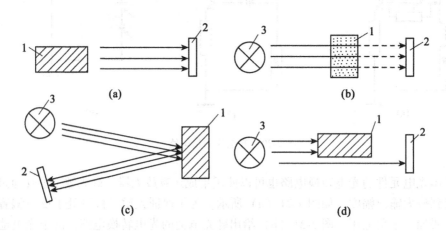

(a) 被测物是光源　(b) 被测物吸收光通量　(c) 被测物是有反射能力的表面　(d) 被测物遮蔽光通量
1—被测物　2—光电元件　3—恒光源

图 7-22　光电传感器的几种形式

③恒定光源发射的光通量投射到被测物上,由被测物表面反射后再投射到光电元件上,如图 7-22(c)所示。反射光的强弱取决于被测物表面的性质和状态,因此可用于测量工件表面粗糙度、纸张的白度等。

④从恒定光源发射出的光通量在到达光电元件的途中受到被测物的遮挡,使投射到光电元件上的光通量减弱,光电元件的输出反映了被测物的尺寸或位置。如图 7-22(d)所示。这种传感器可用于工件尺寸测量、振动测量等场合。

2. 光电式带材跑偏检测器

图7-23为光电式带材跑偏检测系统，图7-24为其测量电路，再结合本节任务中提到的原理示意图（图7-1），我们一起来分析本跑偏检测系统的工作过程。

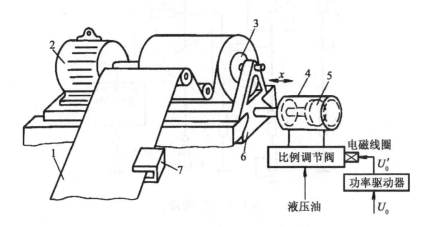

1—被测带材　2—卷取电机　3—卷取辊　4—液压缸　5—活塞　6—滑台　7—光电检测装置

图7-23　光电式带材跑偏检测系统

由图7-1可知，光源发出的光线经过透镜1会聚为平行光束，投向透镜2，随后被会聚到光敏电阻上。在平行光束到达透镜2的途中，有部分光线受到被测带材的遮挡，使传到光敏电阻的光通量减少。在图7-24测量电路中，R_1、R_2是同型号的光敏电阻。R_1作为测量元件装在带材下方，R_2用遮光罩罩住，起温度补偿作用。当带材处于正确位置（中间位）时，由R_1、R_2、R_3、R_4组成的电桥平衡，使放大器输出电压u_0为0。当带材左偏时，遮光面积减少，光敏电阻R_1阻值减少，电桥失去平衡。差动放大器将这一不平衡电压加以放大，输出电压为负值，它反映了带材跑偏的方向及大小。反之，当带材右偏时，u_0为正值。输出信号u_0一方面由显示器显示出来，另一方面被送到执行机构，为纠偏控制系统提供纠偏信号。这是被测物遮蔽光通量模拟光电传感器的应用。

3. 烟尘浊度监测仪

防止工业烟尘污染是环保的重要任务之一。为了消除工业烟尘污染，首先要知道烟尘排放量，因此必须对烟尘源进行监测、自动显示和超标报警。

将光电传感器的发光管和光敏三极管等，以相对的方向装在中间带槽的支架上。当槽内无物体时，发光管发出的光直接照在光敏三极管的窗口上，从而产生一定大的电流输出。当有物体经过槽内时则挡住光线，光敏管无输出，以此可识别物体的有无。适用于光电控制、光电计量等电路中，可检测物体的有无、运动方向、转速等方面。

烟道里的烟尘浊度是通过光在烟道传输过程中的变化大小来检测的。如果烟道浊度增加，光源发出的光被烟尘颗粒的吸收和折射增加，到达光检测器的光减少。因此光检测器输出信号的强弱便可反映烟道浊度的变化。本文中应用奥托尼克斯公司的BYD3M-TDT透射式小型光电传感器，其光源（发光器）与接收器不在同一个机壳内，见图7-25所示使用示意图：先将发射器和接收器对准并固定好后才可以通电$12\sim24V_{DC}$；接着在ON状态设定好发射器的中心位置，然后左右上下方向调节接收器和发射器的位置；最后，检测目

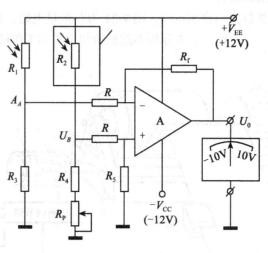

图 7-24 测量电路

标稳定后固定好发射器和接收器。

图 7-26 是吸收式烟尘浊度监测系统的组成框图。为了检测出烟尘中对人体危害性最大的亚微米颗粒的浊度，避免水蒸气与二氧二碳对光源衰减的影响，选取可见光作光源（400~700nm 波长的白炽光）。光检测器光谱响应范围为 400~600nm 的光电管，获取随浊度变化的相应电信号。为了提高检测灵敏度，采用具有高增闪、高输入阻抗、低零漂、高共模抑制比的运算放大器，对信号进行放大。刻度校正被用来进行调零与调满刻度，以保证测试准确性。显示器可显示浊度瞬时值。报警电路由多谐振荡器组成，当运算放大器输出浊度信号超过规定时，多谐振荡器工作，输出信号经放大后推动喇叭发出报警信号。这是被测物吸收光通量光电传感器的应用。

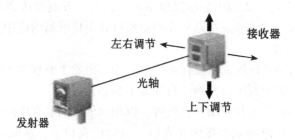

图 7-25　透射型 BYD3M-TDT 光电传感器使用示意图

4. 常见其他光电传感器的使用

光电检测方法具有精度高、反应快、非接触等优点，而且可测参数多，传感器的结构简单，形式灵活多样，体积小。近年来，随着光电技术的发展，光电传感器已成为系列产品，其品种及产量日益增加，用户可根据需要选用各种规格产品。

图 7-27 为色标传感器。色标传感器采用光发射接受原理，产生调制光，并根据接收信号的强弱来区分不同的颜色或判别物体的存在与否。在包装机械、印刷机械、纺织及造

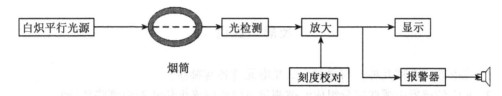

图 7-26　烟尘浊度监测系统组成框图

纸机械的自控系统中作为传感器与其他仪表配套使用，对色标、或其他可作为标记的图案色块、线条或物体的有无进行检测，可实现自动定位、辨色、纠偏、对版、计数等功能。

图 7-28 为光电式转速表外观。光电式转速表属于反射式光电传感器，可以在距被测物数十毫米外非接触地测量其转速。图 7-29 为光电式转速表在工业现场测量转速。

图 7-27　色标传感器

图 7-28　光电式转速表

图 7-29　光电式转速表在工业现场测量转速

四、请你做一做

请你在课后回家打开家中的自来水表，观察其结构及工作过程。然后考虑如何利用学到的光电测转速的原理，在自来水表玻璃外面安装若干电子元器件，使之变成数字式自来水累积流量测量、显示器。请用文字写出你的设计方案。

反思与探讨

1. 光电效应有哪几种？与之对应的光电元件各有哪些？
2. 光电传感器由哪些部分组成？被测量可以影响光电传感器的哪些部分？
3. 举出几种利用被测物具有反射力来测量参数的光电传感器。

任务二 光电开关的应用

一、任务描述与分析

光电开关是光电接近开关的简称，它是利用被检测物对光束的遮挡或反射，从而检测物体有无等状态的光电传感器。物体不限于金属，所有能反射光线的物体均可被检测。光电开关通常在环境条件比较好、无粉尘污染的场合下使用。光电开关工作时对被测对象几乎无任何影响。因此，在要求较高的生产线上被广泛地使用。如图7-30为光电开关在流水生产线上检测产品的个数。

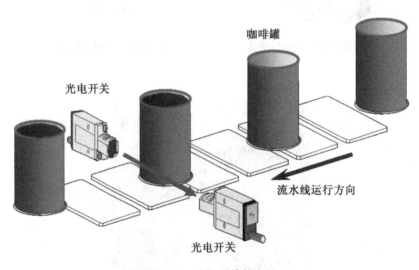

图7-30 光电开关的应用

本次的学习任务就是制作这样一个光电计数器，如何来实现呢？让我们一起来看看相关知识，理一理工作思路吧。

二、相关知识

（一）光电开关的分类

光电开关可以分为以下几类。

1. 漫反射式光电开关

它是一种集发射器和接收器于一体的传感器,当有被检测物体经过时,物体将光电开关发射器发射的足够量的光线反射到接收器,于是光电开关就产生了开关信号。当被检测物体的表面光亮或其反光率极高时,漫反射式的光电开关是首选的检测模式。其工作示意图如图 7-31 所示。

漫反射式光电开关安装最为方便,只要不是全黑的物体均能产生漫反射。考虑到漫反射式光电开关发出的光线需要被检测物体表面将足够的光线反射回接收器,所以检测距离和被检测物体的表面反射率及粗糙程度将决定接收器接收到的光线强度。被检测物体的表面还应尽量垂直于光电开关的发射光线。

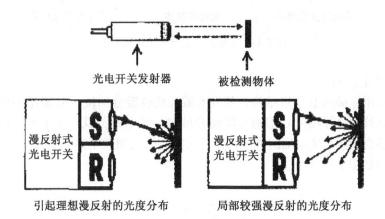

图 7-31 漫反射式光电开关工作示意图

2. 镜反射式光电开关

它亦集发射器与接收器于一体,光电开关发射器发出的光线经过反射镜反射回接收器,当被检测物体经过且完全阻断光线时,光电开关就产生了检测开关信号。其工作示意图如图 7-32 所示。

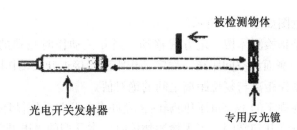

图 7-32 镜反射式光电开关工作示意图

镜反射式光电开关采用较为方便的单侧安装方式,但需要调整反射镜的角度以取得最佳的反射效果。反射镜通常使用三角棱镜,它对安装角度的变化不太敏感,有的还采用偏光镜,它能将光源发出的光转变成偏振光(波动方向严格一致的光)反射回去,提高抗干扰能力。

3. 对射式光电开关

它包含了在结构上相互分离且光轴相对放置的发射器和接收器，发射器发出的光线直接进入接收器，当被检测物体经过发射器和接收器之间且阻断光线时，光电开关就产生了开关信号。当检测物体为不透明时，对射式光电开关是最可靠的检测装置。其工作示意图如图 7-33 所示。

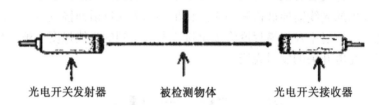

图 7-33　对射式光电开关工作示意图

4. 槽式光电开关

它通常采用标准的 U 字形结构，其发射器和接收器分别位于 U 形槽的两边，并形成一光轴，当被检测物体经过 U 形槽且阻断光轴时，光电开关就产生了开关信号。槽式光电开关比较适合检测高速运动的物体，并且它能分辨透明与半透明物体，使用安全可靠。其工作示意图如图 7-34 所示。

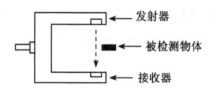

图 7-34　槽式光电开关工作示意图

部分光电开关外观如图 7-35 所示。

（二）术语解释

常见的术语示意图如图 7-36 所示。

①检测距离：是指检测体按一定方式移动，当开关动作时测得的基准位置（光电开关的感应表面）到检测面的空间距离。额定动作距离指接近开关动作距离的标称值。

②回差距离：动作距离与复位距离之间的绝对值。

③响应频率：在规定的 1s 的时间间隔内，允许光电开关动作循环的次数。

④输出状态：分常开和常闭。当无检测物体时，常开型的光电开关所接通的负载由于光电开关内部的输出晶体管截止而不工作。当检测到物体时，晶体管导通，负载工作。

⑤检测方式：根据光电开关在检测物体时发射器所发出的光线被折回到接收器的途径的不同，可分为漫反射式、镜反射式、对射式等。

⑥输出形式：分 NPN 二线、NPN 三线、NPN 四线、PNP 二线、PNP 三线、PNP 四线、AC 二线、AC 五线（自带继电器），及直流 NPN/PNP/常开/常闭多功能等几种常用的输出形式。

⑦指向角：见光电开关的指向角 θ，如图 7-36 所示。

图 7-35 部分光电开关的外观

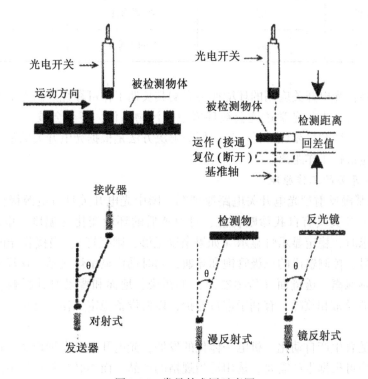

图 7-36 常见的术语示意图

⑧表面反射率：漫反射式光电开关发出的光线需要经检测物表面才能反射回漫反射开关的接收器，所以检测距离和被检测物体的表面反射率将决定接收器接收到光线的强度。粗糙的表面反射回的光线强度必将小于光滑表面反射回的光线强度，而且，被检测物体的表面必须垂直于光电开关的发射光线。常用材料的反射率如表 7-4 所示。

表 7-4　　　　　　　　　　　常见材料的反射率

材料	反射率（%）	材料	反射率（%）
白画纸	90	不透明黑色塑料	14
报纸	55	黑色橡胶	4
餐巾纸	47	黑色布料	3
包装箱硬纸板	68	未抛光白色金属表面	130
洁净松木	70	光泽浅色金属表面	150
干净粗木板	20	不锈钢	200
透明塑料杯	40	木塞	35
半透明塑料瓶	62	啤酒泡沫	70
不透明白色塑料	87	人的手掌心	75

⑨环境特性：光电开关应用的环境亦会影响其长期工作可靠性。当光电开关工作于最大检测距离状态时，由于光学透镜会被环境中的污物粘住，甚至会被一些强酸性物质腐蚀，以致其使用参数和可靠性降低。较简便的解决方法是根据光电开关的最大检测距离降额使用，来确定最佳工作距离。

（三）光电开关的工作原理

图 7-37 为某漫反射型光电开关电路原理图。图中光电开关具有电源极性及输出反接保护功能。光电开关具有自我诊断功能，对设置后的环境变化（温度、电压、灰尘等）的余度满足要求时，稳定显示灯显示（如果余度足够，则亮灯）。当接收光的光敏元件接收到有效光信号，控制输出的三极管饱和导通，同时动作显示灯显示。这样光电开关就能检测自身的光轴偏离、透镜面（传感器面）的污染、地面和背景对其影响、外部干扰的状态等传感器的异常和故障，有利于进行养护，以便设备稳定工作。这也给安装调试工作带来了方便。

近年来，随着生产自动化、机电一体化的发展，光电开关已发展成系列产品，其品种规格日增，用户可根据生产需要，选用适当规格的产品，而不必自行设计电路和光路。

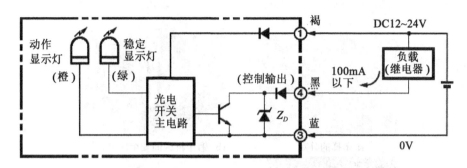

图 7-37 典型光电开关电路原理图

三、相关技能

（一）光电开关的使用注意事项

光电开关具有检测距离长、对检测物体的限制小、响应速度快、分辨率高、便于调整等优点。但在光电开关的安装过程中，必须保证传感器到被检测物的距离在"检出距离"范围内，同时考虑被检测物的形状、大小、表面粗糙度及移动速度等因素。在传感器布线过程中要注意电磁干扰，不要在水中、降雨时及室外使用。光电开关安装在以下场所时，会引起误动作和故障，所以应避免使用。

①尘埃多的场所。
②阳光直接照射的场所。
③产生腐蚀性气体的场所。
④接触到有机溶剂等的场所。
⑤有振动或冲击的场所。
⑥直接接触到水、油、药品的场所。
⑦湿度高，可能会结露的场所。

（二）光电开关的各种应用

1. 光幕的应用

发光器发出的光直射到受光器，形成保护光幕。当光幕被遮挡时，受光器产生一遮光信号，通过信号电缆传输到控制器，控制器将此信号进行处理，产生一控制信号，控制机床的制动控制回路或其他设备的报警装置，实现机床停车或安全报警，用于冲压设备、剪切设备、机械加工设备、注塑机械、切纸机械、木工加工机械、立体车库以及其他危险区域的防护。图 7-38 为光幕外观及各种应用。

2. 光电开关其他应用

图 7-39 为光电开关的部分应用。

四、请你做一做

请思考如何将光电开关用于卫生间的自动冲水设备，有条件的情况下可以做一做。

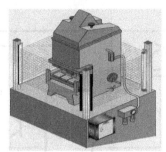
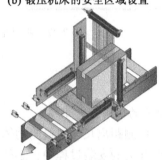

(a) 光幕的外观　　(b) 锻压机床的安全区域设置
(c) 产品高度测量　(d) 产品三维尺寸测量

图 7-38　光幕外观及各种应用

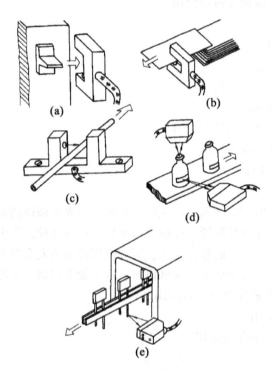

(a) 防盗门的位置检测　(b) 印刷机械上的送纸检测
(c) 线料连续检测　(d) 瓶盖及标签检测　(e) 电子元件生产流水线检测

图 7-39　光电开关的应用实例

反思与探讨

1. 光电开关可以分为哪几类？
2. 使用光电开关注意的事项有哪些？
3. 利用所学知识，查阅相关资料，设计一个抽屉防盗报警器。

任务三　红外传感器的应用

一、任务描述与分析

红外技术发展到现在，已经为大家所熟知，这种技术已经在现代科技、国防和工农业等领域获得了广泛的应用。红外线传感器是利用物体产生红外辐射的特性，实现自动检测的传感器。随着现代科学技术的发展，红外线传感器的应用已经非常广泛，下面结合实例，简单介绍一下红外线传感器的应用。图 7-40 是一个由被动式热释电红外传感器组成的防入侵报警器。

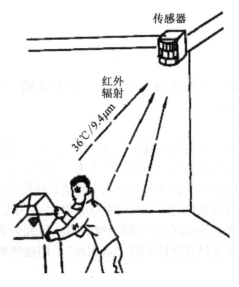

图 7-40　防入侵报警器

热释电红外传感器是一种能以非接触形式检测人体发射的红外线而输出电信号的传感器，并将其转变为电压信号，同时，它还能鉴别出运动的生物与其他非生物。热释电红外传感器既可用于防盗报警装置，也可以用于自动控制、接近开关、遥测等领域。

本次学习任务就是制作安装这样一个被动式热释电红外报警器，如何来实现呢？让我们一起来看看相关知识。

二、相关知识

(一) 红外线的特点

在物理学中，我们已经知道可见光、不可见光、红外线及无线电等都是电磁波，它们之间的差别只是波长（或频率）的不同而已。（图7-41）是将各种不同的电磁波按照波长（或频率）排成的波谱图，称为电磁波谱。

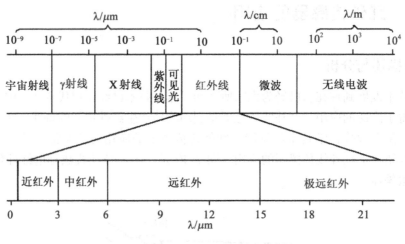

图7-41　电磁波谱图

从图7-41中可以看出，红外线属于不可见光波的范畴，它的波长一般在 0.76～1000μm 之间（称为红外区）。

红外线具有如下特性：

①红外线的最大特点就是具有光热效应，辐射热量，它是光谱中最大光热效应区。红外线是一种不可见光，红外线在真空中的传播速度为 3×10^8 m/s。

②红外线在介质中传播会产生衰减，在金属中传播衰减很大，但红外辐射能透过大部分半导体和一些塑料，大部分液体对红外辐射吸收非常大。不同的气体对其吸收程度各不相同，大气层对不同波长的红外线存在不同的吸收带。研究分析表明，对于波长为 1～5μm、8～14μm 区域的红外线具有比较大的"透明度"。即这些波长的红外线能较好地穿透大气层。

③自然界中任何物体，只要其温度在绝对零度之上，都能产生红外线辐射。红外线的光热效应对不同的物体是各不相同的，热能强度也不一样。

④红外线和所有电磁波一样，具有反射、折射、散射、干涉、吸收等性质。

上述这些特性就是把红外线辐射技术用于卫星遥感遥测、红外跟踪等军事和科学研究项目的重要理论依据。

(二) 红外传感器组成与分类

红外传感器一般由光学系统、探测器、信号调理电路及显示单元等组成。红外探测器是红外传感器的核心。红外探测器是利用红外辐射与物质相互作用所呈现的物理效应来探测红外辐射的。红外探测器的种类很多，按探测机理的不同，分为热探测器和光子探测器两大类。

1. 光子探测器

光子探测器的工作机理是：利用入射光辐射的光子流与探测器材料中的电子互相作用，从而改变电子的能量状态，引起光子效应。光子探测器常用的光子效应有外光电效应、内光电效应、光生伏特效应和光电磁效应。根据光子效应制成的红外探测器称为光子探测器。通过光子探测器测量材料电子性质的变化，可以确定红外辐射的强弱。

2. 热探测器

热探测器的工作机理是：利用红外辐射的热效应，探测器的敏感元件吸收辐射能后引起温度升高，进而使某些有关物理参数发生相应变化。通过测量物理参数的变化来确定探测器所吸收的红外辐射。

其特点是：热探测器主要优点是响应波段宽，响应范围可扩展到整个红外区域，可以在常温下工作，使用方便，应用相当广泛。但与光子探测器相比，热探测器的探测率比光子探测器的峰值探测率低，响应时间长。

热探测器主要有四类：热释电型、热敏电阻型、热电阻型和气体型。其中，热释电型探测器在热探测器中探测率最高，频率响应最宽，所以这种探测器备受重视，发展很快。这里我们主要介绍热释电型探测器组成的传感器。

（三）热释电红外传感器

1. 热释电效应

当一些晶体受热时，在晶体两端将会产生数量相等而符号相反的电荷，这种由于热变化产生的电极化现象，被称为热释电效应。通常，晶体自发极化所产生的束缚电荷被来自空气中附着在晶体表面的自由电子所中和，其自发极化电矩不能表现出来。当温度变化时，晶体结构中的正负电荷重心相对移位，自发极化发生变化，晶体表面就会出现电荷耗尽。电荷耗尽的状况正比于极化程度，图 7-42 表示了热释电效应形成的原理。

能产生热释电效应的晶体称之为热释电体或热释电元件，其常用的材料有单晶（$LiTaO_3$ 等）、压电陶瓷（PZT 等）及高分子薄膜（PVFZ 等）。

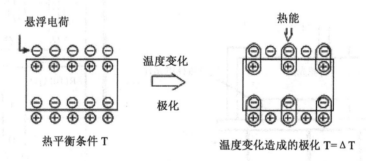

图 7-42　热释电效应形成的原理

2. 热释电红外传感器原理特性

人体都有恒定的体温，设人体体温为 36~37℃，从人体中可以辐射出波长为 9~10μm 的红外线，热释电红外传感器利用的正是热释电效应，是一种温度敏感传感器。热释电红外传感器的外观及分体结构如图 7-43 所示。图 7-44 中，滤光片设置在窗口处，组成红外线通过的窗口。滤光片为多层膜干涉滤光片,对太阳光和荧光灯光的短波长可很好滤除,只对人体的红外辐射敏感。

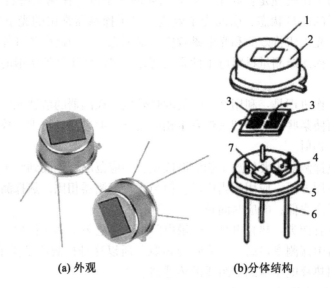

(a) 外观　　　　　(b)分体结构

1—滤光片　2—管帽　3—敏感元件　4—放大器　5—管座　6—引脚　7—高阻值电阻

图 7-43　热释电红外传感器的外观及分体结构

报警电路中通常采用双探测元热释电红外传感器,其结构示意图如图 7-44 所示。该传感器将两个特性相同的热释电晶体逆向串联,用来防止其他红外光引起传感器误动作。

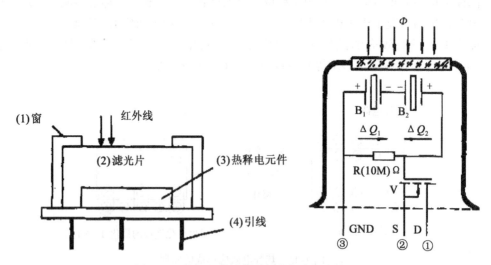

图 7-44　热释电传感器的结构与内部电路

另外,当环境温度改变时,两个晶体的参数会同时发生变化,这样可以相互抵消,避免出现检测误差。由于热释电晶体输出的是电荷信号,不能直接使用,需要用电阻将其转换为电压形式,该电阻阻抗高达 $10^4 M\Omega$,故引入 N 沟道结型场效应管接成共漏形式(即源极跟随器）来完成阻抗变换。该传感器使用时，D 端接电源正极，GND 端接电源负极，S 端为信号输出。

热释电红外传感器用于防盗时，其表面必须罩一块由一组平行的棱柱形透镜组成的菲涅耳透镜，如图 7-45 所示。菲涅耳透镜是根据法国物理学家 Fresnel 发明的原理，采用 PE（聚乙烯）材料压制而成的。菲涅耳透镜是多焦距的，因而其各个方向与不同距离对光线的灵敏度能保持一致。透镜与热释电红外探测器配合，可以提高传感器的探测范围。实验证明，如果不安装菲涅耳透镜，传感器探测距离为 2m 左右，而安装透镜后有效探测距离可达 10~15m，甚至更远。这是因为移动的人体或物体发射的红外线进入透镜后，会产生交替出现的红外辐射"盲区"和"高敏感区"，从而形成一系列光脉冲进入传感器，该光脉冲会不断地改变热释电晶体的温度，使其输出一串脉冲信号。假如人体静止站立在透镜前，传感器无输出信号。所以这种传感器能检测人体或者动物的活动，也叫人体运动传感器。图 7-46 为菲涅耳透镜检测示意图。

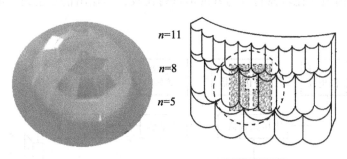

图 7-45　菲涅耳透镜

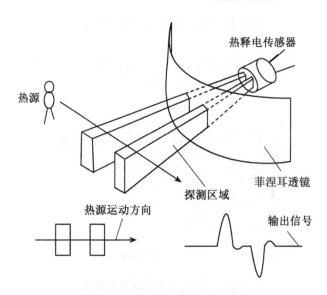

图 7-46　菲涅耳透镜检测示意图

3. 热释电红外传感器的优缺点

此类红外传感器也叫被动红外传感器，因为传感器本身不发任何类型的辐射，隐蔽性好，器件功耗很小，价格低廉。但是，被动式热释电传感器也有缺点，如：

①信号幅度小，容易受各种热源、光源干扰；

②被动红外穿透力差，人体的红外辐射容易被遮挡，不易被探头接收；

③易受射频辐射的干扰；

④环境温度和人体温度接近时，探测和灵敏度明显下降，有时造成短时失灵；

⑤被动红外探测器主要检测的运动方向为横向运动方向，对径向方向运动的物体检测能力比较差。

三、相关技能

（一）被动式红外热释电报警器

被动式红外热释电报警器的组成如图7-47所示。物体射出的红外线先通过菲涅耳透镜，然后到达热释电红外报警器。这时，热释电红外报警器将输出脉冲信号，脉冲信号经放大和滤波后，由电压比较器将其与基准值进行比较，当输出信号达到一定值时，报警电路发出警报。

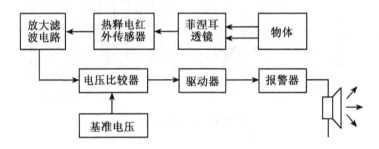

图7-47 红外热释电报警器的组成

在实际应用中，红外热释电报警器电路有很多种，同学们可以根据需要设计或选择合适的电路和芯片。图7-48为某红外热释电报警器外观。

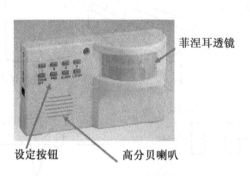

图7-48 某红外热释电报警器外观

（二）热释电红外报警器的安装使用

热释电红外报警器的监控报警电路具有结构简单、成本低廉等优点。系统工作稳定，其误报率与安装的位置和方式有很大的关系。正确安装应满足下列条件：

①报警器应离地面 2.0~2.2m。
②报警器应远离空调、冰箱、火炉等空气、温度变化比较敏感的地方。
③报警器探测范围内不得有隔屏、家具、大型盆景或其他隔离物。
④报警器不要直对窗口，否则窗外的热气流扰动和人员走动会引起误报，有条件的话最好把窗帘拉上。另外，报警器也不要安装在有强气流活动的地方。

表 7-5 为某公司生产的主要用于人体感应、防盗报警等方面的热释电红外传感器的技术参数。

表 7-5　　　　　　　　　某热释电红外传感器的技术参数

型号	KP500B	KP506B
灵敏元面积	2.0mm×1.1mm×Gap 0.9mm　　Dual，双元	
基片材料	硅　Si	
基片厚度	0.5mm	0.5mm
窗口尺寸	4×3mm	5.2×3.8mm
工作波长	5~14μm	5~14μm
平均透过率	>75%	>75%
输出信号	>2.2V	>2.2V
	(420K 黑体，1Hz 调制频率，0.3~3.0Hz 带宽，72.5dB 增益)	
噪声	<200mV	<200mV
	(mV_{p-p})（25℃）	
灵敏度	3300V/W	
探测率	1.5×10^8 cm $Hz^{1/2}$/W	
平衡度	<20%	<20%
工作电压	2.2~15V	
工作电流	8.5~24μA	
	($V_D=10V$，$Rs=47kΩ$，25℃)	
源极电压	0.4~1.1V	
	($V_D=10V$，$Rs=47kΩ$，25℃)	
工作温度	-20℃~+70℃	
保存温度	-35℃~+80℃	
视场	138°×125°	55°×51°

（三）红外传感器的其他应用

1. 红外线辐射温度计

红外辐射温度计既可用于高温测量，又可用于冰点以下的温度测量，所以是辐射温度计的发展趋势。市售的红外辐射温度计的温度范围为 -30~3000℃，中间分成若干个不同的规格，可根据需要选择合适的型号，如图 7-49 所示。

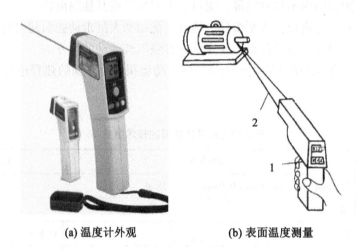

(a) 温度计外观　　　　　(b) 表面温度测量

1—枪形外壳　2—红色激光瞄准系统
图 7-49　红外辐射温度计

2. 红外气体分析仪

红外线气体分析仪结构如图 7-50 所示。红外线气体分析仪是根据气体对红外线具有选择性的吸收的特性来对气体成分进行分析的。不同气体其吸收波段（吸收带）不同，CO 气体对波长为 $4.65\mu m$ 附近的红外线具有很强的吸收能力，CO_2 气体则在 $2.78\mu m$ 和 $4.26\mu m$ 附近以及波长大于 $13\mu m$ 的范围对红外线有较强的吸收能力。

光源由镍铬丝通电加热发出 $3~10\mu m$ 的红外线，切光片将连续的红外线调制成脉冲状的红外线，以便于红外线检测器信号的检测。测量气室中通入被分析气体，参比气室中封入不吸收红外线的气体（如 N_2 等）。红外检测器是薄膜电容型，它有两个吸收气室，充以被测气体，当它吸收了红外辐射能量后，气体温度升高，导致室内压力增大。

测量时（如分析 CO 气体的含量），两束红外线经反射、切光后射入测量气室和参比气室，由于测量气室中含有一定量的 CO 气体，该气体对 $4.65\mu m$ 的红外线有较强的吸收能力，而参比气室中气体不吸收红外线，这样射入红外探测器的两个吸收气室的红外线光就造成能量差异，使两吸收室压力不同，测量边的压力减小，于是薄膜偏向定片方向，改变了薄膜电容两电极间的距离，也就改变了电容 C。被测气体的浓度愈大，两束光强的差值也愈大，则电容的变化量也愈大，因此电容变化量反映了被分析气体中被测气体的浓度。

要注意消除干扰气体对测量结果的影响。所谓干扰气体，是指与被测气体吸收红外线波段有部分重叠的气体，如 CO 气体和 CO_2 在 $4~5\mu m$ 波段内红外吸收光谱有部分重叠，则 CO_2 的存在对分析 CO 气体带来影响，这种影响称为干扰。为此在测量边和参比边各设置了一个封有干扰气体的滤波气室，它能将与 CO_2 气体对应的红外线吸收波段的能量全部吸收，因此左右两边吸收气室的红外能量之差只与被测气体（如 CO）的浓度有关。

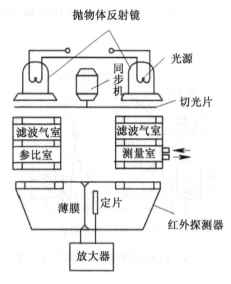

图 7-50 红外线气体分析仪结构图

红外成像系统几乎从一诞生就以其强大的技术优势,逐步占领了世界军用和商用市场,其在生产加工、天文、医学、法律及消防等方面都得到了广泛的应用,这里就不一一叙述了。

四、请你做一做

请你利用热释电红外传感器及其他元器件来实现一扇玻璃大门的自动开闭。

反思与探讨

1. 热释红外电报警器是如何工作的?
2. 查阅相关资料,设计一个红外干手器,并分析其工作原理。

任务四 CCD图像传感器在尺寸测量中的应用

一、任务描述与分析

CCD 是电荷耦合器件 (Charge Coupled Device) 的缩写,是 20 世纪 70 年代初发展起来的一种新型的半导体器件,CCD 全称电荷耦合器件,它具备光电转换、信息存储和传输等功能,具有集成度高、功耗小、分辨率高、动态范围大等优点。图 7-51 为 CCD 图像传感器在工件尺寸测量中的应用实例。

图 7-51 中,所测对象为热轧板宽度。因为两只 CCD 线型传感器各自测量板端的一部分,这就相当于缩短了视场。当要求更高的测量精度时,可同时并用多个传感器取其平均值,也可以根据所测板宽的变化,将其距离做成可调的形式。图中 CCD 传感器是用来摄

取激光器在板上的反射光像的，其输出信号用来补偿由于板厚度变化而造成的测量误差。整个系统由微处理机控制，这样可做到在线实时检测热轧板宽度。对于 2m 宽的热轧板，最终测量精度可达 ±0.0025%。

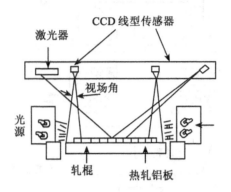

图 7-51　CCD 图像传感器测量工件尺寸

本次学习任务就是学会在相关测量中应用 CCD 图像传感器。如何来实现呢？首先我们还是一起来看看相关知识。

二、相关知识

（一）CCD 的基本工作原理

一个完整的 CCD 器件由光敏元、转移栅、移位寄存器及一些辅助输入、输出电路组成。CCD 工作时，在设定的积分时间内，光敏元对光信号进行取样，将光的强弱转换为各光敏元的电荷量。取样结束后，各光敏元的电荷在转移栅信号驱动下，转移到 CCD 内部的移位寄存器相应单元中。移位寄存器在驱动时钟的作用下，将信号电荷顺次转移到输出端。输出信号可接到示波器、图像显示器或其他信号存储、处理设备中，可对信号再现或进行存储处理。

1. 结构

CCD 的基本结构如图 7-52 所示。CCD 是由若干个电荷耦合单元组成的。其基本单元是 MOS（金属-氧化物-半导体）电容器。它以 P 型（或 N 型）半导体为衬底，上面覆盖一层 SiO_2，再在 SiO_2 表面依次沉积一层金属电极而构成 MOS 电容转移器件。这样一个 MOS 结构称为一个光敏元或一个像素。将 MOS 阵列加上输入、输出结构就构成了 CCD 器件。

构成 CCD 的基本单元是 MOS 电容器。与其他电容器一样，MOS 电容器能够存储电荷。如果 MOS 电容器中的半导体是 P 型硅，当在金属电极上施加一个正电压 U_g 时，P 型硅中的多数载流子（空穴）受到排斥，半导体内的少数载流子（电子）吸引到 P-Si 界面处来，从而在界面附近形成一个带负电荷的耗尽区，也称表面势阱，如图 7-53 所示。对带负电的电子来说，耗尽区是个势能很低的区域。在一定的条件下，所加正电压 U_g 越大，耗尽层就越深，势阱所能容纳的少数载流子电荷的量就越大。如果有光照射在硅片上，在光子作用下，半导体硅产生了电子-空穴对，光生电子被附近的势阱所吸收，而空穴被排

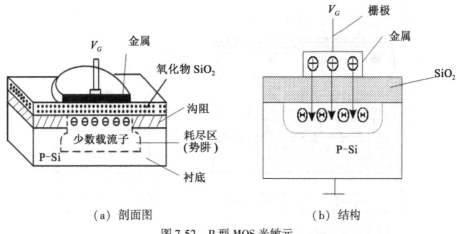

(a) 剖面图　　　　　　　　(b) 结构

图 7-52　P 型 MOS 光敏元

斥出耗尽区。势阱内所吸收的光生电子数量与入射到该势阱附近的光强成正比，把一个势阱吸收的若干个光生电荷称为一个电荷包。

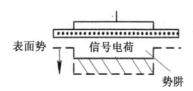

7-53　P 型 MOS 光敏元表面势阱

2. CCD 工作原理

CCD 基本工作原理如图 7-54 所示。通常情况下 CCD 器件有二相、三相、四相等几种时钟脉冲驱动的结构形式。图 7-54（a）所示的是三相结构，即在 CD 中，三个电极组成一个单元，形成一个像素。Φ_1、Φ_2、Φ_3 是三个不同的脉冲。

通常在 CCD 器件上有许多互相独立的 MOS 光敏元，在栅压作用下，硅片上就形成众多个相互独立的势阱。势阱所吸收的光生电子数量与入射到该势阱附近的光强成正比。此时，如果照射在这些光敏元上的是一幅明暗起伏的景物，那么这些光敏元就会感生出一幅与光照强度相应的光生电荷图像，即一幅光图像就可转变成一幅电图像，这就是 CCD 器件的光电转换效应原理。

为了读出存放在 CCD 中的电图像，在顺序排列的电极上施加交替升降的三相时钟脉冲的驱动电压。如图 7-54（b）所示，在 $t=t_1$ 时，Φ_1 电压下降，Φ_2 跳变到最大，电荷包便从电压为 Φ_1 的各电极下向电压为 Φ_2 的各电极下形成的新势阵转移。到 t_3 时刻，全部电荷包已转移完毕。从 $t=t_4$ 开始，Φ_2 下降，Φ_3 跳变到最大，于是电荷包又从 Φ_2 电极下转移到 Φ_3 电极下。

当第二个重复周期开始时，重复上述转移过程，而每个周期 T 都完成一个像素的转移。这样，交替升降的三相驱动时钟脉冲便可以完成点荷包（电图像）的定向转移。而

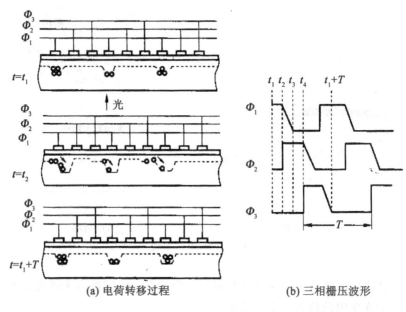

(a) 电荷转移过程　　(b) 三相栅压波形

图 7-54　CCD 基本工作原理

CCD 末端就能依次接收到原先存储在各个电极下的电荷包。这就是电荷转移过程的物理效应。CCD 器件就是集光电转换、电荷存储和转移（像是一个动态移位寄存器）为一体的功能器件。

（二）CCD 图像传感器分类

CCD 图像传感器有线阵和面阵之分。所谓线阵是指在一块硅芯片上制造了紧密排列的许多光敏元，它们排列成一条直线，感受一维方向的光强变化；所谓面阵是指将光敏元排列成二维平面矩阵，感受二维图像的光强变化，可用于数码照相机。线阵的光敏元件数目从 256 个到 4096 个或更多；而在面阵中，光敏元的数目可以是 600×500 个（30 万个），甚至 4096×4096 个（约 1600 万个）以上。

1. 线阵 CCD

线阵 CCD 由排成直线的 MOS 光敏元阵列、转移栅、读出移位寄存器等组成，其外形如图 7-55（a）所示。图 7-55（b）为某实用的线型 CCD 图像传感器结构。从图中可以看出，单、双数光敏元件中的信号电荷分别转移到上、下方的移位寄存器中，然后，在控制脉冲的作用下，自左向右移动，在输出端交替合并输出，这样就形成了原来光敏信号电荷的顺序。

2. 面阵 CCD

面阵 CCD 图像传感器由感光区、信号存储区和输出转移部分组成。目前存在几种典型结构形式，图 7-56 所示是用得最多的一种结构形式。

在图 7-56（b）中，感光元件与存储元件相隔排列，即一列感光单元、一列不透光的存储单元交替排列。在感光区光敏元件积分结束时，转移控制栅打开，电荷信号进入存储区。随后，在每个水平回扫周期内，存储区中整个电荷图像一次一行地向上移到水平读出移位寄存器中。接着这一行电荷信号在读出移位寄存器中向右移位到输出器件，形成视频

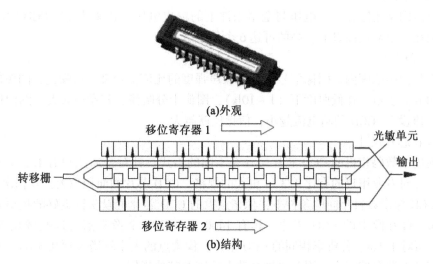

图 7-55 线阵 CCD 图像传感器

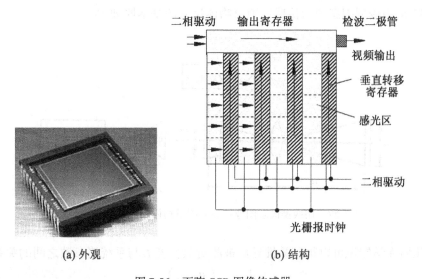

图 7-56 面阵 CCD 图像传感器

信号输出。这种结构的器件操作简单,但单元设计复杂,感光单元面积减小,图像清晰。

三、相关技能

(一) 如何选择 CCD

要选择合适的 CCD,首先得了解 CCD 的基本参数。

1. 光谱响应

多数 CCD 的光谱响应范围为 $0.3 \sim 1.1 \mu m$,最大响应在 $0.9 \mu m$ 左右。为了不让人体发出的红外信号被 CCD 摄入,民用数码照相机的 CCD 前方均加入一片不可拆卸的红外过滤器。

2. 动态范围

动态范围常用饱和输出电压与全暗条件下的输出电压之比来表示，CCD 的动态响应范围一般在 4 个数量级以上，高的可达 6 个数量级。

3. 信噪比

在有效输出范围内，图像信号强度与噪声强度的比值被定义为信噪比，图像传感器的信噪比用分贝表示。在低照度下（1～10lx），图像十分暗淡，若噪声太大，图像信号将被噪声所"淹没"。CCD 的暗电流越小，信噪比就越大。

4. CCD 芯片尺寸

目前用于数码相机的 CCD 芯片尺寸有不同的格式：针对普通用户有 1/5 in 至 2/3 in 的规格，针对专业用户的有比 4/3 in 更大的规格。CCD 芯片的面积越大，其档次越高。

在 CCD 像素数目相同的条件下，像素点大的 CCD 芯片可以获得更好的拍摄效果。一个 1/2 in、百万像素的 CCD 芯片，具有 1400 个 × 1200 个像素点，这些像素点边长为 4.6μm；而对于 1in、分辨率相同的 CCD 来说，像素点的大小就增大到 9.3μm。大的像素点有更好的电荷存储能力，因此可提高动态范围及其他指标。

（二）如何利用 CCD 图像传感器测量物体尺寸

图 7-57 是用线型固态图像传感器测量物体尺寸的基本原理图。

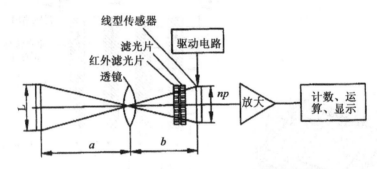

图 7-57 用线型固态图像传感器测量物体尺寸的基本原理

利用几何光学知识可以很容易推导出被测对象长度 L 与系统诸参数之间的关系为：

$$L = \frac{1}{M}np = \left(\frac{a}{f} - 1\right)np \tag{7-3}$$

式中：f 为透镜焦距；a 为物距；M 为倍率；n 为线列阵 CCD 图像传感器的像素数；p 为像素间距。

因为固态图像传感器所感知的光像之光强，是被测对象与背景光强之差，因此，就具体测量技术而言，测量精度与两者比较基准值的选定有关，并取决于传感器像素数与透镜视场的比值。为提高测量精度，应当选用像素多的传感器，并且尽量缩短视场。

（三）CCD 图像传感器在缺陷检测中的应用

光照物体时，使不透明物体的表面缺陷或透明物体的体内缺陷（杂质）与其材料背景相比有足够的反差。只要缺陷面积大于两个光敏元，CCD 图像传感器就能够发现它们。这种检测方法能适用于多种情况。例如，检查磁带，磁带上的小孔就能发现；也可检查透射光，检查玻璃中针孔、气泡和夹杂物等。

图 7-58 为钞票检查系统的原理图。使两列被检钞票分别通过两个图像传感器的视场，并使其成像，从而输出两列视频信号。把这两列视频信号送到比较器进行处理。如果其中一张有缺陷，则两列视频信号将有显著不同的特征，经过比较器就会发现这一特征而证实缺陷的存在。

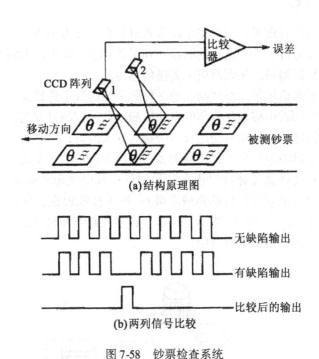

图 7-58 钞票检查系统

CCD 图像传感器被广泛应用于生活、天文、医疗、电视、传真、通信以及工业检测和自动控制系统。随着科学技术的发展，它的使用范围会越来越广。

四、请你做一做

请你调查一下市面上所售不同品牌 CCD 数码相机的 CCD 尺寸，并说明 CCD 数码相机的价格、功能与 CCD 尺寸的关系。

反思与探讨

1. 说说 CCD 传感器的分类及基本工作原理。
2. 请你上网查阅有关"CCD 特性"的网页，写出其中一种的型号及特性参数。
3. 观察一下保龄球击倒的过程，谈谈有几种方案可以用于判断保龄球被击倒的个数和位置。

任务五 光栅传感器在位移测量中的应用

一、任务描述与分析

光栅很早就被人们发现了，但应用于技术领域只有一百多年历史。早期人们是利用光栅的衍射效应进行光分析和光波波长的测量。到了 20 世纪 50 年代人们才开始利用光栅的莫尔条纹现象进行精密测量，从而制成了光栅传感器。

光栅传感器是根据莫尔条纹原理制成的一种脉冲输出数字传感器，它广泛应用于数控机床等闭环控制系统的线位移和角位移的自动检测以及精密测量方面，测量精度可达几微米。由于位移是和物体的位置在运动过程中的移动有关的量，位移的测量方式所涉及的范围是相当广泛的。所以测量位移的传感器很多，如前面讲过的应变式、电感式、差动变压器式、涡流式、霍尔传感器等都可以用来测量位移。其中光栅传感器因具有易实现数字化、精度高（目前分辨率最高的可达到纳米级）、抗干扰能力强、没有人为读数误差、安装方便、使用可靠等优点，在机床加工、检测仪表等行业中得到日益广泛的应用。图 7-59 为光栅数显表在机床进给运动中的应用。

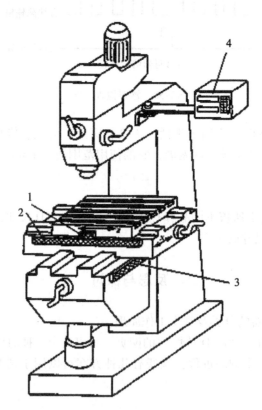

1—向进给位置读数头 2—横向进给尺身 3—纵向进给尺身 4—数显表
图 7-59 数显表在机床进给运动中的应用

以横向进给为例，光栅读数头（指示光栅）固定在工作台上，尺身（主光栅）固定在床鞍上。当工作台沿着床鞍左右运动时，操作者可直接从数显表上看到工作台移动的位移量，机床也能按照设定的程序和得到的位移数据，进行自动加工。

光栅数显表为什么能直接显示位移数据呢？带着这样的疑问，让我们一起来学习光栅传感器的有关知识吧。

二、相关知识

（一）光栅的结构与类型

数字式位置传感器中使用的光栅为计量光栅，主要是利用光的透射现象和反射现象。由于计量光栅的读数速率可达几百次每毫秒之高，非常适用与动态测量。

计量光栅一般由标尺光栅（主光栅）和指示光栅组成，又称光栅副。计量光栅按原理可分为透射式光栅和反射式光栅两大类，透射式光栅一般用光学玻璃作基体，在玻璃上均匀地腐蚀出间距、宽度相等的平行、密集条纹，形成断断续续的透光区和不透光区；反射式光栅一般使用不锈钢作基体，在不锈钢上用化学方法制出黑白相间的条纹，形成反光区和不反光区，如图7-60所示。

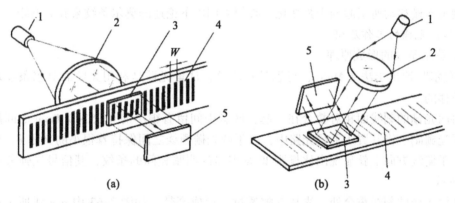

1—光源　2—透镜　3—指示光栅　4—标尺光栅　5—光电元件
图7-60　计量光栅的结构

计量光栅按用途又可以分为长光栅和圆光栅。长光栅用于直线位移测量，也称为直线光栅，如图7-61所示。圆光栅用于测量角位移。

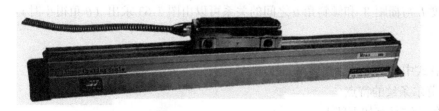

图7-61　直线光栅的外观

光栅上的刻线称为栅线，栅线的宽度为 a，缝隙宽度为 b，一般都取 $a = b$，而 $W = a + b$，W 是光栅的栅距（也称光栅常数或光栅的节距），它是光栅的重要参数。图 7-62 为光栅栅线的放大图。标尺光栅和指示光栅的刻线宽度和间距完全一样，国产光栅的栅线密度一般有 25、50、100、250 条/mm 等几种。

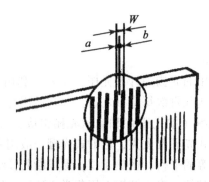

图 7-62　光栅栅线放大图

无论是长光栅或圆光栅，由于刻线很密，如果不进行光学放大，则不能直接用光电元件来测量光栅移动所引起的光强变化，必须采用以下论述的莫尔条纹来放大栅距。

（二）光栅的工作原理

1. 莫尔条纹的形成原理

"莫尔"原出于法文 Moire，意思是水波纹，计量光栅是利用光栅的莫尔条纹现象来测量位移的。

将两光栅的刻线面相对叠合在一起，两者中间留有很小的 0.05～0.1mm 的间隙，便组成了光栅副。将其置于平行光路中，由于两光栅栅线之间保持着很小的夹角 θ，则在近似垂直于栅线方向上就显现出比栅距 W 宽很多的明暗相间的条纹，其信号光强分布如图 7-63 所示。

在两光栅的刻线重合处，光从缝隙透过，形成亮带，如图 7-63 中 a-a 线所示；在两光栅刻线的错开处，由于相互挡光作用而形成暗带，如图 7-63 中 b-b 所示。这种亮带和暗带形成明暗相间的条纹称为莫尔条纹，由于条纹方向近似垂直栅线方向，也称横向莫尔条纹。

2. 莫尔条纹的宽度

相邻的两明暗条纹之间的距离 L 称为莫尔条纹的宽度，如图 7-63 中的 L。横向莫尔条纹的宽度 L 与栅距 W 和倾斜角 θ 之间的关系可以由图 7-63 求出（θ 角很小时）：

$$L \approx \frac{W}{\theta} \tag{7-4}$$

注意式中的 θ 必须以弧度（rad）为单位。

3. 莫尔条纹的特点

莫尔条纹具有如下特点：

（1）放大作用

从式（7-4）可以看出，莫尔条纹的宽度是放大了的光栅栅距，它随着光栅刻线夹角

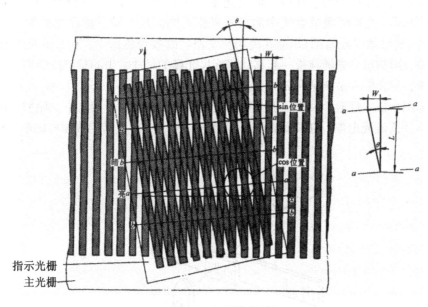

图 7-63 长光栅横向莫尔条纹

而改变。θ 越小，L 越大，相当于把微小的栅距扩大了 $1/\theta$ 倍。由此可见，计量光栅起到光学放大器的作用。例如一长光栅的栅距 $W = 0.04$mm，若 $\theta = 0.016$rad，则 $L = 2.5$mm。计量光栅的光学放大作用与安装角度有关，而与两光栅的安装间隙无关。

（2）均化误差作用

莫尔条纹是由光栅的大量刻线共同组成的，例如，200 条/mm 的光栅，10mm 宽的光栅就由 2000 条线纹组成，这样栅距之间的固有相邻误差就被平均化了，消除了栅距之间不均匀造成的误差。

（3）莫尔条纹的移动与栅距的移动成比例

当光栅尺移动一个栅距 W 时，莫尔条纹也刚好移动了一个条纹宽度 L。只要通过光电元件测出莫尔条纹的数目，就可知道光栅移动了多少个栅距，工作台移动的距离可以计算出来。若光栅移动方向相反，则莫尔条纹移动方向也相反。莫尔条纹移动方向与光栅移动方向及光栅夹角的关系见表 7-6。

表 7-6　　莫尔条纹移动方向与光栅移动方向及光栅夹角的关系

标尺光栅相对指示光栅的转角方向	标尺光栅移动方向	莫尔条纹移动方向
顺时针方向	向左	向上
	向右	向下
逆时针方向	向左	向下
	向右	向上

4. 莫尔条纹测量位移的原理

光栅式传感器是由光源、透镜、标尺光栅（主光栅）、指示光栅和光电元件构成的，如图 7-64 所示。在光栅测量系统中的指示光栅一般固定不动，标尺光栅随测量工作台（或主轴）一起移动（或转动）。但在使用长光栅尺的数控机床中，标尺光栅往往固定在床身上不动，而指示光栅随拖板一起移动。标尺光栅的尺寸常由测量范围确定，指示光栅则为一小块，只要能满足测量所需的莫尔条纹数量即可。

光源采用普通的灯泡，发出辐射光线，经过聚光镜后变为平行光束，照射光栅尺。光电元件（常使用硅光电池）接受透过光栅尺光强信号，并将其转换成相应的电压信号。

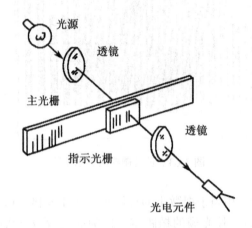

图 7-64　光栅测量系统

若标尺光栅移动一个栅距，莫尔条纹便移动一个条纹宽度。假定我们开辟一个小窗口来观察莫尔条纹的变化情况，就会发现它在移动一个栅距期间明暗变化了一个周期。理论上，光栅亮度变化是一个三角波形，但由于漏光和不能达到最大亮度，被削顶削底后而近似一个正弦波。在光栅的适当位置（图 7-63 的 sin 位置或 cos 位置）安装光电元件，当莫尔条纹的亮带和暗带随光栅移动不断地掠过光电元件时，光电元件就可以"观察"到莫尔条纹的光强变化了。图 7-65 即为光电元件输出与光栅位移的关系。

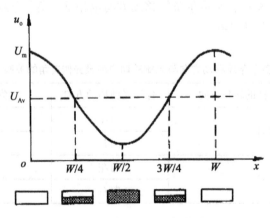

图 7-65　光电元件输出与光栅位移的关系

硅光电池将近似正弦波的光强信号变为同频率的电压信号,经光栅变换电路放大、整形、微分输出脉冲。每产生一个脉冲,就代表移动了一个栅距那么大的位移,通过对脉冲计数便可得到光栅的移动距离。

(三) 辨向及细分

1. 辨向原理

在实际应用中,大部分被测物体的移动往往不是单方向的,既有正向运动,也可能有反向运动。单个光电元件接收一固定的莫尔信号,只能判别明暗的变化而不能辨别莫尔条纹的移动方向,因而也不能判别光栅的运动方向,以致不能正确测量位移。如果能够在物体正向移动时,将得到的脉冲数累加,而物体反向移动时可从已累加的脉冲数中减去反向移动的脉冲数,这样就能得到正确的测量。完成这样一个辨向任务的电路就是辨向电路。

通常在沿光栅线的 Y 方向上相距 $L/4$ 的位置上设置两个光电元件,如图 7-5 的 sin 位置和 cos 位置,以得到两个相位差 $90°$ 的正弦信号,然后将信号送到辨向电路中去处理,如图 7-66 所示。

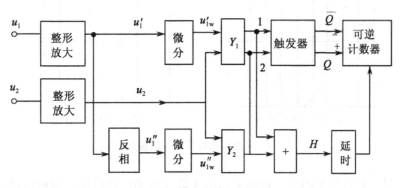

图 7-66 辨向电路的原理图

当主光栅正反向移动时,输出的信号波形如图 7-67 所示。其中正向移动时,可逆计数器对 Y_2 输出的脉冲进行加法计数;反向移动时,可逆计数器对 Y_1 输出的脉冲进行减法计数。这样每当光栅移动一个栅距,辨向电路只输出一个脉冲,计数器所计之脉冲数即代表光栅位移 x。

2. 细分电路

上述辨向逻辑电路的分辨率为一个光栅极距,为了提高分辨率,可以增大刻线密度来减小栅距,但这种办法受到制造工艺的限制。另一种方法是采用细分技术,细分就是在莫尔条纹变化一周期时,不只输出一个脉冲,而是输出若干个脉冲,以减小脉冲当量,提高分辨力。细分的方法有多种,这里只介绍一下直接细分。

直接细分也称为位置细分,常用细分数为 4,故又称为四倍频细分。实现方法有两种:一是在依次相距 $L/4$ 的位置安放四个光电元件,从每个光电元件获得相位依相差的四个正弦信号,用鉴零器分别鉴取四个信号的零电平,即在每个信号由负到正过零点时发出一个计数脉冲。这样,在莫尔条纹的一个周期内将产生四个计数脉冲,实现了四倍频细分。

另一种实现方法是采用在相距 $L/4$ 的位置上,安放两个光电元件,首先获得相位相差

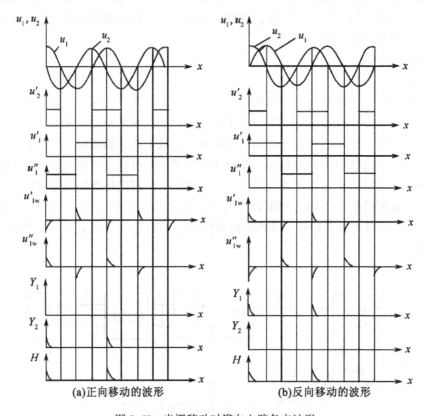

图 7-67　光栅移动时辨向电路各点波形

90°的正弦信号，各自倒相即可。近年来，由于单片机的广泛应用，因而可用计算机获得更高的细分数。

三、相关技能

（一）光栅传感器的安装和使用注意事项

光栅传感器的安装比较灵活，可安装在机床的不同部位。一般将主尺（标尺光栅）安装在机床的工作台（滑板）上，随机床走刀而动，光源、聚光镜、指示光栅、光电元件和驱动线路均装在一个壳体内作成一个单独部件，这个部件称为光栅读数头，读数头固定在床身上，尽可能使读数头安装在主尺的下方。其安装方式的选择必须注意切屑、切削液及油液的溅落方向。如果由于安装位置限制必须采用读数头朝上的方式，则必须增加辅助密封装置。另外，一般情况下，读数头应尽量安装在相对机床静止部件上，此时输出导线不移动，易固定，而尺身则应安装在相对机床运动的部件上（如滑板）。

1. 光栅传感器安装基面

安装光栅线位移传感器时，不能直接将传感器安装在粗糙不平的床身上，更不能安装在打底涂漆的床身上。光栅主尺及读数头分别安装在机床相对运动的两个部件上。用千分表检查机床工作台的主尺安装面与导轨运动的方向平行度。千分表固定在床身上，移动工作台，要求达到平行度为 0.1mm/m 以内。如果不能达到这个要求，则需设计加工一件光栅尺基座。另外，还需加工一件与尺身基座等高的读数头基座。读数头的基座与尺身的基座总共误差不得大于±0.2mm，如图7-68所示。

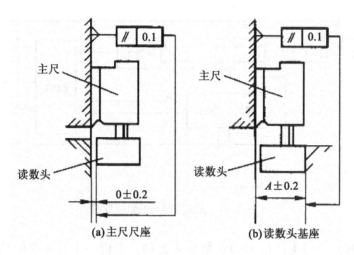

图7-68 光栅传感器的基座

2. 光栅主尺的安装

将光栅主尺用M4螺钉上在机床安装的工作台安装面上，但不要上紧，把千分表固定在床身上，移动工作台（主尺与工作台同时移动）。用千分表测量主尺平面与机床导轨运动方向的平行度，调整主尺M4螺钉位置，使主尺平行度满足0.1mm/m以内时，把M2螺钉彻底上紧。在安装光栅主尺时，应注意如下三点：

①在装主尺时，如安装超过1.5m以上的光栅时，不能像桥梁式只安装两端头，尚需在整个主尺尺身中有支撑。

②在有基座情况下安装好后，最好用一个卡子卡住尺身中点（或几点）。

③不能安装卡子时，最好用玻璃胶粘住光栅尺身，使基尺与主尺固定好。

3. 光栅读数头的安装

在安装读数头时，首先应保证读数头的基面达到安装要求，然后再安装读数头，其安装方法与主尺相似。最后调整读数头，使读数头与光栅主尺平行度保证在0.1mm之内，其读数头与主尺的间隙控制在1~1.5mm以内。

4. 使用光栅传感器应注意的几个问题

①插拔读数头与数显表的连接插头时应注意关闭电源。

②使用过程中应及时清理溅落在测量装置上的切屑和冷却液，严防异物进入壳体内部。

③应保持光栅尺的清洁，可每隔一年用乙醚清洗尺面。

④为防止工作台移动超过光栅尺长度而撞坏读数头，可在机床导轨上安装限位装置，此外，在购买光栅尺时，其测量长度应大于工作台的最大行程。

(二) 光栅数显表

本节的任务如前图7-59所示，其中我们提到了光栅数显表。光栅数显表能显示技术处理后的位移数据，并给数控加工系统提供位移信号，其组成框图如图7-69所示。在光栅数显表中，放大、整形采用传统的集成电路，辨向、细分由计算机来完成。机床配置数显表后，大大提高了加工精度和加工效率。

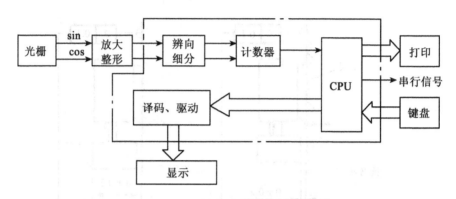

图 7-69　光栅数显表的组成框图

下面以成都某公司生产的 GS803 数显表为例，来说一下数显表的功能，图 7-70 为 GS803 数显表的面板。

图 7-70　GS803 数显表的面板

GS803 型专用光栅表是一种为机床、磨床、铣床、镗床和火花机上使用的显示、定位、控制的装置。其内部采用微电脑及先进的电子细分技术设计。精度高、工作可靠、操作简单。

其功能如下：正反向可逆计数、任意位置清零、任意位置置数、直径/半径选择、公制/英制选择、过零（绝对零位）保持、过零（绝对零位）计数、超速报警、溢出报警、线性修正等。

（三）光栅传感器产品简介

图 7-71 为成都某公司生产的 BG1 型线位移光栅传感器。是采用光闸式光栅进行线位移测量的高精度测量产品，与光栅数显表或计算机可构成光栅位移测量系统。适用于机床、仪器作长度测量，坐标显示和数控系统的自动测量等。其技术指标如表 7-7 所示。

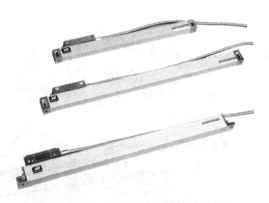

图 7-71 BG1 型线位移光栅传感器外观

表 7-7　　　**BG1 型线位移光栅传感器技术指标**

型　号	BG1A（小型）	BG1B（中型）	BG1C（粗壮型）
光栅栅距	20μm（0.020mm）、10μm（0.010mm）		
光栅测量系统	透射式红外光学测量系统，高精度性能的光栅玻璃尺		
读数头滚动系统	垂直式五轴承滚动系统，优异的重复定位性，高精度测量精度	45°五轴承滚动系统，优异的重复定位性，高等级的测量精度	
防护尘密封	采用特殊的耐油、耐蚀、高弹性及抗老化塑胶，防水、防尘优良，使用寿命长		
分辨率	0.5μm	1μm	5μm
有效行程	50～3000mm，每隔50mm一种长度规格（整体光栅不接长）		
工作速度	>60 米/分钟		
工作环境	温度 0～50℃　湿度≤90（(20±5)℃）		
工作电压	(5±5%) V　　(12±5%) V		
输出信号	TTL 正弦波		

在选择使用光栅传感器时，根据工业环境的需要，我们可以选择不同参数的传感器，参看相关的选型手册即可。

图 7-72 为安装有直线光栅的数控机床加工实况。

四、请你做一做

某单位计划采用数显装置将一台普通车床改造成自动车床，专门用于车削螺纹。请你从量程、使用环境、安装和经济适用性等方面考虑，写一份拟采用传感器的可行性报告，并画出传感器在车床上的安装位置。

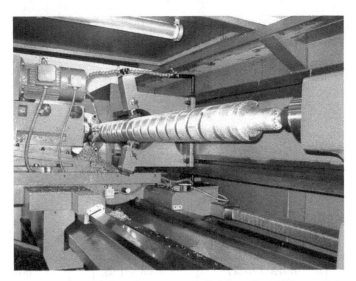

图 7-72 安装有直线光栅的数控机床加工实况

反思与探讨

1. 什么是莫尔条纹？它的特点是什么？
2. 辨向和细分的概念是什么？有什么作用？
3. 请上网查一下有关圆光栅的特性及应用。

任务六　光电编码器在角位移测量中的应用

一、任务描述与分析

光电编码器是一种集光、机、电为一体的数字化检测装置，它具有分辨率高、精度高、结构简单、体积小、使用可靠、易于维护、性价比高等优点。近十几年来，发展为一种成熟的多规格、高性能的系列工业化产品，在数控机床、机器人、雷达、光电经纬仪、地面指挥仪、高精度闭环调速系统、伺服系统等诸多领域中得到了广泛的应用。光电编码器可以定义为：一种通过光电转换，将输至轴上的机械、几何位移量转换成脉冲或数字量的传感器，它主要用于速度或位置（角度）的检测。图 7-73 为其在数控机床上的应用。

从图 7-73 可以看出，拖板的横向运动为 Z 轴，由 Z 轴的进给伺服电机通过 Z 轴滚珠丝杠来实现；拖板上刀架的径向运动为 Z 轴，由 X 轴进给伺服电机通过 X 轴滚珠丝杠来实现。伺服电机端部配有光电编码器，用于角位移测量和数字测速，角位移通过丝杠螺距能间接反映拖板或刀架的直线位移。

从分析中我们可以看出光电编码器的在数控机床中的作用，本次的学习任务就是熟悉光电编码器的安装使用。

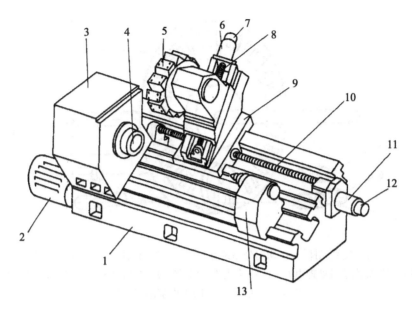

1—床身 2—主轴电动机 3—主轴箱 4—主轴 5—回转刀架 6—X轴进给伺服电动机
—X轴光电编码器 8—X轴滚珠丝杠 9—拖板 10—Z轴滚珠丝杠 11—Z轴进给伺服电动机
12—Z轴光电编码器 13—尾架

图7-73 编码器在数控机床的应用

二、相关知识

（一）编码器分类

一般来说，根据光电编码器产生脉冲的方式不同，其可以分为增量式、绝对式以及复合式三大类。按编码器运动部件的运动方式来分，其可以分为旋转式和直线式两种。直线式运动可以借助机械连接转变为旋转式运动（反之亦然），因此，只有在那些结构形式和运动方式都有利于使用直线式光电编码器的场合才予使用。旋转式光电编码器容易做成全封闭型式，易于实现小型化，传感长度较长，具有较长的环境适用能力，因而在实际工业生产中得到广泛的应用，在本任务中主要针对旋转式光电编码器，如不特别说明，所提到的光电编码器均指旋转式光电编码器。

（二）增量式光电编码器

1. 原理及其结构

增量式光电编码器也称光电码盘、光电脉冲发生器。图7-74为增量式光电编码器结构原理图。

增量式编码器的光源常用具有聚光效果的LED。增量式编码器与光栅传感器有类似之处，也需要一个计数和辨向系统，旋转的码盘通过光电元件给出一系列脉冲，在计数中对每个基数进行加或减，从而记录下转动的方向和角度。由于它只能反映相对于上次转动角度的增量，所以称为增量式编码器。

光电码盘与转轴连在一起。码盘可以用玻璃材料制作，表面镀上一层不透光的金属

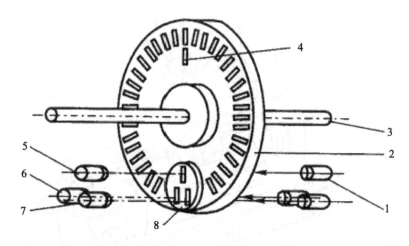

1—发光元件 2—均匀分布透光槽码器 3—转轴 4—零位标志槽
5—零位标志信号处理电路 6—A 信号处理电路 7—B 信号处理电路 8—透光狭缝
图 7-74 增量式光电编码器结构原理图

铬，然后在边缘刻出向心透光窄缝。透光窄缝在光电码盘圆周上等分，数量从几百条到几千条不等。这样，码盘就分成透光与不透光两个区域。码盘材料也可以用不锈钢材料制作，制作原理与玻璃材料相同。

光电编码器的测量精度取决于它所能分辨的最小角度，这又与码盘圆周上的窄缝条数有关。能分辨的最小角度为

$$\alpha = \frac{360°}{n} \tag{7-5}$$

分辨力 $= 1/n$

例如，窄缝条数为 2048，则角度分辨力为

$$\alpha = \frac{360°}{2048} = 0.1625°$$

为了得到码盘转动的绝对位置，还必须设置一个基准点，如图 7-24 中的"零位标志槽"，并在两边分别配置发光和光电接收元件，每当工作轴旋转一周，光电元件就产生一个 Z 相一转基准脉冲信号。通常数控机床的机械原点与各轴的脉冲编码器发出的 Z 相脉冲的位置是一致的。有关波形辨向、细分技术的原理，已在前面光栅传感器中叙述过了。

2. 增量式光电编码器的特点

（1）编码器每转动一个预先设定的角度将输出一个脉冲信号，通过统计脉冲信号的数量来计算旋转的角度，因此编码器输出的位置数据是相对的。

（2）由于采用固定脉冲信号，因此旋转角度的起始位可以任意设定。

（3）由于采用相对编码，因此掉电后旋转角度数据会丢失需要重新复位。

在数控机床中做位置测量时一般选用增量式光电编码器。

（三）绝对式光电编码器

1. 绝对式光电编码器原理与结构

绝对式光电编码器是按照角度直接进行编码的传感器，可直接把被测角用数字代码表

示出来，指示其绝对位置。图7-75为绝对式光电编码器结构原理图。

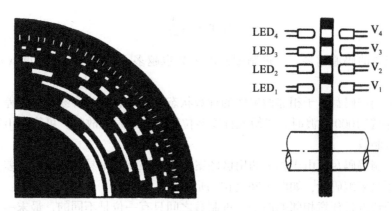

(a) 光电码盘的平面结构（8码道） (b) 光电码盘与光源、光敏元件的对应关系（4码道）

图7-75 绝对式光电编码器结构

在绝对光电编码器的圆形码盘上沿径向有若干同心码道，每条道上由透光和不透光的扇形区相间组成，其中黑的区域为不透光区，用"0"表示；白的区域为透光区，用"1"表示。相邻码道的扇区数目是双倍关系，码盘上的码道数就是它的二进制数码的位数。在码盘的一侧是光源，另一侧对应每一码道有一光敏元件。当码盘处于不同位置时，各光敏元件根据受光照与否转换出相应的电平信号，形成二进制数。这种编码器不需要计数器，在转轴的任意位置都可读出一个固定的与位置相对应的数字码。显然，码道越多，分辨率越高。对于一个具有N位二进制分辨率的编码器，其码盘必须有N条码道。目前国内已有16位的绝对编码器产品。

绝对式光电编码器是利用自然二进制或循环二进制（葛莱码）方式进行光电转换的，如图7-76所示。

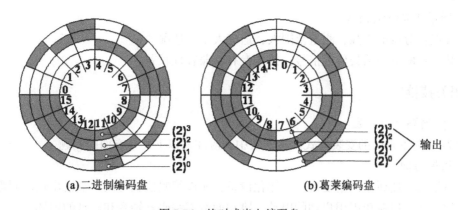

(a) 二进制编码盘 (b) 葛莱编码盘

图7-76 绝对式光电编码盘

由图7-76（a）可看出码道的圈数就是二进制的位数，且高位在里，低位在外。由此可以推断，若有n圈码道的码盘，就可以表示为n位二进制编码。若将圆周均分为2^n个数据，且分别表示其不同的位置，那么其分辨的角度α为：

$$\alpha = \frac{360°}{2^n} \tag{7-6}$$

$$分辨率 = \frac{1}{2^n} \tag{7-7}$$

显然，码盘的码道越多，二进制编码的位数也越多，所能分辨的角度 α 越小，测量精度越高。

普通二进制编码盘由于相邻两扇区的计数状态相差比较大，容易产生误差。例如，由位置 0001 向位置 1000 过渡时，光敏元件安装位置不准或发光故障，可能会出现 8~15 之间的任一十进制数。

普通二进制编码盘，由于相邻两扇区图案变化时在使用中易产生较大误差，因而在实际中大都采用葛莱编码盘，如图 7-76（b）所示。

葛莱码的特点是任意相邻的两个二进制数之间只有一位是不同的，最末一个数与第一个数也是如此，这样，就形成了循环，使整个循环里的相邻数之间都遵循这一规律。所以编码盘从一个计数状态转到下一个状态时，只有 1 位二进制码改变，所以它能把误差控制在最小单位内，提高了可靠性。

2. 绝对式光电葛莱编码器的特点

①可以直接读出角度坐标的绝对值。

②没有累积误差。

③电源切除后位置信息不会丢失。但其分辨率是由二进制的位数来决定的，也就是说精度取决于位数，目前有 10 位、14 位等多种。

（四）两种编码器的比较

1. 绝对式光电编码器

①优点：结构简单，角行程编码（通过旋转轴获得），线性编码（激光远距离测量），掉电不影响编码数据的获得，最大 24 位编码。

②缺点：比较贵。

2. 增量式光电编码器

①优点：分辨能力强，测量范围大，适应大多数情况。

②缺点：断电后丢失位置信号；技术专有，兼容性较差。

三、相关技能

（一）编码器的安装

图 7-77 为编码区的安装方式。在安装中，应注意以下几个方面的问题。

1. 机械方面

①由于编码器属于高精度机电一体化设备，所以编码器轴与用户端输出轴之间需要采用弹性软连接，以避免因用户轴的串动、跳动而造成编码器轴系和码盘的损坏。

②安装时注意允许的轴负载。

③应保证编码器轴与用户输出轴的不同轴度 <0.20mm，与轴线的偏角 <1.5°安装时，严禁敲击和摔打碰撞，以免损坏轴系和码盘。

④长期使用时，定期检查固定编码器的螺钉是否松动（每季度一次）。

(a) 套式安装　　　　　　　　(b) 轴式安装

图 7-77　编码器的安装方式

2. 电气方面

①接地线应尽量粗，一般应大于 $1.5 mm^2$。

②编码器的输出线彼此不要搭接，以免损坏输出电路。

③编码器的信号线不要接到直流电源或交流电流上，以免损坏输出电路。

④与编码器相连的电机等设备，应接地良好，不要有静电。

⑤配线时应采用屏蔽电缆。

⑥开机前，应仔细检查，产品说明书与编码器型号是否相符，接线是否正确。

⑦长距离传输时，应考虑信号衰减因素，选用具备输出阻抗低，抗干扰能力强的型号。

⑧避免在强电磁波环境中使用。

图 7-78 为编码器屏蔽电缆连接。

3. 环境方面

①编码器是精密仪器，使用时要注意周围有无振源及干扰源。

②不是防漏结构的编码器不要溅上水、油等，必要时要加上防护罩。

③注意环境温度、湿度是否在仪器使用要求范围之内。

(二) 编码器的常见术语解说

①分辨率。轴旋转 1 次时输出的增量信号脉冲数或绝对值的绝对位置数。

②输出相。增量型式的输出信号数。包括 1 相型（A 相）、2 相型（A 相、B 相）、3 相型（A 相、B 相、Z 相）。Z 相输出 1 次即输出 1 次原点用的信号。

③输出相位差。轴旋转时，将 A 相、B 相各信号相互间上升或下降中的时间偏移量与信号 1 周期时间的比，或者用电气角表示信号 1 周期为 360°。A 相、B 相用电气角表示为 90°的相位差。

④最高响应频率。响应信号所得到的最大信号频率。

⑤轴容许力。是加在轴上的负载负重的容许量。径向以直角方向对轴增加负重，而轴向以轴方向增加负重。两者都为轴旋转时容许负重，该负重的大小对轴承的寿命产生影响。

(a) 用屏蔽的D型接口连接编码器　　(b) 在变换器的电路板上用线卡连接

(c) 编码器用屏蔽的PG接口连接

图 7-78　编码器的屏蔽电缆连接

表 7-8 为某公司的增量式编码器的技术参数表（部分）。

表 7-8　　增量式编码器的技术参数表

类别	增量式编码器
型号	E2120
分辨率（"）	1
精度（"）	±2 ~ ±10
最高允许转速	200r/min
结构尺寸	$\phi 120 \times 70$
输出轴尺寸	$\phi 14 \times 21$
电源电压	DC（+12±5%）V（+5±5%）V
光源	LED
输出信号	并行二进制代码（含电路信号处理单元）TTL 电平
使用温度	−40 ~ +55℃
保存温度	−50 +70℃
工作环境相对湿度	温度 +35℃，相对湿度 95%
振动	6g
冲击	30g
光栅盘刻线数	10800
线条数/周	9000/10800

（三）编码器的应用

编码器除了广泛地应用于数控机床外，还在机器人、雷达、光电经纬仪、地面指挥仪、高精度闭环调速系统、伺服系统等诸多领域中应用。图7-79为其在交流伺服电机中的应用。

交流伺服电机是当前伺服控制中最新技术之一。交流伺服电机的运行需要角度位置传感器，以确定各个时刻转子磁极相对于定子绕组转过的角度，从而控制电机的运行。图7-79（a）所示为某一交流伺服电机外观图。

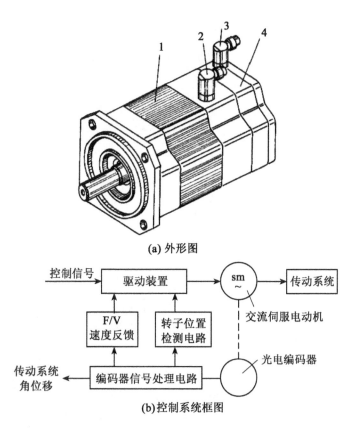

(a) 外形图

(b) 控制系统框图

1—电动机本体　2—三相电源（U、V、W）连接座
3—光电编码器信号输出及电源连接座　4—光电编码器
图7-79　交流伺服电机及控制系统

从图7-79中可以看出，光电编码器在交流伺服电机控制中有三个方面的作用：提供电机定、转子之间相互位置的数据；通过F/V转换电路提供速度反馈信号；提供传动系统角位移信号，作为位置反馈信号。

四、请你做一做

请调查一下市面上所售编码器的类型（如电容编码器、霍尔编码器等），查阅相关资料，写出它们的特点及使用范围。

反思与探讨

1. 某增量式编码器共有 360 个狭缝,能分辨的角度为多少度?
2. 查阅相关资料,说说光电编码器还有哪些方面的应用。

单元八 其他传感器及应用

随着材料科学、信息科学、生命科学等高科技技术的发展，相继出现了激光、生物分子、机器人及各种智能技术为支撑的新型传感器。在本单元中，主要通过传感器的具体应用来讲授光纤传感器、气体传感器、湿度传感器、生物传感器和智能传感器的原理、结构等相应的知识和技能。

任务一 光纤传感器及应用

一、任务描述与分析

光纤最早在光学行业中用于传光和图像，在 20 世纪 70 年代研制出低损耗光纤后，光在通信技术中用于长距离传递信息。光纤除了作为光波的传输媒质外，由于光波在光纤中传播时，表征光波的特征参量（振幅、相位、偏振态、波长等）因外界因素（如温度、压力、磁场、电场和位移等）的作用而间接或直接地发生变化，从而可将光纤作为传感器元件来探测各种待测量（物理量、化学量和生物量）。

下面先介绍两种按光强度调制原理制成的光纤传感器。

图 8-1 所示是一种压力传感器，它是这样工作的：被测力作用于膜片，膜片感受到被

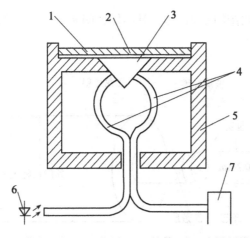

1—膜片 2—光吸收层 3—棱镜 4—光导纤维
5—壳体 6—发光二极管 7—桥式光接收线路
图 8-1 压力传感器

测力向内弯曲,使光纤与膜片间的气隙(约 0.3μm)减小,导致棱镜与光吸收层之间的气隙发生改变。气隙发生改变会引起棱镜界面上全内反射的局部破坏,造成一部分光离开棱镜的上界面,进入吸收层并被吸收,致使反射回接收光纤的光强减小。通过桥式光接收器可检测光纤内反射光强度的改变量,即可换算出被测力的大小。图 8-2 是一种高耐久性非增强式原型封装光纤光栅钢筋计,是采用应变传递隔离技术制作的应变传感器。它没有改变钢筋的力学性能,即对钢筋没有局部增强作用,同时保留了光纤光栅的应变传感特性。该传感器可以准确测量钢筋混凝土结构中钢筋的局部应变,具有成本低、布设方便、性能稳定、耐久性好、精度高等优点,适于钢筋混凝土结构(或类似结构)的长期健康监测。可用于桥梁、建筑、水工等土木工程结构施工、竣工试验和运营监测。

那么,光纤有什么样特性,是怎么工作的呢?

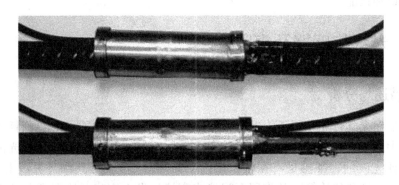

图 8-2　CB-FBG-SG-01 光纤光栅钢筋计

二、相关知识

(一)光纤结构

光纤是一种多层介质结构的圆柱体,其结构如图 8-3 所示,该圆柱体由纤芯、包层和护层组成。

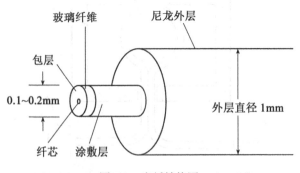

图 8-3　光纤结构图

纤芯材料的主体是二氧化硅或塑料,制成很细的圆柱体,其直径在 5~75μm 内。有时在主体材料中掺入极微量的其他材料如二氧化锗或五氧化二磷等,以便提高光的折射率。围绕纤芯的是一层圆柱形套层即包层，包层可以是单层结构，也可以是多层结构，层数取决于光纤的应用场所，但总直径控制在 100~200μm 范围内。包层材料一般为 SiO_2，也有的掺入极微量的三氧化二硼或四氧化硅，但包层掺杂的目的却是为了降低其对光的折射率。包层外面还要涂上如硅铜或丙烯酸盐等涂料，其作用是保护光纤不受外来的损害，增加光纤的机械强度。光纤最外层是一层塑料保护管，其颜色用以区分光缆中各种不同的光纤。光缆是由多根光纤组成的，并在光纤间填入阻水油膏以保证光缆传光性能。光缆主要用于光纤通信。

(二) 光纤传感器的工作原理

1. 光是怎样在光纤中传输的

根据几何光学理论，当光线以某一较小的入射角 φ_1（光线与法线间的夹角），由折射率（n_1）较大的光密物质射向折射率（n_2）较小的光疏物质（即 $n_1 > n_2$）时，一部分入射光以折射角 φ_2 折射入光疏物质，其余部分以 φ_1 角度反射回光密物质，如图 8-4 (a) 所示。根据光折射定律，光折射和反射之间关系为

$$\frac{\sin\varphi_1}{\sin\varphi_2} = \frac{n_2}{n_1}$$

当光线的入射角 φ_1 增大到某一角度 φ_c 时，透入光疏物质的折射光则折向界面传播（$\varphi_2 = 90°$），称此时的入射角 φ_c 为临界角。那么，由光折射定律得

$$\sin\varphi_c = \frac{n_2}{n_1}$$

由此可知临界角 φ_c 仅与介质的折射率的比值有关。

当入射角 $\varphi_1 > \varphi_c$ 时，光线不会透过其界面，而全部反射到光密物质内部，也就是说光被全反射。根据这个原理，只要使光线射入光纤端面的光与光轴的夹角小于一定值，即当光入射界面的角 θ_1 小于临界角 θ_c 时，光线就射不出光纤的纤芯，如图 8-4 (b) 所示。光线在纤芯和包层的界面上不断地产生全反射而向前传播。光在光纤内经过若干次的全反射，就能从光纤的一端以光速传播到另一端。

实际应用时，如果光纤需要弯曲，但只要满足全反射条件，仍能完成光的传输。周围空中的光虽然能进入光纤，但一般不能满足全反射条件，经过几次反射后能量消耗殆尽，故不能传到另一端。

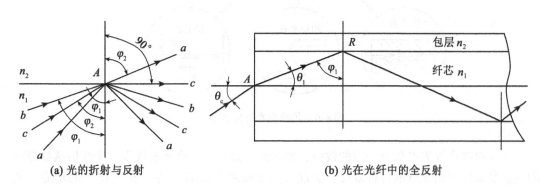

图 8-4 光在光纤中传播的原理

2. 传光型和传感型光纤传感器

光纤传感器的基本工作原理是将来自光源的光经过光纤送入调制器，使待测参数与进入调制区的光相互作用后，导致光的光学性质（如光的强度、波长、频率、相位和偏振态等）发生变化，成为被调制的信号光，再经过光纤送入光探测器，经解调器解调后，获得被测参数。根据工作原理的不同，光纤传感器可以分为传感型和传光型两大类。

① 传光型光纤传感器是指利用其他敏感元件测得的特征量，由光纤进行数据传输，光纤仅作为光信号的传输介质，传感器中的光纤是不连续的，中断的部分要接上其他介质的敏感元件，如图 8-5 所示。它的特点是充分利用现有的传感器，便于推广应用。

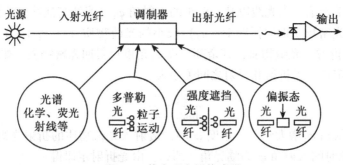

图 8-5 传光型光纤传感器

② 传感型光纤传感器是利用光纤本身的特性随被测量发生变化。例如，将光纤置于声场中，则光纤纤芯的折射率在声场作用下发生变化，将这种折射率的变化作为光纤中光的相位变化检测出来，就可以知道声场的强度。利用外界因素改变光纤中光的特征参量，从而对外界因素进行计量和数据传输，它具有传、感合一的特点，信息的获取和传输都在光纤之中。因此，传感器中的光纤是连续的，如图 8-6 所示。

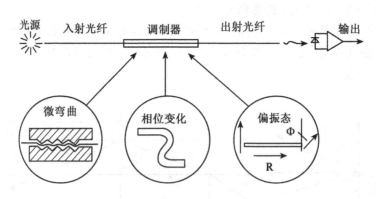

图 8-6 传感型光纤传感器

光纤对许多外界参数有一定的效应，如电流、温度、速度和射线等。光纤传感器原理的核心是如何利用光纤的各种效应，实现对外界被测参数的"传"和"感"的功能。光纤传感器的核心就是光被外界参数的调制原理，调制的原理就能代表光纤传感器的机理。研究光纤传感器的调制器就是研究光在调制区与外界被测参数的相互作用，外界信号可能引起光的特性(强度、波长、频率、相位、偏振态等)变化,从而构成强度、波长、频率、相位和偏振态调制原理。

3. 光纤传感器的调制

利用被测量的因素改变光纤中光的强度,再通过光强的变化来测量外界物理量,称为强度调制。强度调制是光纤传感器使用最早的调制方法,其特点是技术简单、可靠,价格低,可采用多模光纤,光纤的连接器和耦合器均已商品化。光源可采用 LED 和高强度的白炽光等非相干光源。探测器一般用光电二极管、三极管和光电池等。

利用外界因素改变光纤中光的波长或频率,然后通过检测光纤中的波长或频率的变化来测量各种物理量的原理,分别称为波长调制和频率调制。波长调制技术的解调技术比较复杂,对引起光纤或连续损耗增加的某些器件的稳定性不敏感,该调制技术主要用于液体浓度的化学分析、磷光和荧光现象分析、黑体辐射分析等方面。例如,利用热色物质的颜色变化进行波长调制,从而达到测量温度以及其他物理量。频率调制技术主要利用多普勒效应来实现,光纤常采用传光型光纤,当光源发射出的光经过运动物体后,观察者所见到的光波频率相对于原频率发生了变化。根据此原理,可设计出多种测速光纤传感器。如激光多普勒光纤流速测量系统,如图8-7所示。

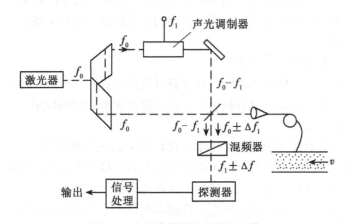

图 8-7 光纤多普勒流速测量系统

设激光光源频率为 f_0,经分束器分成两束光,其中被声光调制器调制成频率为 f_0-f_1 的一束光,射入探测器中;另一束频率为 f_0 的光经光纤射到被测物体流,如血流里的红血球以速度 v 运动时,根据多普勒效应,其反射光的光谱产生频率为 $f_0 \pm \Delta f$ 的光,它与 f_0-f_1 的光在光电探测器中混频后,形成 $f_1 \pm \Delta f$ 的振荡信号,通过测量 Δf,从而换算出血流速度 v。声光调制频率 f_1 一般取 40MHz。在频谱分析仪上,除有 40MHz 的调制频率的一个峰外,还有移动的 Δf 次峰,根据次峰可确定血流等流体的速度。

光纤传感器的调制方法除了上面介绍的外,还有利用外界因素改变光纤中光波的相位,通过检测光波相位变化来测量物理量的相位调制;利用外界因素调制返回信号的基带频谱,通过检测基带的延迟时间、幅度大小的变化来测量各种物理量的大小和空间分布的时分调制;利用电光、磁光、光弹等物理效应进行的偏振调制等调制方法。

4. 光纤传感器的特点及使用场合

光纤传感器具有传统的传感器无法比拟的优点。

（1）抗电磁干扰，电绝缘，耐腐蚀

由于光纤传感器是利用光波传输信息，而光纤又是电绝缘、耐腐蚀的传输媒质，并且安全可靠，这使它可以方便有效地用于各种大型机电，石油化工、矿井等强电磁干扰和易燃易爆等恶劣环境中。

（2）频带宽，且灵敏度高，线性好

光纤传感器的灵敏度优于一般的传感器，如测量水声、加速度、辐射、磁场等物理量的光纤传感器，测量各种气体浓度的光纤化学传感器和测量各种生物量的光纤生物传感器等，光纤传感可进行超高速测量。

（3）传光损耗小，能远距离传输，便于成网

这样，有利于与现有光通信技术组成遥测网和光纤传感网络。

（4）对被测介质影响小

光纤传感器与其他传感器相比具有很多优异的性能，例如，具有抗电磁干扰和原子辐射的性能；径细、质软、重量轻的机械性能；绝缘、无电磁感应的电气性能；耐水、耐高温、耐腐蚀的化学性能等。这些性能对被测介质的影响较小。它能够在人达不到的地方（如高温区），或者对人有害的地区（如核辐射区），起到人的耳目的作用。此外，它还能超越人的生理界限，接收人的感官所感受不到的外界信息。有利于在医药卫生等具有复杂环境的领域中应用。

（5）重量轻，体积小，可弯曲

光纤除具有重量轻、体积小的特点外还有可挠的优点，因此可以利用光纤制成不同外形、不同尺寸的各种传感器，这有利于航空航天以及狭窄空间的应用。

（6）测量对象广泛

光纤传感器是最近几年出现的新技术，可以用来测量多种物理量，比如声场、电场、压力、温度、角速度和加速度等，还可以完成现有测量技术难以完成的测量任务。目前已有性能不同的测量各种物理量、化学量的光纤传感器在现场使用。

光纤传感器的缺点：光纤质地较脆、机械强度低；要求比较好的切断、连接技术；分路、耦合比较麻烦等。

三、请你做一做

请阅读有关光纤的书籍，进一步了解光纤的性能。

反思与探讨

1. 分析光纤传光的原理，想一想，如果光纤弯曲对光的传播有影响吗？
2. 光纤传感器哪些优点是其他传感器无法比拟的？
3. 传光型和传感型光纤传感器结构和工作原理有何不同？任务中的光纤压力传感器和光纤钢筋应变计各属于哪一类？
4. 光纤传感器测量流速的工作原理是怎样的？

任务二 气体传感器及应用

一、任务描述与分析

随着人们对可燃性和有毒性气体所引起灾害的日益重视,迫切要求在有可燃性和有毒性气体的场所设置报警装置。

气体传感器是一种把气体(多数为空气)中的特定成分和浓度检测出来,并将它转换为电信号的器件。气体传感器最早用于可燃性气体泄漏报警,用于防灾,保证生产安全,以后逐渐推广应用到有毒气体的检测、容器或管道的检漏、环境监测(防止公害)、锅炉及汽车的燃烧检测与控制(可以节省燃料,并且可以减少有害气体的排放)、工业过程的检测与自动控制(测量分析生产过程中某一种气体的含量或浓度)。近年来,在医疗、空气净化、家用燃气灶和热水器等方面,气敏传感器得到了普遍的应用。

早在20世纪30年代就已发现氧化亚铜的导电率随水蒸气的吸附而发生改变。其后又发现其他许多金属氧化物(如 ZnO、WO_3、V_2O_5、CdO、Fe_2O_3)也有气敏效应,具有代表性的是 SnO_2 系和 ZnO 系气敏元件。60年代研制成功了 SnO_2 气敏元件。这些金属氧化物都是利用陶瓷工艺制成的具有半导体特性的材料,因此称之为半导体陶瓷,简称半导瓷。

二、相关知识

(一)半导体气敏元件工作机理

气敏半导瓷材料氧化锡(SnO_2)是N型半导体。它的导电机理可以用吸附效应解释。图 8-8 (a) 为烧结体N型半导瓷的模型。这种材料为多晶体,晶粒间有较高电阻,晶粒内部电阻较低。导电通路的等效电路如图 8-8 (b)、(c) 所示。图中 R_n 为颈部等效电阻,R_b 为晶粒的等效体电阻,R_s 为晶粒的等效表面电阻。其中 R_b 的阻值较低,它不受吸附气体影响。R_s 和 R_n 则受吸附气体所控制,且 $R_n \gg R_b$,$R_s \gg R_b$。由于 R_s 被 R_b 所短路,因而图 8-8 (b) 可简化为图 8-8 (c) 只由颈部等效电阻 R_n 串联而成的等效电路。由此可见,半导瓷气敏电阻的阻值将随吸附气体的数量和种类而改变。

这类半导瓷气敏电阻工作时通常都需要加热。器件在加热到稳定状态的情况下,当有气体吸附时,吸附分子首先在表面自由扩散,其间一部分分子蒸发,一部分分子固定在吸附处。此时,如果材料的功函数小于吸附分子的电子亲和力,则吸附分子将从材料夺取电子而变成负离子吸附;如果材料的功函数大于吸附分子的离解能,吸附分子将向材料释放电子而成为正离子吸附。O_2 和氮氧化合物倾向于负离子吸附,称为氧化型气体。H_2、CO 碳氢化合物和酒精类倾向于正离子吸附,称为还原型气体。氧化型气体吸附到N型半导体上,将使载流子减少,从而使材料的电阻率增大。还原型气体吸附到N型半导体上,将使载流子增多,材料电阻率下降。图 8-9 为气体吸附到N型半导体时所产生的器件阻值的变化情况。根据这一特性,可以从阻值变化的情况得知吸附气体的种类和浓度。

SnO_2 气敏半导瓷对许多可燃性气体,如氢、一氧化碳、甲烷、丙烷、乙醇、丙酮等都有较高的灵敏度。掺加 Pd(钯石棉、$PdCl_2$)、Mo(钼粉、钼酸)、Ga 等杂质的 SnO_2 元件可在常温下工作,对烟雾的灵敏度有明显增加,可供制造常温工作的烟雾报警器。

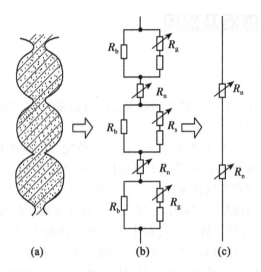

图 8-8 气敏半导瓷吸附效应模型

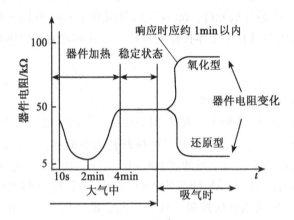

图 8-9 N 型半导体吸附气体时阻值变化

上述半导瓷气敏元件与半导体单晶相比,具有工艺简单、使用方便、价格便宜、对气体浓度变化响应快、在低浓度下灵敏度也很高等优点,故可用于制作多种具有实用价值的气敏元件。其缺点是稳定性差,老化较快,并需要进一步提高其气体识别的能力及稳定性。

半导体气敏器件灵敏度高。在气氛中含有不到千分之一的待测气体时仍能识别。气敏器件中的电阻型传感器最先研制的是 ZnO 薄膜器件。在加热条件下,ZnO 薄膜电阻值会产生足够大的变化,通过简单电路就可以得到足够的输出信号,可供检漏、报警、分析、测量等方面使用。此外,它还具有结构简单、不需要放大、使用方便、价格便宜等优点。

(二) 常用气敏传感器的种类

目前使用较广泛的电阻型气敏器件。按其结构,又可分为烧结型、薄膜型和厚膜型等三种。

1. 烧结型气敏器件

这类器件以金属氧化物 SnO_2 为基体材料,加不同的物质烧结而成。烧结时埋入加热丝和测量电极,并引出两对电极,加特制外壳构成气敏器件。烧结型气敏器件按加热方式不同,又分直热式和旁热式两种。

(1) 直热式 SnO_2 气敏器件

其结构如图 8-10 所示,器件由三部分组成:SnO_2 基体材料、加热丝、测量电极。加热丝和测量电极都埋在 SnO_2 材料内,工作时加热丝通电加热。测量电极用于测量器件电阻值。图 8-10（a）为结构图,图 8-10（b）、(c) 为其电路符号。

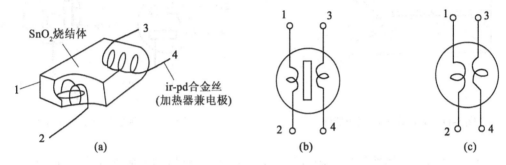

图 8-10　直热式 SnO_2 气敏器件

直热式气敏器件的优点是:制备工艺简单、成本低、功耗小,可以在较高工作电压下使用。

(2) 旁热式 SnO_2 气敏器件

结构如图 8-11 所示。管芯为一个陶瓷管,在管内放入加热丝,管外涂梳状金电极作测量极,在金电极外涂 SnO_2 材料。

这种结构克服了直热式器件的缺点,稳定性、可靠性较直热式器件有较好的改进。

2. 薄膜型 SnO_2 气敏器件

其结构如图 8-12 所示。这类器件一般是在绝缘基板上,蒸发或溅射一层 SnO_2 薄膜,再引出电极而成。薄膜型器件制作方法简便,但特性差别较大,灵敏度不如烧结型器件高。

3. 厚膜器件

为解决器件一致性问题,出现了厚膜型 SnO_2 气敏器件。它是用 SnO_2 和 ZnO 等材料与 3%~15%（重量）的硅凝胶混合制成能印刷的厚膜胶,把厚膜胶用丝网印刷到事先安装有铂电极的 Al_2O_3 基片上,以 400~800℃ 烧结 1h 制成。其结构原理如图 8-13 所示。厚膜工艺制成的元件一致性较好,机械强度高,适于批量生产,是一种有前途的器件。

以上三类气敏元件都附有加热器。实用时,加热器能使附着在探测部分的雾、尘埃等烧掉,同时加速气体的吸附,从而提高了器件的灵敏度和响应速度,一般加热到 200~400℃,具体温度视所掺杂质不同而异。

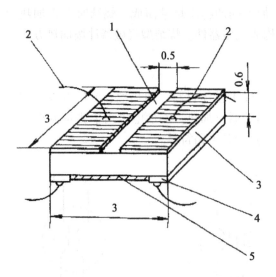

图 8-11 旁热式 SnO_2 气敏器件

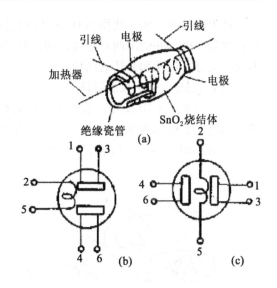

图 8-12 薄膜型 SnO_2 气敏器件

图 8-14 为各种可燃性气体的浓度与 SnO_2 半导瓷传感器的电阻变化率 R/R_0 的关系。对各种气体的相对灵敏度,可以通过不同的烧结条件和添加增感剂在某种程度上进行调整。一般情况下,烧结型 SnO_2 气敏器件在低浓度下灵敏度高,而高浓度下趋于稳定值。这一特点非常适宜检测低浓度微量气体。因此,器件常用于检查可燃性气体的泄漏、定限报警等。目前,检测液化石油气、管道煤气、NH_3 等气体泄漏传感器已付诸实际使用。但是,由于选择性比较差,在应用时还应充分考虑共存其他气体的影响。

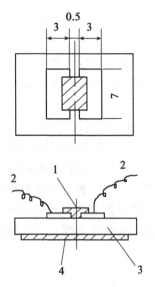

1—厚膜气敏元件　2—电极引线　3—氧化铝基片
4—加热器(印制厚膜电阻)
图 8-13 厚膜型 SnO_2 气敏器件

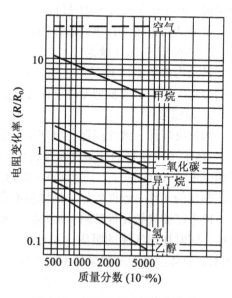

图 8-14 各种可燃性气体的浓度
与传感器电阻变化率的关系

气敏元件较广泛地应用于防灾报警,如可制成液化石油气、天然气、城市煤气、煤矿瓦斯以及有毒气体等方面的报警器,也可用于对大气污染进行监测以及在医疗上用于对 O_2、CO 等气体的测量。生活中则可用于空调机、烹调装置、酒精浓度探测等方面。

(三) 应用实例

1. 矿灯瓦斯报警器

图 8-15 是矿灯瓦斯报警器电器原理图。瓦斯探头由 QM-N5 型气敏元件 RQ 及 4V 矿灯蓄电池等组成。R_P 为瓦斯报警设定电位器。当瓦斯超过某一设定点时,RP 输出信号通过二极管 VD_1 加到 VT_2 基极上,VT_2 导通,VT_3、VT_4 开始工作。VT_3、VT_4 为互补式自激多谐振荡器,它们的工作使继电器 K 吸合与释放,信号灯闪光报警。工作时开关 S_1、S_2 合上。

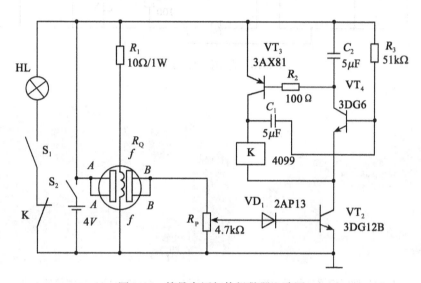

图 8-15 简易家用气体报警器电路图

2. 空气净化的自动换气扇

图 8-16 是利用 SnO_2 直热式气敏器件 TGS109 设计的用于空气净化的自动换气扇电路原理图。当室内空气污浊时,烟雾或其他污染气体使气敏器件阻值下降,晶体管 V 导通,继电器动作接通风扇电源,可实现电扇自动启动,排放污浊气体,换进新鲜空气。当室内污浊气体浓度下降到希望的数值时,气敏器件阻值上升,VT 截止,继电器断开,风扇电源切断,风扇停止工作。

3. 实物介绍

图 8-17 是常见的几种气敏器件的外形图。图 8-18 所示的 CA2000 是一种高可靠、高精度、呼吸式酒精检测仪。它的核心部件采用新型高选择性半导体-氧化物酒精传感器,可以准确探测气体酒精含量,且不受烟味、可乐、咖啡等非酒精类气体的干扰,检测精度为 ±0.01% (0.01BAC) 或 ±0.05mg/liter (0.50 BRAC)。

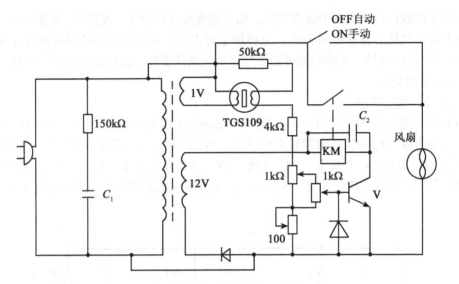

图 8-16 自动换气扇电路图

图 8-17 常见的几种气敏器件的外形图

图 8-18 CA2000 酒精检测仪外形图

三、学着做一做

1. 传感器技术飞速发展，日新月异。学会查阅《传感器手册》，熟悉常用气敏传感性能技术指标及其用途，了解其最新发展状况。

2. 先读懂原理图，然后试制作一个酒精测试仪。

图 8-19 是 TGS-812 型气体传感器的使用原理和结构图。表 8-1 为其主要性能指标。

表 8-1　　　　　　　　　**TGS-812 型气体传感器性能指标**

测量成分	量程 （%ppm）	重现误差 （%FS）	响应时间 （s）	电源电压 （V）	功耗（mW）	
					加热	烧结体
可燃气体	几~几百	<2	<5	5	830	<15

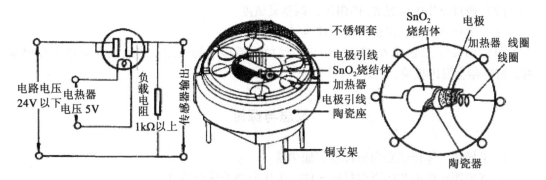

图 8-19　TGS-812 型气体传感器的使用原理和结构图

图 8-20 是选用 TGS-812 型气体传感器设计的酒精测试仪电路。只要被测试者向传感器探头哈一口气，便可显示出醉酒的程度，确定被测试者是否还适宜驾驶车辆。TGS-812 传感器对一氧化碳敏感，常被用来探测汽车尾气的浓度。除此之外，它对酒精也非常敏感，因此，可用来制作酒精测试仪。

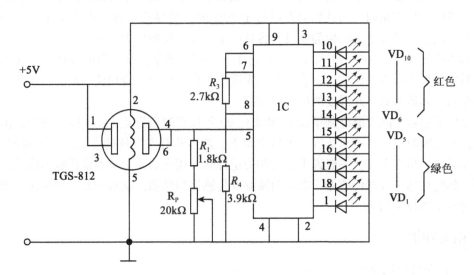

图 8-20　酒精测试仪电路图

该仪器的工作原理是这样的：当气体传感器探头探不到酒精气体时，IC 显示驱动集成电路 5 脚为低电平；当气体传感器探头检测到酒精气体时，其阻值降低，+5V 工作电压通过气体传感器加到 IC 集成电路第 5 脚，第 5 脚电平升高。IC 集成电路共有 10 个输出端，每个端口驱动一个发光二极管，其依此驱动点亮发光二极管。点亮的二极管的数量视第 5 脚输入电平的高低而定。酒精含量越高，气体传感器的阻值就降得越低，第 5 脚电平就越高，点亮二极管的数量就越多。5 个以上发光二极管为红色，表示超过安全水平。5 个以下发光二极管为绿色，表示处于安全水平，酒精的含量不超过 0.05%。

（1）装配该酒精测试仪电路，其中 IC 可选用 NSC 公司的 LM3914 系列 LED 点线显示驱动集成电路，也可以选用 AEG 公司的 V237 系列产品，但引脚排列不相同。

(2) 通过改变电位器 R_P 的阻值,调整灵敏度。
(3) 将该酒精测试仪也可用于其他气体的检测。
(4) 如果将 IC 的第 6 脚信号引出,经放大后接上蜂鸣器,当酒精含量超过 0.05% 时,蜂鸣器会发出报警。

反思与探讨

1. 半导体气体传感器为何都附有加热器?
2. 试说明氧化型和还原型气敏元件的工作原理及输出特性。

任务三 湿度传感器及应用

一、任务描述与分析

随着时代的发展,湿度的检测和控制已成为生产和生活中不可缺少的手段。例如:大规模集成电路生产车间,当其相对湿度低于 30% 时,容易产生静电而影响生产;一些粉尘大的车间,当湿度小而产生静电时,容易产生爆炸;纺织厂为了减少棉纱断头,车间要保持相当高的湿度(60%~75%);一些仓库(如存放烟草、茶叶和中药材等)在湿度过大时易发生变质或霉变现象。在农业上,先进的工厂式育苗、食用菌的培养与生产、水果及蔬菜的保鲜等都离不开湿度的检测与控制。

湿度传感器产品及湿度测量属于 20 世纪 90 年代兴起的行业。在实际使用中,由于湿敏元件直接吸附空气中的水蒸气,容易受尘土、油污及有害气体的影响,使用时间一长,会产生老化,精度下降。一般说来,长期稳定性和使用寿命是影响湿度传感器质量的头等问题。如何使用好湿度传感器,如何判断湿度传感器的性能,这对一般用户来讲,仍是一件较为复杂的技术问题。

二、相关知识

(一)如何标定湿度

湿度是指物质中所含水蒸气的量,目前的湿度传感器多数是测量气体中的水蒸气含量。通常用绝对湿度、相对湿度和露点(或露点温度)来表示。

1. 绝对湿度

绝对湿度是指单位体积的空间含水蒸气的质量,也称为水汽浓度,用 kg/m^3 表示。其表达式为

$$H_d = \frac{m_V}{V} \tag{8-1}$$

式(8-1)中,m_V 为待测空间的水汽质量;V 为待测气体的总体积。

2. 相对湿度

相对湿度为待测气体中水汽分压与相同温度下水的饱和水汽压的比值的百分数。是一个无量纲量,常表示为%,其表达式为

$$f = \frac{P_V}{P_W} \times 100\% \tag{8-2}$$

式中：P_V 为某温度下待测气体的水汽分压；P_W 为与待测气体温度相同时水的饱和水汽压。显然，绝对湿度给出了水分在空间的具体含量，而相对湿度给出了大气的潮湿程度，故后者使用更广泛。

(二) 湿敏传感器的性能指标

湿度传感器是由湿敏元件及转换电路组成的，具有把环境湿度转变为电信号的能力。其中的湿敏元件是指对环境湿度具有响应或转换成相应可测信号的元件，传感器的性能指标有下面几点：

①感湿特性。指其特征量（如电阻值、电容值和频率值等）随湿度变化的关系，常用感湿特征量和相对湿度的关系曲线来表示，如图 8-21 所示。

②湿度量程。指技术规范规定的感湿范围。全量程为 0% ~ 100%。

③灵敏度。指其感湿特征量随环境湿度变化的程度，也是该传感器感湿特性曲线的斜率。由于大多数湿度传感器的感湿特性曲线是非线性的，因此常用不同环境下的感湿特征量之比来表示其灵敏度的大小。

④湿滞特性。指其在吸湿过程和脱湿过程中吸湿与脱湿曲线不重合，而是一个环形线，这一特性就是湿滞特性，如图 8-22 所示。

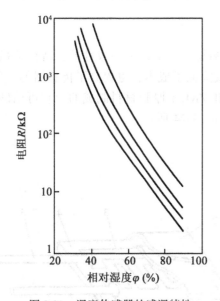
图 8-21 湿度传感器的感湿特性

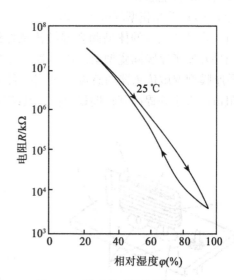
图 8-22 湿度传感器的湿滞特性

⑤响应时间。在一定环境温度下，当相对湿度发生跃变时，湿度传感器的感湿特征量达到稳定变化量的规定比例所需的时间。一般以相应的起始湿度和终止湿度这一变化区间的 90% 的相对湿度变化所需的时间来计算。

⑥感湿温度系数。当环境湿度恒定时，温度每变化 1℃，引起湿度传感器感湿特征量的变化量。

⑦老化特性。指在一定温度、湿度环境下存放一定时间后，其感湿特性将发生变化的特性。

（三）常用湿敏传感器的结构和工作原理

湿度传感器种类繁多，按输出的电学量可分为电阻型、电容型和频率型等；按材料可分为陶瓷式、有机高分子式、半导体式和电解质式等。下面按材料分类分别予以介绍。

1. 金属氧化物陶瓷型传感器

利用金属氧化物陶瓷湿敏元件的表面多孔性吸湿而导电，从而用电阻值变化的特性来制造湿度传感器。较成熟的产品有 $MgCr_2O_4 - TiO_2$ 系、$ZnO - Cr_2O_3$ 系、ZrO_2 系厚膜型、Al_2O_3 薄膜型、$TiO_2 - V_2O_3$ 薄膜型等品种。

（1）$MgCr_2O_4 - TiO_2$ 系烧结型传感器

$MgCr_2O_4 - TiO_2$ 系湿敏元件是一种典型的多孔陶瓷湿度测量器件。由于它具有灵敏度高、响应特性好、测湿范围宽和高温清洗后性能稳定等优点，目前已商品化，并得到广泛应用。结构如图 8-23 所示。

感湿材料以 $MgCr_2O_4$ 为基础材料，加入一定比例的 TiO_2（20% ~35% mol/L），压制成 $4mm \times 4mm \times 0.5mm$ 的薄片，在 1300℃ 左右烧成，在感湿片两面涂布氧化钌（R_uO_2）多孔电极，并于 800℃ 下烧结。为了减少测量误差，在陶瓷片的外围设置由镍铬丝制成的加热线圈，以便对器件加热清洗，排除恶劣气体对器件的污染。

陶瓷湿度传感器在使用前，应先加热约 1min 左右，以消除由油污及各种有机蒸汽等污染所引起的性能恶化。

（2）ZrO_2 系厚膜型湿敏传感器

由于烧结法制成的体型陶瓷湿敏传感器结构复杂、工艺上一致性差、特性分散，近来，国外开发了厚膜陶瓷型湿敏传感器，这不仅降低了成本，也提高了传感器的一致性。ZrO_2 系厚膜型湿敏传感器的感湿层是用一种多孔 ZrO_2 系厚膜材料制成的，它可用碱金属调节阻值的大小并提高其长期稳定性。其结构如图 8-24 所示。

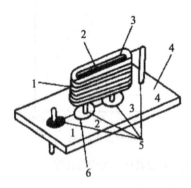

1—镍铬丝加热清洗线圈　2—氧化钌电极
3—$MgCr_2O_4$-TiO_2 感湿陶瓷　4—陶瓷基片
5—杜类丝引出线　6—金短路环

图 8-23　烧结型湿敏电阻传感器结构

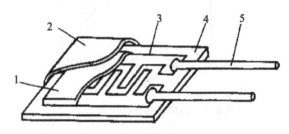

1—电极引线　2—印制的 ZrO_2 感湿层（厚为几十微米）
3—瓷衬底　4—由多孔高分子膜制成的防尘过滤膜
5—用丝网印刷法印制的 Au 梳状电极

图 8-24　厚膜型湿敏电阻传感器结构

2. 有机高分子湿敏传感器

有机高分子湿敏传感器常用的有高分子电阻式湿敏传感器、高分子电容式湿敏传感器等。

(1) 高分子电阻式湿敏传感器

这种湿敏传感器的工作原理是由于水吸附在有极性基的高分子膜上，在低湿度下，因吸附量少，不能产生荷电离子，所以电阻值较高。当相对湿度增加时，吸附量增加，大量的吸附水就成为导电通道，高分子电解质的正负离子对主要起载流子作用，这就使高分子湿度湿敏元件的电阻值下降。

(2) 高分子电容式湿敏传感器

这种湿敏传感器的结构见图8-25。它是在绝缘衬底上制作一对平板金电极，然后在上面涂敷一层均匀的高分子感湿膜作电介质，在表层以镀膜的方法制作多孔浮置电极（金膜电极），形成串联电容。水分子可通过两端的电极被高分子薄膜吸附或释放。随着这种水分子吸附或释放，高分子薄膜的介电系数将发生相应的变化。因为介电系数随空气中的相对湿度变化而变化，所以只要测定电容 C 就可测得相对湿度。传感器的电容值可由下式确定：

$$C = \frac{\varepsilon S}{d}$$

式中：ε—高分子薄膜的介电常数；
　　　d—高分子薄膜的厚度；
　　　S—电极的面积。

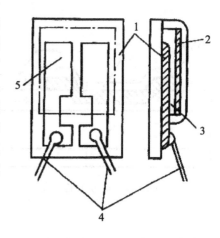

1—微晶玻璃衬底　2—多孔浮置电极
3—敏感膜　4—引线　5—下电极
图8-25　高分子电容式湿度传感器的结构

由于高分子介质的介电常数（3~6）远小于水的介电常数（81），所以介质中水的成分对总介电常数的影响比较大，使元件对湿度有较好反应。目前，大多采用醋酸丁酸纤维素做为高分子薄膜的材料，这种材料制成的薄膜吸附水分子后，不会使水分子之间相互作用，尤其在采用多孔金电极时，可使传感器具有响应速度快、无湿滞等特点。

3. 半导体型湿敏传感器

此类器件品种也很多，现以硅 MOS 型 Al_2O_3 湿敏元件为例说明其结构与工艺，如图8-26所示。传统的 Al_2O_3 湿敏元件的缺点是气孔形状大小不一，分布不匀，所以一致性差，存在湿滞大、易老化、性能漂移等缺点。硅 MOS 型 Al_2O_3 湿度传感器是在 Si 单晶上制成 MOS 晶体管，其栅极用热氧化法生长厚80nm 的 SiO_2 膜，然后在此膜上用蒸发的方法制得多孔 SiO_2 膜，再在表面镀上多孔金膜而制成。这种器件具有响应速度快、化学稳定性好及耐高低温冲击等特点。

4. 电解质式湿敏传感器

氯化锂湿敏电阻是利用吸湿性盐类潮解，离子导电率发生变化而制成的测湿元件。它的结构是在条状绝缘基片的两面，用化学沉积或真空蒸镀的方法作上电极，再沉渍一定配方的氯化锂-聚乙烯醇混合溶液，经一定时间的老化处理，即可制成湿敏电阻传感元件。

氯化锂湿敏电阻的结构如图8-27所示。它是在聚碳酸酶基片（绝缘基板）上制成一对梳状金电极，然后浸涂溶于聚乙烯醇的氯化锂胶状溶液，其表面再涂上一层多孔性保护膜——感湿膜而成。铂电极采用压制方法与绝缘基板密切接合成一体，然后由焊接的引线引出。

氯化锂湿敏电阻具有滞后小、受测试环境风速的影响小等优点。其缺点是测湿范围小，受温度的影响较大，不能在露点以下使用。近几年来经不断改进，其在性能上有较大的提高。

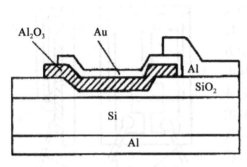

图8-26 高分子电容式

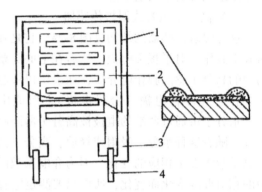

1—感湿膜 2—铂电极 3—绝缘基板 4—引线
图8-27 氯化锂湿敏电阻的结构

三、相关技能

1. 使用传感器时要注意的问题

（1）精度和长期稳定性

通常产品资料中给出的特性是在常温（20℃±10℃）和洁净的气体中测量的。在实际使用中，由于尘土、油污及有害气体的影响，使用时间一长，会产生老化，精度下降。湿度传感器的精度水平要结合其长期稳定性来判断。一般说来，长期稳定性和使用寿命是影响湿度传感器质量的头等问题。

（2）湿度传感器的温度系数

湿敏元件除对环境湿度敏感外，对温度亦十分敏感，其温度系数一般在0.2%～0.8%RH/℃范围内，而且有的湿敏元件在不同的相对湿度下，其温度系数又有差别。温漂非线性需要在电路上加温度补偿式。采用单片机软件补偿，或无温度补偿的湿度传感器是保证不了全温范围的精度的，湿度传感器温漂曲线的线性化直接影响到补偿的效果，非线性的温漂往往补偿不出较好的效果，只有采用硬件温度跟随性补偿才会获得真实的补偿效果。湿度传感器工作的温度范围也是重要参数。

（3）湿度传感器的供电

金属氧化物陶瓷、高分子聚合物和氯化锂等湿敏材料施加直流电压时，会导致性能变化，甚至失效，所以这类湿度传感器不能用直流电压或有直流成分的交流电压。必须是交流电供电。

(4) 互换性

目前，湿度传感器普遍存在着互换性差的现象，同一型号的传感器不能互换，严重影响了使用效果，给维修、调试增加了困难。有些厂家在这方面作出了种种努力（但互换性仍很差），取得了较好效果。

2. 对湿度传感器性能作初步判断的几种简单方法

在湿度传感器实际标定困难的情况下，可以通过一些简便的方法进行湿度传感器性能判断与检查。

①同一类型、同一厂家的湿度传感器产品最好一次购买两支以上，越多越说明问题。放在一起通电比较检测输出值，在相对稳定的条件下，观察测试的一致性。若进一步检测，可在24h内间隔一段时间记录，一天内一般都有高、中、低3种湿度和温度情况，可以较全面地观察产品的一致性和稳定性，包括温度补偿特性。

②用嘴呵气或利用其他加湿手段对传感器加湿，观察其灵敏度、重复性、升湿脱湿性能，以及分辨率，产品的最高量程等。

③对产品作开盒和关盒两种情况的测试。比较是否一致，观察其热效应情况。

④对产品在高温状态和低温状态（根据说明书标准）进行测试，并恢复到正常状态下检测，和实验前的记录作比较，考查产品的温度适应性，并观察产品的一致性情况。

产品的性能最终要依据质检部门正规完备的检测手段。利用饱和盐溶液作标定，也可使用名牌产品作比对检测。产品只有进行长期使用过程中的长期标定，才能较全面地判断湿度传感器的质量。

3. 实例分析

图 8-28 所示为汽车后窗玻璃自动去湿装置。图中 R_L 为嵌入玻璃的加热电阻，R_H 为设置在后窗玻璃上的湿度传感器。由 VT_1 和 VT_2 半导体管接成施密特触发电路，在 VT_1 的

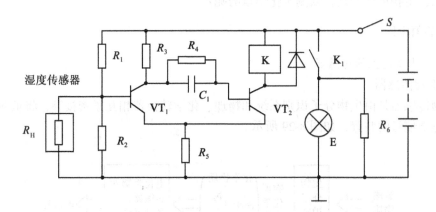

图 8-28　汽车玻璃自动去湿装置电路图

基极接有由 R_1、R_2 和湿度传感器电阻组成的偏置电路。在常温常湿条件下，湿度传感器电阻的阻值较大，VT_1 处于导通状态，VT_2 处于截止状态，继电器 K 不工作，加热电阻无电流流过。当室内外温差较大且湿度过大时，湿度传感器的阻值减小，使 VT_1 处于截止状态，VT_2 翻转为导通状态，继电器 K 工作，其常开触点 K_1 闭合，加热电阻开始加热，后

窗玻璃上的潮气被驱散。

四、请你做一做

自己归纳一下本任务的内容，并与同组同学交流。

反思与探讨

1. 简述相对湿度和绝对湿度的含义是什么？
2. 湿度传感器的性能指标主要有哪些？
3. 简述高分子电容式湿敏传感器的工作原理。

任务四　生物传感器及应用

一、任务描述与分析

进入20世纪80年代后，生物传感器的研究和开发呈现出突飞猛进的发展局面。由于生物传感器具有选择性好、测定速度快、灵敏度高等优点，它已在临床检验、生物医学的研究和环境保护的监测等领域得到较多应用。

例如，测定血糖的含量对准确诊断和治疗糖尿病和各种代谢紊乱都是不可缺少的项目。正常人血糖含量约为5mmol/L，病态的数值可高达50mmol/L，尿糖正常值约为1mmol/L，但对大多数葡萄糖的化验都存在严重的干扰。利用酶的特异性和电化学技术的灵敏性组装成的葡萄糖传感器能较准确地测定葡萄糖的含量。

那么，生物传感器是怎么测量化学量的呢？

二、相关知识

（一）什么是生物传感器

1. 生物传感器

生物传感器是由生物分子识别系统和物理、化学转换器相互紧密接触，将被测物的量转变成电学信号的装置，如图8-29所示。

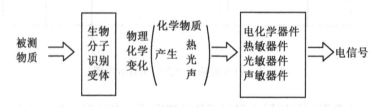

图8-29　生物传感器组成示意图

生物分子识别系统的受体是一些从细胞或组织分离出来的生物大分子（酶、抗体/抗原或受体）、整个细胞（细菌、酵母细胞）和组织。这些生物物质具有特殊的性能，能精确地识别特定的原子和分子。主要功能是为传感器测定被测物提供极高的选择性。主要生物物质和信号方式。表8-2列出了具有分子识别能力的主要生物物质。

表8-2　　　　　　　　　　具有分子识别能力的主要生物物质

生物物质	被识别的分子	生物物质	被识别的分子
酶	底物，底物类似物，抑制剂，辅酶	植物凝血素	多糖链，具有多糖的分子或细胞
抗体	抗原，抗原类似物	激素受体	激素
结合蛋白质	维生素A等		

生物传感器一般是在基础传感器上再耦合一个生物敏感膜，生物敏感物质附着于膜上或包含于膜之中，溶液中被测定的物质，经扩散作用进入生物敏感膜层，经分子识别，发生生物学反应，其所产生的信息可通过相应的物理、化学换能器转变成可定量和可显示的电信号，从而可知道被测物质的浓度。

2. 生物传感器的类型

通过不同的感受器与转换器的组合，可以开发出多种生物传感器。

(1) 根据生物活性物质分类

生物传感器中分子识别系统中所用的生物活性物质有酶、微生物、动植物组织、细胞器、抗原/抗体等。根据所用的生物活性物质可将生物传感器分为酶传感器、微生物传感器、组织传感器、细胞器传感器、免疫传感器等。

(2) 根据信号转换器分类

生物传感器所用的信号转换器，有电化学电极、离子敏场效应管、热敏电阻、光电转换装置等。据此可将生物传感器分为电化学生物传感器、半导体生物传感器、测热型生物传感器、测光型生物传感器、压电生物传感器等。

(二) 生物传感器的工作原理及结构

1. 酶传感器

酶是一类有催化活性的蛋白质。酶传感器的基本原理是用电化学装置检测酶在催化反应中生成或消耗的物质（电极活性物质），将其变换成电信号输出。这种信号变换通常有两种方式，即电位法与电流法。电位法是通过不同离子生成在不同感受体上，从测得的膜电位去计算与酶反应的有关的各种离子的浓度。一般采用 NH_4^+ 电极（NH_3 电极）、H^+ 电极、CO_2 电极等。电流法是从与酶反应有关的物质的电极反应，得到电流值来计算被测物质的方法。其电化学装置采用的电极是 O_2 电极、燃料电池型电极和 H_2O_2 电极等。如前所述，酶传感器是由固定化酶和基础电极组成的。酶电极的设计主要考虑酶催化反应过程产生或消耗的电极活性物质，如果一个酶催化反应是耗氧过程，就可以使用 O_2 电极或 H_2O_2 电极；若酶反应过程产生酸，即可使用 pH 电极。

固定化酶传感器是由 Pt 阳极和 Ag 阴极组成的极谱 H_2O_2 记录式电极与固定化酶膜构成的。它是通过电化学装置测定由酶反应生成或消耗的离子，由此通过电化学方法测定电极活性物质的数量，从而测定被测成分的浓度。

葡萄糖是典型的单糖类，是一切生物的能源。现已研究出对葡萄糖氧化反应起一种特异催化作用的酶——葡萄糖氧化酶（GOD），并研究出用它来测定葡萄糖浓度的葡萄糖传感器（见图8-30），用于对糖尿病患者做血液和尿中葡萄糖浓度的临床检查。根据葡萄糖氧化酶催化反应：

$$\beta\text{-D-}葡萄糖 + O_2 \xrightarrow{GOD} H_2O_2 + 葡萄糖酸内酯$$

可通过阴极还原消耗的 O_2，或通过阳极氧化产生的 H_2O_2，测定葡萄糖的含量，如图8-30所示。

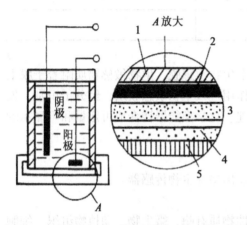

1—Pt 阳极　2—聚四氟乙烯膜　3—固相酶膜
4—半透膜多孔层　5—半透膜致密层
图 8-30　葡萄糖传感器组成示意图

葡萄糖在 GOD 参加下被氧化，在反应过程中所消耗的氧随葡萄糖量的变化而变化。通常，对葡萄糖浓度的测试方法有两种：一是测量氧的消耗量。即将葡萄糖氧化酶（GOD）固定化膜与 O_2 电极组合。葡萄糖在酶电极参加下，反应生成 O_2，由隔离型 O_2 电极测定。这种 O_2 电极是将 Pt 阳极与 Ag 阴极浸入浓碱溶液中构成电池。阴极表面用氧穿透膜覆盖，溶液中的氧穿过膜到达 Ag 电极上，此时有被还原的阴极电流流过，其电流值与含氧浓度成比例。二是测量生成量 H_2O_2 的葡萄糖传感器。这种传感器由测量 H_2O_2 电极与 GOD 固定化膜相结合而组成。葡萄糖和缓冲液中的氧与固定化葡萄糖酶进行反应，反应槽内装满 pH 为 7.0 的磷酸缓冲液，用 Pt-Ag 构成的固体电极，用固定化 GOD 膜密封，在 Ag 阴极和 Pt 阳极间加上 0.64V 的电压，缓冲液中有空气中的 O_2。在这种条件下，一旦在反应槽内注入血液，血液中的高分子物质如抗坏血酸、胆红素、血红素及血细胞类被固定化膜除去，仅仅是血液中的葡萄糖和缓冲液中的 O_2 与固定化葡萄糖氧化酶进行反应，在反应槽内生成 H_2O_2，并不断扩散到达电极表面，在阳极生成 O_2 和反应电流；在阴极，O_2 被还原生成 H_2O。因此，在电极表面发生的全部反应是 H_2O_2 分解，生成 H_2O 和 O_2，这时有反应电流流过。因为反应电流与生成的 H_2O_2 浓度成比例，因而在实际测量中便可换算成葡萄糖浓度。

2. 微生物传感器

有些酶是从微生物细胞中提取的，不仅酶的成本高，而且在精制过程中容易使酶活性降低甚至失活。微生物传感器是直接使用微生物细胞作为分子识别元件与相应的电极组成生物传感器，这样做免去了酶的分离和提纯的工艺。微生物传感器除可补充或代替某些固定化酶传感器外，还具有利用复合酶系统、辅酶以及微生物全部生理功能的优点。

微生物传感器是由固定化微生物膜及电化学装置组成的，如图8-31所示。微生物膜的固定化法与酶的固定方式相同。

由于微生物有好氧性与厌氧性之分，所以传感器也根据这一特性而有所区别。好氧性微生物传感器是因为好氧性微生物生活在含氧条件下，在微生物生长过程中离不开 O_2，

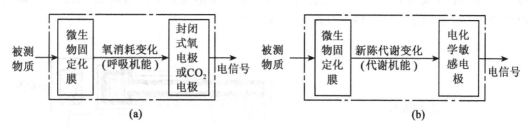

图 8-31 微生物传感器基本结构

因而可根据呼吸活性控制 O_2 含量得知其生理状态。把好氧性微生物放在纤维性蛋白质中固化处理，然后把固定化膜附着在封闭式 O_2 极的透氧膜上，做成好氧性微生物传感器。把它放入含有有机物的被测试液中，有机物向固定化膜内扩散而被微生物摄取（称为资化）。微生物在摄取有机物时呼吸旺盛，氧消耗量增加。余下部分氧穿过透氧膜到达 O_2 极转变为扩散电流。当有机物的固定化膜内扩散的氧量和微生物摄取有机物消耗的氧量达到平衡时，到达 O_2 极的氧量稳定下来，得到相应的状态电流值。该稳态电流值与有机物浓度有关，可对有机物进行定量测试。

对于厌氧性微生物，由于 O_2 的存在妨碍微生物的生长，可由其生成的 CO_2 或代谢产物得知其生理状态。因此，可利用 CO_2 电极或离子选择电极测定代谢产物。

由于微生物传感器稳定性好，因此广泛用于工业生产和环境监测中。

3. 免疫传感器

从生理学知，抗原是能够刺激动物机体产生免疫反应的物质，抗原有两种性能：刺激机体产生免疫应答反应，与相应免疫反应产物发生特异性结合反应。抗原一旦被淋巴球响应就形成抗体。而微生物病毒等也是抗原。抗体是由抗原刺激机体产生的具有特异免疫功能的球蛋白，又称免疫球蛋白。

免疫传感器是利用抗体对抗原结合功能研制成功的，如图 8-32 所示。抗原与抗体一经固定于膜上，就形成具有识别免疫反应强烈的分子功能性膜。图中 2、3 两室间有固定化抗原膜，1、3 两室间没有固定化抗原膜。1、2 室注入 0.9% 生理盐水，当 3 室内导入食盐水时，1、2 室内电极间无电位差。若 3 室内注入含有抗体的盐水，由于抗体和固定化抗原膜上的抗原相结合，使膜表面吸附了特异的抗体，而抗体是有电荷的蛋白质，从而使固定化抗原膜带电状态发生变化，于是 1、2 室内的电极间就有电位差产生。电位差信号放大后即可检测超微量的抗体。

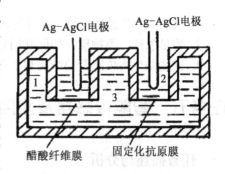

图 8-32 免疫传感器结构原理

4. 半导体生物传感器

半导体生物传感器是由半导体传感器与生物分子功能膜、识别器件组成的。通常用的半导体器件是酶光敏二极管和酶场效应晶体管（FET），如图 8-33 和图 8-34 所示。因此，半导体生物传感器又称生物场效应晶体管（BiFET）。最初是将酶和抗体物质（抗原或抗体）加以固定制成功能膜，并把它紧贴于 FET 的栅极绝缘膜上，构成 BiFET，现已研制出酶 FET、尿素 FET、抗体 FET 及青霉素 FET 等。

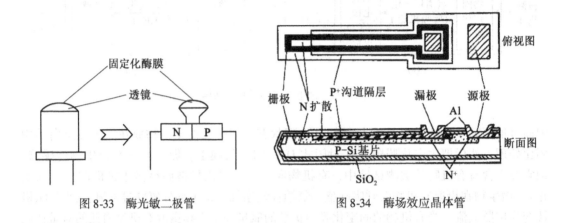

图 8-33 酶光敏二极管　　　　　图 8-34 酶场效应晶体管

三、请你做一做

到一所大型医院化验室做一次调研，看哪些检查设备用到了生物传感器，并了解它们的性能指标及使用方法。

反思与探讨

1. 试述生物传感器结构、工作原理和分类。
2. 酶是怎样一类物质，如何利用它的性质设计制作生物传感器？
3. 试述微生物传感器的结构和工作原理。

任务五　智能传感器及应用

一、任务描述与分析

智能传感器是 21 世纪最具代表性的高新科技成果之一。近年来，随着计算机及微处理技术的不断发展，在很多应用领域，已将微处理器技术引入到传感器，使传感器能够实现很多过去所不能完成的功能，从而造就了新一代传感器——智能传感器。

首先看一个智能传感器的例子，图 8-35 所示为智能红外测温仪原理框图。红外传感器将被检测目标的温度转换为电信号，经 A/D 转换后输入单片机，同时温度传感器将环境温度转换为电信号，经 A/D 转换后输入单片机，单片机中存放有红外传感器的非线性校正数据。红外传感器检测的数据经单片机计算处理，消除非线性误差后，可获得被测目标的温度特性与环境温度的关系供记录或显示，且可存储备用。可见，智能传感器不仅能在物理层面上检测信号，而且在逻辑层面上可以对信号进行分析、处理、存储和通信，相当于具备了人类的记忆、分析、思考和交流的能力，即具备了人类的智能，所以称为智能传感器。

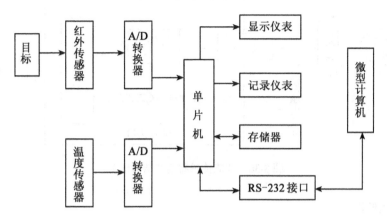

图 8-35 智能红外测温仪原理框图

二、相关知识

（一）智能传感器的层次结构

我们知道，人类的智能是基于即时获得的信息和原先掌握的知识。人类能辨识目标是否正常，能预测灾难，能知道环境是否安全和舒适，能探测或辨别复杂的气味和食品的味道，这些都是人类利用眼睛、鼻子、耳朵、皮肤等获得的多重状态的传感信息与人类积累的知识相结合而归纳的结果。所以说，人类的智能是实现了多重传感信息的融合并且把它与人类积累的知识结合起来而作出的归纳和综合。与人类智能对外界反应的构成原理相似，智能传感器也应该由多重传感器或不同类型传感器从外部目标以分布和并行的方式收集信息，通过信号处理过程把多重传感器的输出或不同类型传感器的输出结合起来或集成在一起，实现传感器信号融合或集成；最后根据拥有的关于被测目标的有关知识，进行最高级的智能信息处理，将信息转换为知识供使用。理想智能传感器的层次结构应是三层：

（1）底层，实现被测信号的收集。

（2）中间层，将收集到的信号融合或集成，实现信息处理。

（3）顶层，中央集中抽象过程，实现融合或集成后的信息的知识处理。

具体地说，智能传感器通常是装在同一壳体内，既有传感元件，又有微处理器和信号处理电路，输出方式常采用 RS-232 或 RS-422 等串行输出，或采用 IEEE-288 标准总线并行输出。因此可以说，智能传感器就是一个最小的微机系统，其中作为控制核心的微处理器通常采用单片机，其基本结构框图如图 8-36 所示。

（二）智能传感器的功能及特点

1. 智能传感器的功能

比传统传感器在功能上有了极大的提高，主要表现在以下几个方面：

①具有自补偿功能。可通过软件对传感器的非线性、温度漂移、响应时间、噪声等进行自动补偿。

②具有自校准功能。操作者输入零值或某一标准量值后，自校准程序可以自动地对传

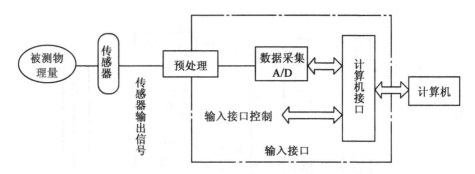

图 8-36 智能传感器基本结构框图

感器进行在线校准。

③具有自诊断功能。接通电源后,检查传感器各部分是否正常,并可诊断发生故障的部件。

④具有自动数据处理功能。可根据智能传感器内部程序,自动进行数据采集和预处理(如统计处理、剔除坏值等)。

⑤具有组态功能。可实现多传感器、多参数的复合测量,扩大了检测与使用范围。

⑥具有双向通信和数字输出功能。微处理器不但能接收、处理传感器的数据,而且还可将信息反馈至传感器,实现对测量过程的调节与控制,而标准化数字输出可方便地与计算机或接口总线相连。这是智能传感器关键的标志之一。

⑦具有信息存储与记忆功能。可存储已有的各种信息,如校正数据、工作日期等。

⑧具有分析、判断、自适应、自学习的功能。可以完成图像识别、特征检测、多维检测等复杂任务。

智能传感器除了能检测物理、化学量的变化之外,还具有测量信号调理(如滤波、放大、A/D 转换等)、数据处理以及数据输出等能力,它几乎包括了仪器仪表的全部功能。可见,智能传感器的功能已经延伸到仪器的领域。

2. 智能传感器的特点

与传统传感器相比,智能传感器有如下特点。

(1) 精度高

智能传感器可通过自动校零去除零点;与标准参考基准实时对比以自动进行整体系统标定;自动进行整体系统的非线性等系统误差的校正;通过对采集的大量数据的统计处理以消除偶然误差的影响等,保证了智能传感器有较高的精度。

(2) 可靠性与高稳定性强

智能传感器能自动补偿因工作条件与环境参数发生变化引起的系统特性的漂移,如:温度变化而产生的零点和灵敏度的漂移;当被测参数变化后能自动改换量程;能实时自动进行系统的自我检验,分析、判断所采集到的数据的合理性,并给出异常情况的应急处理(报警或故障提示)。因此,有多项功能保证了智能传感器具有很高的可靠性与稳定性。

(3) 高信噪比与高分辨率

由于智能传感器具有数据存储、记忆与信息处理功能,通过软件进行数字滤波、数据分析等处理，可以去除输入数据中的噪声，从而将有用信号提取出来；通过数据融合、神经网络技术，可以消除多参数状态下交叉灵敏度的影响，从而保证在多参数状态下对特定参数测量的分辨能力，故智能传感器具有很高的信噪比与分辨率。

（4）自适应性强

由于智能传感器具有判断、分析与处理功能，它能根据系统工作情况决策各部分的供电情况，优化与上位计算机的数据传送速率，并保证系统工作在最优低功耗状态。

（5）性能价格比高

智能传感器所具有的上述高性能，不是像传统传感器技术那样追求传感器本身的完善，对传感器的各个环节进行精心设计与调试来获得，而是通过与微处理器/微计算机相结合，采用低价的集成电路工艺和芯片以及强大的软件来实现，所以具有较高的性能价格比。

（三）智能传感器的实现途径

实现传感器智能化，需要让传感器具备理想智能传感器的层次结构，让传感器具记忆、分析和思考能力。就目前发展状况看，有三条不同的途径可以实现这几个要求。

1. 利用计算机合成（智能合成）

利用计算机合成的途径即智能合成是最常见的，前面所述的智能红外测温仪就是它的一个例子。其结构形式通常表现为传感器与微处理器的结合，利用模拟电路、数字电路和传感器网络实现实时并行操作，采用优化、简化的特性提取方法进行信息处理。即使在设计完成后，还可以通过重新编制程序改变算法，来改变其性能和使用，使其具有多功能适应性。这种智能传感器称为计算型智能传感器。

2. 利用特殊功能的材料（智能材料）

利用特殊功能的材料的途径，其结构形式表现为传感器与特殊功能的材料的结合，以增强检测输出信号的选择性。其工作原理是用具有特殊功能的材料（也叫做智能材料）来对传感器检测输出的模拟信号进行辨别，仅仅选择出有用的信号输出，对噪声或非期望效应则通过特殊功能进行抑制。

实际采用的结构是把传感器材料和特殊功能的材料组合在一起，做成一个智能传感功能件。特殊功能的材料与传感器材料的合成可以实现几乎是理想的信号选择性。比如固定在生物传感器顶端的酶就是特殊功能材料的一个典型例子。

3. 利用功能化几何结构（智能结构）

功能化几何结构的途径是将传感器做成某种特殊的几何结构或机械结构，对传感器检测的信号的处理通过传感器的几何结构或机械结构来实现。信号处理通常为信号辨别，即仅仅选择有用的信号，对噪声或非期望效应则通过特殊几何、机械结构抑制。这样就增强了传感器检测输出信号的选择性。

例如，光波和声波从一种媒质到另一种媒质的折射和反射传播，可通过不同媒质之间表面的特殊形状来控制。凸透镜或凹透镜是最简单的不同媒质间表面折射和反射的应用例子。只有来自目标空间某一定点的发射光才能被投射在图像空间的一个定点上；而影响该空间点发射光投射结果的其他点的散射光投射效应可由凸透镜或凹透镜在图像平面滤除。用于这些信号处理的特殊的几何结构或机械结构是相对简单、可靠的，而且进行信号处理是与传感器检测信号完全并行的，使得处理时间非常短。但信号处理的算法通常不可编制程序，一旦几何结构或机械结构装配完成，很难再修改，功能单一。

（四）计算型智能传感器

1. 计算型智能传感器构成方式

计算型智能传感器的应用最为常见，其底层、中间层和顶层分别由基本传感器、信号处理电路和微处理器构成。它们可以集成在一起形成一个整体，然后封装在一个壳体内，称为集成化方式；也可以互相远离，分开放置在不同的位置或区域，称为非集成化方式。集成为一个组件的结构使用很方便；互相远离分开放置的结构在测量现场环境条件比较恶劣的情况下，便于远程控制和操作。另外还有介于两种方式之间的混合集成化方式。构成情况如下：

（1）非集成化方式

非集成化智能传感器是将传统传感器、信号调理电路、带数字总线接口的微处理器组合为一整体而构成的一个智能传感器系统，其框图如图8-37所示。信号调理电路是用来调理传感器输出信号的，即将传感器输出信号进行放大并转换为数字信号后送入微处理器，再由微处理器通过数字总线接口挂接在现场数字总线上。这是一种实现智能传感器系统的最快途径与方式，目前国内外已有不少此类产品。

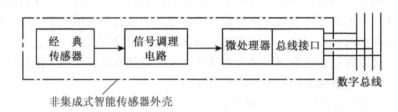

图8-37 非集成化智能传感器框图

（2）集成化方式

这种智能传感器系统是采用微机械加工技术和大规模集成电路工艺技术，利用半导体材料硅作为基本材料来制作敏感元件，将信号调理电路、微处理器单元等集成在一块芯片上构成的，故又可称为集成智能传感器。

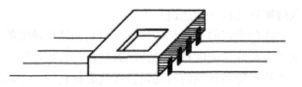

图8-38 集成智能传感器外形示意图

其外形如图8-38所示。此类智能传感器需由集成电路生产厂家生产。目前，国外已有不少厂家推出多种集成化智能传感器，如单片智能压力传感器和智能温度传感器等。

（3）混合集成方式

混合实现是指根据需要与可能，将系统各个集成化环节，如敏感单元、信号调理电路、微处理器单元、数字总线接口等，以不同的组合方式集成在两块或三块芯片上，并装在一个外壳里，图8-39所示为混合实现的几种方式。在图8-39（a）中，是三块集成化芯片封装在一个外壳里。在图8-39（b）、（c）、（d）中，是两块集成化芯片封装在一个外壳里。图8-39（a）、（c）中的（智能）信号调理电路，具有部分智能化功能，如自校零、自动进行温度补偿等，因为这种电路带有零点校正电路和温度补偿电路。

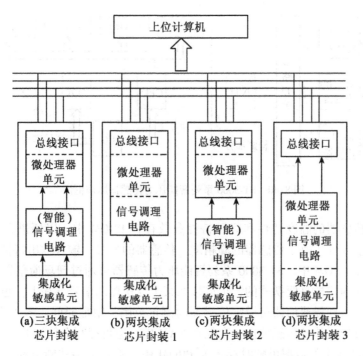

图 8-39 在一个封装中可能的混合集成实现方式

2. 集成智能传感器实例

智能传感器可以输出数字信号，带有标准接口，能接到标准总线上，因此在工业上有广泛的用途。人们把应用于工业现场能输出标准信号的传感器称为变送器。它一般包括传感器和信号变换及输出部分。变送器的最后输出是 4～20mA 电流或 0～10V 电压的标准信号。由于智能传感器具有标准接口和通信功能，因此它和变送器的界限将逐渐消失。在工业上，又有人把智能传感器称为智能变送器。

(1) ST-3000 系列智能压力传感器

霍尼韦尔（Honeywell）ST-3000 系列智能压力传感器是美国霍尼韦尔公司 20 世纪 80 年代研制的产品，是最早实现商品化的智能传感器，属于集成智能传感器系统的中级形式。

ST-3000 系列智能压力传感器由检测和变送两部分组成（见图 8-40）。被测的力或压力通过隔离的膜片作用于扩散电阻上，引起阻值变化。扩散电阻接在惠斯通电桥中，电桥的输出代表被测压力的大小。在硅片上制成两个辅助传感器，分别检测静压力和温度。由于采用接近于理想弹性体的单晶硅材料，传感器的长期稳定性很好。在同一个芯片上检测的差压、静压和温度三个信号，经多路开关分时地接到 A/D 转换器中进行 A/D 转换，数字量送到变送部分。变送部分由微处理器、ROM、PROM、RAM、E^2PROM、D/A 转换器、I/O 接口组成。微处理器负责处理 A/D 转换器送来的数字信号，从而使传感器的性能指标大大提高。存储在 ROM 中的主程序控制传感器工作的全过程。由于材料和制造工艺等原因，各个传感器的特性不可能完全相同。传感器制造出来后，由计算机在生产线上进行

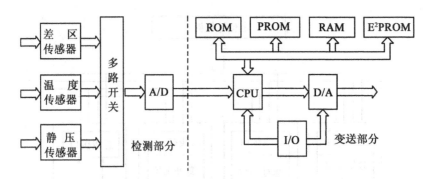

图 8-40　ST-3000 系列智能压力传感器原理框图

校验，将每个传感器的温度特性和静压特性参数存在 PROM 中，以便进行温度补偿和静压校准，这样就保证了每个传感器的高精度。传感器的型号、输入输出特性、量程可设定范围等都存储在 PROM 中。ST-3000 系列智能压力传感器可通过现场通信器来设定、检查工作状态。现场通信器是便携式的，可以接在某个变送器的信号导线上，也可以接在变送器的信号端子上。现场通信器可设定传感器的测量范围、阻尼时间、零点和量程校准等。设定的数据通过导线传到传感器内，存储在 RAM 中。电可擦写存储器 E^2PROM 作为 RAM 后备存储器，RAM 中的数据可随时存入 E^2PROM 中，不会因突然断电而丢失数据。恢复供电后，E^2PROM 可以自动地将数据送到 RAM 中，使传感器继续保持原来的工作状态，这样可以省掉备用电源。现场通信器发出的通信脉冲信号叠加在传感器输出的电流信号上，数字输入输出（I/O）接口一方面将来自现场通信器的脉冲从信号中分离出来，送到 CPU 中去；另一方面将设定的传感器数据、自诊断结果、测量结果等送到现场通信器中显示。ST-3000 系列智能压力传感器的现场通信器具有以下功能：

①对传感器进行远程组态，设定标号、测量范围、输出形式（线性或平方根输出）和阻尼时间常数等。不到现场就可调节变送器的参数。

②传感器的零点和量程校准可以在现场进行，不必拆卸传感器，也不需要专门设备。

③对传感器进行诊断，进行组态检查、通信功能检查、变送功能检查、参数异常检查，诊断结果传送到现场通信器中显示。

④设定传感器为恒流输出，把传感器当做恒流源使用（在 4～20mA 的范围内），以便检查系统中的其他传感器或设备。ST-3000 系列智能压力传感器可以同时测量静压、差压和温度三个参数，精度达 0.1 级，6 个月总漂移量不超过全量程的 0.03%，量程比可达 400:1，阻尼时间常数在 0～32s 间可调。这个系列的产品以其优越的性能得到广泛的应用。

由上述 ST-3000 系列智能压力传感器的结构和功能可以看出，微处理器使传感器具有一定智能，增强了传感器的功能，提高了其性能指标。PROM 中装有针对该传感器特性的修正公式，保证了传感器的高精度。

（2）智能压力传感器

智能压力传感器也是计算型智能传感器，它由主传感器、辅助传感器、微机硬件系统（数字信号处理器）三部分构成，图 8-41 中主传感器为压力传感器，测量被测压力参数。

辅助传感器为温度传感器和环境压力传感器。温度传感器用来监测主传感器工作时的环境温度变化和被测介质的温度变化，以便根据温度变化修正和补偿主传感器压力敏感元件性能随温度变化带来的测量误差。而环境压力传感器的作用是测量工作环境大气压的变化，以便修正大气压变化对主传感器压力敏感元件测量数据的影响。由此可见，智能式压力传感器具有较强的自适应能力，它可以感受工作环境因素的变化，对测量数据进行必要的修正，从而保证测量的准确性。智能传感器中的辅助传感器要根据工作条件和对传感器性能

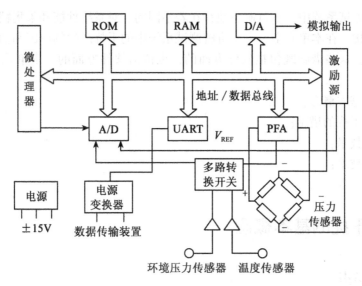

图 8-41 智能压力传感器构成框图

指标的要求选择。例如工作环境比较潮湿时，就应设置湿度传感器，以便修正或补偿潮湿对主传感器测量的影响。微机硬件系统（数字信号处理器）用于对传感器输出的微弱信号进行放大、处理、存储和与计算机通信。微机硬件系统的构成情况由其应具备的功能而定。图 8-41 中 PFA 为程序控制放大器，对压力传感器、温度传感器和环境压力传感器的检测信号按信号处理要求进行放大。UART 为通用异步收发信机，智能压力传感器的输出信号由它转换为异步串行信号，通过串行输出口，以 RS-232 异步串行指令格式传输。电源变换器对要传输的二进制码进行电平变换，以达到传输要求的电平。

三、请你做一做

自己总结归纳本任务的内容。

反思与探讨

1. 什么是智能传感器？与传统传感器相比其突出特点有哪些？
2. 说明智能传感器的基本结构组成。
3. 智能传感器的主要功能有哪些？
4. 智能传感器的实现途径有哪些？

单元九　抗干扰技术

在正常的测试系统中，不可避免地存在着不同的、对系统性能和采集精度产生危害的信号，称为干扰。在本单元中，主要讲解测试系统中的干扰产生的原因和消除或减少干扰的方法和措施，这些措施既包括硬件方面的，也包括软件方面的。本单元主要的知识点有：
　　（1）干扰基本概念；
　　（2）抑制干扰的措施；
　　（3）接地技术；
　　（4）屏蔽技术；
　　（5）滤波技术。

任务一　干扰的基本概念

一、干扰和噪声

在实际的测量系统中，环境中存在着很多各种各样无用的信号，因而噪声是不可避免的。如温度、电磁、宇宙射线等引起测量信号中包含无用信号等。噪声是绝对的，它的产生或存在不受接收者的影响，是独立的，与有用信号无关。干扰是相对有用信号而言的，只有噪声达到一定数值、它和有用信号一起进入智能仪器并影响其正常工作时才形成干扰。

噪声与干扰是因果关系，噪声是干扰之因，干扰是噪声之果，是一个量变到质变的过程。干扰在满足一定条件时，可以消除，以免对系统产生影响，产生错误或不正确的结果。而噪声在一般情况下，难以消除，只能减弱，最大限度减少或不对系统产生影响，保证测量的精度和保证测量设备的正常运行。

防止设备干扰，应该从两个方面进行理解：防止设备受到干扰和设备干扰其他设备。

二、产生干扰的三要素和抑制干扰的方法

根据干扰传输的特点，把干扰源、干扰途径和被干扰的设备称为干扰的三要素。抑制干扰的产生，也是从这三个方面着手。当找到干扰源时，可以让敏感设备远离干扰源，从而避免受到干扰。干扰源要干扰设备，必须有干扰途径，才能把干扰信号加载在设备正常的信号上，如果能够消除或减少干扰途径，就可以保证设备不受干扰，如屏蔽技术、接地技术等。对于被干扰的设备，当存在干扰时，还可以采用滤波等技术，把干扰信号滤掉，同时还要防止设备本身干扰其他设备。

三、干扰对系统的影响

当存在干扰时,干扰对测控系统产生影响,其主要表现方面有以下几点:

1. 测量数据误差加大

干扰如果侵入测控系统的测量单元,如模拟信号的输入通道,叠加在测量信号上,就会使数据采集误差加大,甚至干扰信号淹没测量信号,特别是检测一些微弱信号,如人体的生物电信号、电波信号等。

2. 破坏系统存储器的数据或程序

在测控系统中,程序及表格、数据存放在存储器中,当读写数据时,如果受到干扰,读写的数据可能不正确,从而得出错误的结果。

3. 控制系统失灵

单片机输出的控制信号通常依赖于某些条件的状态输入信号和对这些信号的逻辑处理结果。若这些输入的状态信号受到干扰,引入虚假状态信息,将导致输出控制误差加大,甚至控制失灵。

4. 程序运行失常

外界的干扰有时导致机器频繁复位而影响程序的正常运行。若外界干扰导致单片机程序计数器值的改变,则破坏了程序的正常运行。由于受干扰后的值是随机的,程序将执行一系列毫无意义的指令,最后进入"死循环"。这将使输出严重混乱或死机,最终导致控制系统失灵。

任务二 接地技术

接地的含义是提供一个等电位点或电位面。良好的接地,可以起到保护设备、防止设备受到干扰或设备干扰其他设备的作用。

实际使用中,有多种接地方法。根据作用和特点,分为三种接地:安全接地、工作接地和屏蔽接地。

1. 安全接地

安全接地主要是为了保护人身和设备安全,免遭电击、漏电、静电等危害,要求设备的机壳、底盘必须和真正的大地相连。

安全接地一般采用"TT"或"TN-S"接地形式,接线形式如图9-1和图9-2所示。

在实际设计系统时,安全接地线和电源的中性线不能直接相连,也不允许公用一个端子,必须分开。接地线不能直接接在机壳等的螺丝钉上,而必须用专用的接地端子,同时用安全接地符号⏚进行标识。

在安全接地时,必须注意不能形成环路,图9-3中(a)为正确接法,(b)为错误接法。

良好的接地,是抑制静电放电干扰的主要措施。一旦发生静电放电,放电电流可以由外壳外层流入大地,不会影响内部电路。同时,设备外壳接大地,起到屏蔽作用,减少与其他设备的相互电磁干扰。

2. 工作接地

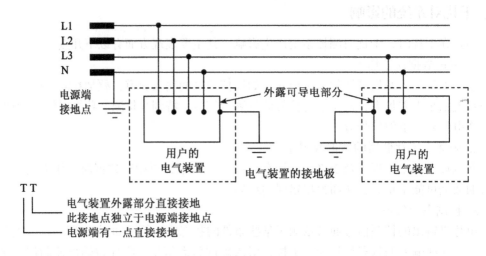

图 9-1 TT 接地形式

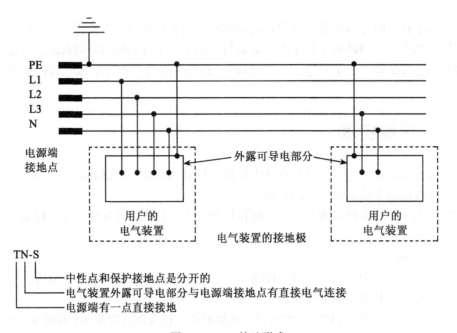

图 9-2 TN-S 接地形式

为保证设备的正常工作,如直流电源常需要有一极接地,作为参考零电位,其他极与之比较,形成直流电压,例如 ±15V、±5V 等;信号传输也常需要有一根线接地,作为基准电位,传输信号的大小与该基准电位相比较,这类地线称为工作接地或工作地线。

在系统中一定要注意工作接地的正确接线,否则不能起到作用,而且可能会引入干扰,如共地阻抗干扰、地环路干扰、共模电流辐射,等等。

工作接地的方法有单点接地、多点接地和混合接地等。

单点接地比较简单,布线也比较容易。单点接地可以分成两种形式:串联单点接地和

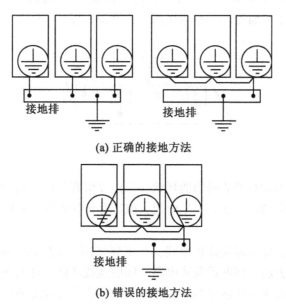

图 9-3 保护接地方法

并联单点接地,如图 9-4 的 (a)、(b) 所示。由于线路存在阻抗,串联单点接地会引入公共阻抗干扰。一般要求地线较粗,尽可能地短。采用单点并联接地虽然没有引入公共阻抗干扰,但是布线较长而且较多,设计时比较复杂。

在设计印制板时,可以采用串联单点接地和并联单点接地的混合接地方式。所有模拟电路、数字电路、功率电路的地采用分别串联单点接地,然后再汇总到一个总的接地点,如图 9-4 (c) 所示。同时,在印制板中设置地线覆铜,既能够起到增加地线面积的作用,又能起到屏蔽的作用,提高系统的抗干扰能力。

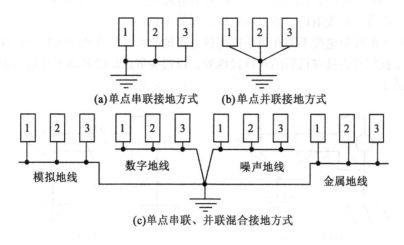

图 9-4 单点接地

多点接地是指设备（或系统）的各个接地线直接和它距离最近的接地平面上，以便使地线长度最短，接地平面可以是专用接地线、设备底板等，如图 9-5 所示。

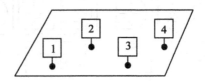

图 9-5　多点接地

地线在布置时，不能布置成封闭的环状，一定要留有开口，因为封闭环在外界电磁场的影响下会产生感应电动势，从而产生电流，电流在地线阻抗上有电压降，容易导致共阻抗干扰。

在多个设备中间，如果需要连接地线，一定要采用光电隔离、隔离变压器、继电器、共模扼流线圈的隔离方法，切断设备或电路之间的地线环路，抑制地线环路产生引起的共阻抗耦合干扰或由于长距离连接地线而引起的干扰，提高系统的测量精度和稳定性。

3. 屏蔽接地

为了抑制噪声，电缆、变压器等的屏蔽层需要接地，相应的地线称为屏蔽接地。

工作频率在 30kHz 以下，输入/输出信号线、模拟信号线等，可以采用普通的屏蔽电缆；工作频率在几百千赫时，应该采用双绞线或屏蔽双绞线；超出此范围而在 1000MHz 以下的，必须采用同轴电缆。

如果一根电缆线及传输模拟信号和高频数字信号，则必须采用各自屏蔽线外包一层总屏蔽的双重屏蔽电缆，可以有效防止电缆内部信号之间的干扰。

低频电路（$f<1\text{MHz}$）的屏蔽电缆，一般采用单端接地进行屏蔽。图 9-6 所示为电缆屏蔽层单端接地方法。而对应高频电路（$f>1\text{MHz}$）的屏蔽电缆，则需要在电缆的两端进行屏蔽接地，图 9-7 为其双端接地方法。而如果电缆的长度 $l>0.15\lambda$（$\lambda=v/f$），应该采用多点接地，以降低地线阻抗，减少地电位引起的干扰电压。

输入信号线的屏蔽电缆不能在机箱内部进行接地，而必须在机箱入口处接地，此时屏蔽层的外加干扰信号直接在机箱的入口接地处，以避免屏蔽层的外加干扰信号带入设备内部的信号电路上。

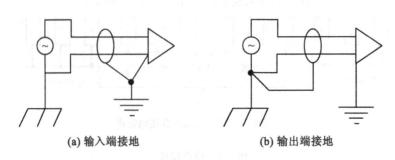

图 9-6　电缆屏蔽层单端接地方法

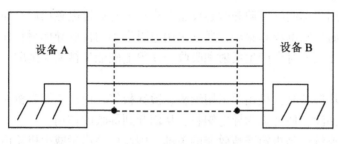

图 9-7 双端接地

任务三 屏蔽技术

屏蔽技术用来抑制电磁噪声沿着空间传播,及切断辐射电磁噪声的传输途径。通常采用的金属材料或磁性材料把所需屏蔽的区域包围起来,使得屏蔽体内外的场相互隔离。

为防止噪声源向外辐射,应该屏蔽噪声源,称为主动屏蔽。而为防止敏感设备受噪声辐射磁场的干扰,采取把屏蔽敏感设备的方法,称为被动屏蔽。

屏蔽按其机理可以分为电场屏蔽、磁场屏蔽和电磁场屏蔽。

1. 电场屏蔽

当噪声源是高低压、小电流时,其辐射场主要表现为电场,电场屏蔽是抑制噪声源和敏感设备之间由于存在电场耦合而产生的干扰。

电场屏蔽常采用的方法有:①金属板接地(机箱接地);②增加敏感设备和噪声源的距离;③高电压、大电流动力线和信号线分开走线,尽量避免平行走线,而且要间隔一定的距离;④信号线尽量用地线包围或靠近地线。

2. 磁场屏蔽

当噪声源是低压、大电流时,其辐射场主要表现为磁场。磁场屏蔽是抑制噪声源和敏感设备之间由于存在磁场耦合而产生的干扰。

磁场屏蔽的机理是依赖高导磁材料所具有的低磁阻对磁通起到分路的作用,使得屏蔽体内的磁场大大减弱,图 9-8 所示为其工作原理。

在设计时,应该增加线之间的距离,干扰源的线路和被干扰线路呈现直角或接近直角布线。要使得敏感设备远离屏蔽体,而且采用高导磁材料作为屏蔽体,并且适当地增加屏蔽体的厚度。

图 9-8 磁场的屏蔽示意图

3. 电磁场屏蔽

电磁场屏蔽用于抑制噪声源和敏感设备距离较远时通过电磁场耦合而产生的干扰。电磁场屏蔽必须同时屏蔽电场和磁场，通常采用电阻率小的良好导体材料作为屏蔽体。电磁波在入射到金属体表面时会产生反射和吸收，使得电磁能量被大大削弱，从而保证设备不受干扰源的影响。

在设计电磁场屏蔽时，机箱要采用铜板、镀锌板等，而对于塑料机箱，必须注入导电粉或喷涂导电的油漆，使之称为导电塑料，从而起到屏蔽的作用。

机箱的电气连续性是机箱屏蔽效能的关键，因此应该尽量减少机箱由于结构的原因引起的电气不连续性。如果有条件，应尽量把机箱各个部分焊接起来，形成整体。否则，应该保证接缝处的金属与金属之间的接触，或采用接线的方法，把不同的部分连接起来。

在需要活动连接的部分，可以采用指形弹簧、导电橡胶等材料把不同的部分紧密地连接起来，防止电磁干扰。

在机箱中，通常有电源线和控制线的引入和引出，在面板部分还有操作键、显示器等的开孔，以及通风空隙等，这些空隙都可能引入和泄露电磁干扰。因而必须处理好这些开孔的屏蔽。

常见的缝隙、开孔处的屏蔽处理方法如图9-9所示。

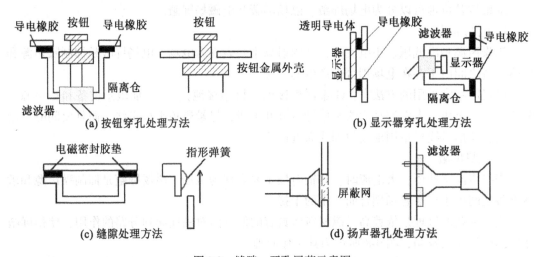

图9-9 缝隙、开孔屏蔽示意图

任务四 滤波技术

滤波技术用来抑制沿导线传输的干扰信号，主要用于抑制电源干扰和信号线的干扰。滤波技术可以采用硬件实现，也可以采用软件技术实现。硬件滤波器一般有电感、电容或铁氧体器件组成的频率选择性网络，可以插入在传输线中，从而抑制不需要的频率信号传播。

1. 电源干扰的抑制

电源干扰的抑制最常用的方法是采用电源滤波器，它不仅可以阻止电网中的噪声进入设备，也可以抑制设备产生的噪声污染电网。图 9-10 是电源滤波器的结构和安装位置示意图。

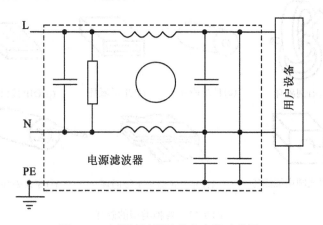

图 9-10　电源滤波器结构和安装示意图

电源滤波器在安装时必须注意几点：①电源滤波器必须安装在设备的机箱上，而不应该安装在机箱内部，以免电源的引入线在设备内部要求干扰；②电源滤波器的金属壳最好直接接机箱的金属外壳，而且和机箱的接地端子靠得越近越好；③电源滤波器的进出线要分开，不能平行接线或捆扎在一起；④流过电源滤波器的电流不能超过电源滤波器的最大电流，否则由于电感器的磁芯产生饱和，会使电感量降低，失去抑制的作用。

图 9-11 (b) 为电源滤波器正确的安装方法，图 9-11 (a) 为错误的安装方法。

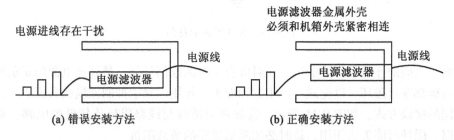

图 9-11　电源滤波器安装方法

一般来说，电源滤波器对低频干扰信号有良好的抑制作用，但是对高频信号的抑制作用有限，这时必须在电源线上安装吸收式滤波器吸收高频信号。

吸收式电源滤波器由铁氧体磁性材料构成，其把阻带内吸收的噪声转换成热耗损，从而起到滤波作用。图 9-12 是各种类型的铁氧体磁环，图 9-13 是其安装方法。

在安装时，应该注意：①电缆或导线尽量和环紧密接触，不要留太大的间隙，从而增加滤波效果。②将导线以同样的方向和圈数绕在磁环上，绕的圈数越多，滤波效果越好，当电缆太粗时，可以用两个以上的磁环，如图 9-14 所示。一般要求电源的输入侧总圈数达到 4~5 圈，而在双重侧的圈数在 4 圈以内。③吸收式滤波器可以安装在电源滤波器前

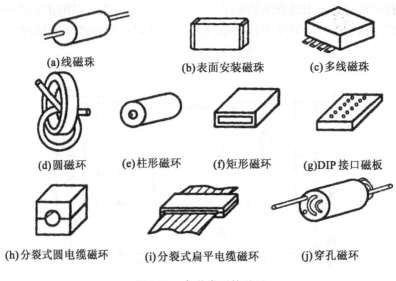

图 9-12 各种类型的磁环

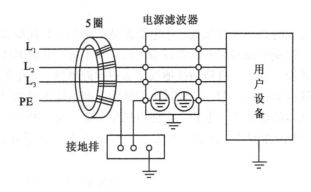

图 9-13 磁环安装示意图

面或后面,之间的连线尽可能的短。④对应直流电源或信号线,最好把电源的正负极或信号的正负极都穿过磁环,以免磁环产生饱和而失去作用。对于抑制差模或共模干扰,应该采用不同的接线方式,如图 9-15 所示。⑤磁环只适应与线路阻抗比较低的电路,对于高阻抗电路,磁环可能失去作用,这时必须降低线路的负载阻抗。

电源线另一个常用的抗干扰的器件为隔离变压器。隔离变压器是一种特殊的变压器,其初级和次级的线圈扎数比是 1:1 的关系,而且中间有隔离层。

它的基本作用是隔离电路与电路之间的电气连接,从而解决地线环路电流带来的设备和设备之间的干扰,同时,隔离变压器对于抗共模干扰也有一定的作用,对瞬间脉冲串和雷击浪涌干扰能起到很好的抑制作用。图 9-16 是隔离变压器结构和安装示意图。

在使用隔离变压器时,必须注意以下几点:①隔离变压器的初级进线和次级的出线之间要分开布置,不能平行走线,更不能捆扎在一起。②屏蔽层必须接地,连线必须粗、短、直,否则对高频共模干扰的抑制能力变差。③隔离变压器可以和磁环相配合,可以有效抑制快速瞬变的脉冲串干扰。④电源隔离变压器在使用时要注意其功率必须满足实际

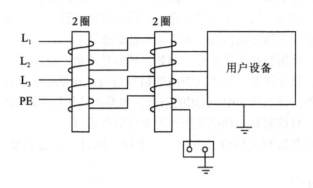

图 9-14　使用双磁环安装示意图

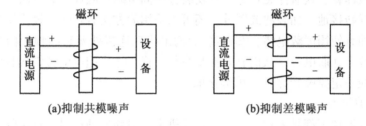

图 9-15　直流磁环安装示意图

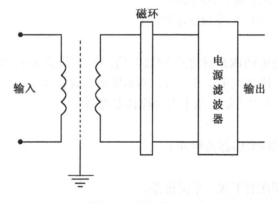

图 9-16　隔离变压器结构和安装示意图

要求。

2. 信号干扰的抑制

信号线是最容易受到干扰,从而引起设备工作不正常或测量性能的降低。信号线传输线经常采用屏蔽接地、安装滤波器、差动传输、降低阻抗等方法抑制干扰。

滤波器的作用是容许有用的频率分量通过,同时阻止其他干扰频率分量通过。滤波器按其工作原理可以分为:

(1) 反射式滤波器

由电感器和电容器组成,利用反射或旁路,使干扰信号不能通过。

①低通滤波器，使低频信号通过，高频信号衰减。用于电源电路，使市电（50Hz）通过，高频干扰信号衰减。用于放大器电路或发射机输出电路，使基波通过，谐波和其他干扰信号衰减。对于变化缓慢的信号，可以采用低通滤波器。

②高通滤波器：抑制低频干扰信号。例如：从信号通道上滤除电网交流信号干扰。

③带通滤波器：只允许某一频率范围内的信号通过，比如在采集电流或电源信号时，可以采用带通滤波器，过滤出50Hz有用的信号，而抑制其他频率的信号。

④带阻滤波器，只抑制某一频率范围内的干扰信号通过。

滤波器的设计和参数的选择请参考相关的书籍。同时要注意温度、电容对滤波的影响。

（2）损耗滤波器

选用具有高损耗系数或高损耗角正切的材料，把高频电磁能量通过涡流转换成热能。具体有铁氧体管、铁氧体磁环等。其安装方法同电源中磁环安装方法相同。

除了采用屏蔽接地、加装滤波器外，还可以采用的方法有：①传输模拟信号的线路要尽可能地短，而且使用屏蔽电缆；②在输入/输出线在连接处安装高频去耦电容；③在平行传输的信号线上并联电容，从而有效抑制高频干扰；④采用电流传输代替电压在线上传输，此时传输线一定要屏蔽并且"单端接地"。

3. 软件滤波技术

很多智能仪器仪表都是采用单片机、计算机来采集和处理信号，这是除了用硬件的方法抑制干扰信号外，也可以采用软件滤波的方法抑制干扰信号。

常见的数字滤波方法和特点说明如下：

（1）限幅滤波法（又称程序判断滤波法）

①方法

根据经验判断，确定两次采样允许的最大偏差值（设为M），每次检测到新值时判断：如果本次值与上次值之差小于等于M，则本次值有效；如果本次值与上次值之差大于M，则本次值无效，放弃本次值，用上次值代替本次值。

②优点

能有效克服因偶然因素引起的脉冲干扰。

③缺点

无法抑制那种周期性的干扰，平滑度差。

（2）中位值滤波法

①方法

连续采样N次（N取奇数），把N次采样值按大小排列，取中间值为本次有效值。

②优点

能有效克服因偶然因素引起的波动干扰。对温度、液位等变化缓慢的被测参数有良好的滤波效果。

③缺点

对流量、速度、电压等快速变化的信号使用不宜。

（3）算术平均滤波法

①方法

连续取 N 个采样值,求其平均值,作为本次采样值。N 值较大时信号平滑度较高,但灵敏度较低;N 值较小时,信号平滑度较低,但灵敏度较高。

②优点

适用于对一般具有随机干扰的信号进行滤波,这样信号的特点是有一个平均值,信号在某一数值范围附近上下波动。

③缺点

对于测量速度较慢(前后两次采集的数据相差不大或没有差别)或要求数据计算速度较快的实时控制不适用,同时此方法要使用较多的存储器。

(4) 递推平均滤波法(又称滑动平均滤波法)

①方法

把连续取 N 个采样值看成一个队列,队列的长度固定为 N,每次采样到一个新数据放入队尾,并扔掉原来队首的一次数据(先进先出原则)。把队列中的 N 个数据进行算术平均运算,就可获得新的滤波结果。

②优点:

对周期性干扰有良好的抑制作用,平滑度高,适用于高频振荡的系统。

③缺点:

灵敏度低,对偶然出现的脉冲性干扰的抑制作用较差,不易消除由于脉冲干扰所引起的采样值偏差,不适用于脉冲干扰比较严重的场合,而且要使用较多的存储器。

(5) 中位值平均滤波法(又称防脉冲干扰平均滤波法)

①方法

相当于"中位值滤波法"+"算术平均滤波法"。连续采样 N 个数据,去掉一个最大值和一个最小值,然后计算 N-2 个数据的算术平均值。N 值的选取:3~14。

②优点

融合了两种滤波法的优点,可消除由于脉冲干扰所引起的采样值偏差。

③缺点

测量速度较慢,和算术平均滤波法一样,使用较多的存储器。

(6) 一阶滞后滤波法

①方法

一般取 $a=0~100\%$,本次滤波结果 = $(100-a)$ × 本次采样值 + a × 上次滤波结果。

②优点

对周期性干扰具有良好的抑制作用,适用于波动频率较高的场合。

③缺点

相位滞后,灵敏度低,滞后程度取决于 a 值大小,不能消除滤波频率高于采样频率的 1/2 的干扰信号。

单元十　传感器的综合应用

任务一　传感器在汽车上的典型应用

一、任务描述与分析

现代汽车技术发展特征之一，就是越来越多的部件采用电子控制。电子自动控制工作要依赖传感器的信息反馈。据统计，目前一辆普通家用轿车上大约安装有几十到近百只传感器，而豪华轿车上的传感器数量可多达 200 余只，因此汽车体现了多传感器技术。图 10-1 所示为汽车中的部分传感器示意图。

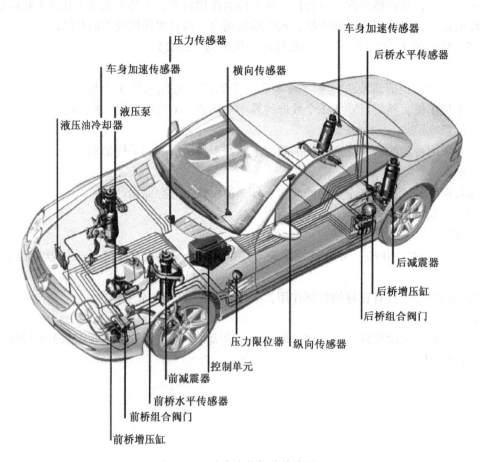

图 10-1　汽车中的部分传感器

本次学习任务就是让同学们熟悉传感器在汽车中的典型应用。如何来实现呢？让我们一起来看看有关汽车的相关知识吧。

二、相关知识

（一）汽车的结构及工作工程概述

汽车类型繁多，结构比较复杂，大体可分为发动机、底盘和电气设备三大部分。发动机是汽车的动力装置。其作用是使吸入的燃料燃烧而产生动力，通过传动系，使汽车行驶。

汽油发动机主要由汽缸、燃料系、点火系、起动系、冷却系及润滑系等组成。

当汽车启动后，电动汽油泵将汽油从油箱内吸出，由滤清器滤出杂质后，经喷油器喷射到空气进气管中，与适当比例的空气均匀混合，再分配到各汽缸中。混合气由火花塞点火而在汽缸内迅速燃烧，推动活塞，带动连杆、曲轴作回转运动。曲轴运动通过齿轮机构驱动车轮使汽车行驶起来。

（二）什么是 ECU

现代汽车工作过程均是在电控单元 ECU（Electronic Control Unit）控制下进行的。ECU 的外形如图 10-2 所示，内部原理框图如图 10-3 所示。

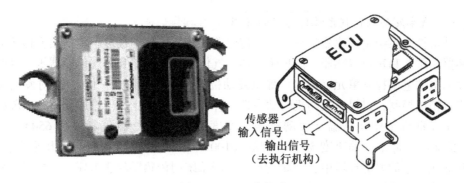

图 10-2 ECU 的外形

（三）汽车中传感器的主要检测量

(1) 温度。喷油、发动机控制、空调控制、轮胎等。

(2) 位置及转速：ABS、行驶动态控制、喷油、发动机控制、运行机构、位置等。

(3) 压力。喷油、发动机控制、挺行机构、轮胎等。

(4) 加速度。碰撞控制、气囊、支架系统、自动驾驶滚动环等。

(5) 氧气。用可控制的三通道废气净化器进行喷油和发动机控制。

(6) 速度。喷油、发动机控制、后行控制等。

(7) 距离。精细运行控制、停车帮助等。

(8) 其他。燃烧质量、雨水传感器、太阳能传感器等。

汽车传感器主要应用在汽车发动机控制系统和汽车状态控制系统中。它的应用，大大提高了汽车电子化的程度，增加了汽车驾驶的安全系数。

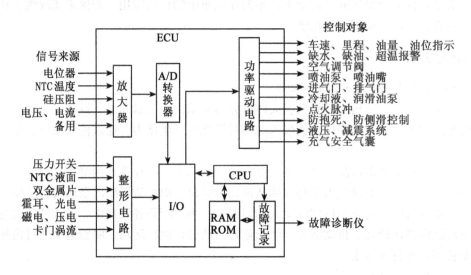

图 10-3 ECU 内部原理框图

三、相关技能

(一) 汽车发动机控制系统传感器的应用

发动机控制系统用传感器是整个汽车传感器的核心,种类很多,包括温度传感器、压力传感器、位置和转速传感器、流量传感器、气体浓度传感器和爆震传感器等。这些传感器向发动机的电子控制单元(ECU)提供发动机的工作状况信息,供 ECU 对发动机工作状况进行精确控制,以提高发动机的动力性、降低油耗、减少废气排放和进行故障检测。

由于发动机工作在高温(发动机表面温度可达 150℃、排气管可达 650℃)、振动(加速度 30g)、冲击(加速度 50g)、潮湿(100% RH,-40~120℃)以及蒸汽、盐雾、腐蚀和油泥污染的恶劣环境中,因此发动机控制系统用传感器耐恶劣环境的技术指标要比一般工业用传感器高 1~2 个数量级。

1. 温度传感器

温度传感器主要用于检测发动机温度、吸入气体温度、冷却水温度、燃油温度以及催化温度等。已实用化的产品有热敏电阻式温度传感器(通用型 -50~130℃,精度 1.5%,响应时间 10ms;高温型 600~1000℃,精度 5%,响应时间 10ms)、铁氧体式温度传感器(ON/OFF 型,-40~120℃,精度 2.0%)、金属或半导体膜空气温度传感器(-40~150℃,精度 2.0%、5%,响应时间 20ms)等。图 10-4 为某 NTC 热敏电阻式传感器外形及特性。

以测量发动机冷却水温度传感器为例,它一般安装在发动机缸体的水套、缸盖的水套、水管接头等位置。其作用是检测发动机冷却水温度,向 ECU 输入温度信号,作为燃油喷射和点火时的修正信号等。图 10-5 为桑塔纳 2000GSi 轿车的冷却液温度传感器的应用。

2. 压力传感器

压力传感器主要用于检测汽缸负压、大气压、涡轮发动机的升压比、汽缸内压、油压

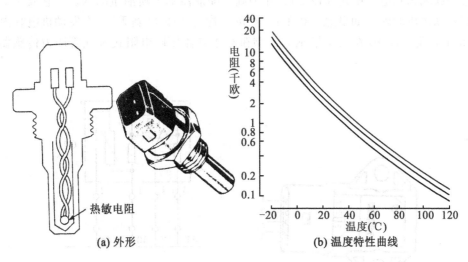

图 10-4　某 NTC 热敏电阻式传感器外形及特性

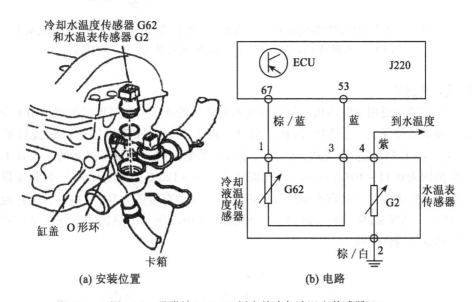

图 10-5　桑塔纳 2000GSi 轿车的冷却液温度传感器

等。吸气负压式传感器主要用于吸气压、负压、油压检测，吸气压 13~100kPa，精度 1%，大气压 65~100kPa，精度 5%；膜片式压力传感器主要用于发动机电子喷射装置，工作范围 20~800kPa，精度 1.5%；电容式压力传感器主要用于检测泊压、液压、气压，测量范围 20~100kPa；半导体压力传感器用来检测各种压力，应用量最大，工作范围 20MPa，精度 0.6%（非线性）。SAW（表面波式）压力传感器具有体积小、质量轻、功耗低、可靠性高、灵敏度高、数字量输出等特点，用于汽车吸气阀压力检测，能在高温下稳定地工作。

以进气管压力传感器为例，进气管绝对压力传感器用于 D 形汽油喷射系统。它根据发动机的负荷状态测出进气管内绝对压力（真空度）的变化，并转换成电压信号，与转速信号一起输送到电控单元（ECU），作为确定喷油器基本喷油量的依据。它安装的位置有：在发动机机舱内（如皇冠3.0车）、在进气管上（如99新秀）、在发动机电脑内（如AudiA6车）等。图10-6为桑塔纳GLi型轿车半导体压敏电阻式进气管压力传感器的应用。

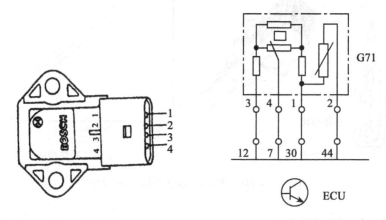

1—搭铁　2—进气温度信号输出端子　3—电源（+5V）端子　4—传感器信号输出端子

图10-6　桑塔纳GLi型轿车半导体压敏电阻式进气管压力传感器

3. 流量传感器

流量传感器主要用于发动机空气流量和燃料流量的测量。空气流量的测量用于发动机控制系统确定燃烧条件、控制空燃比、启动、点火等。空气流量传感器有旋转翼片式（叶片式）、卡门涡旋式、热线式、热膜式等四种类型。空气流量传感器的主要技术指标为：工作范围为 $0.11 \sim 103 m^3/min$，工作温度为 $-40 \sim 120℃$，精度 $\leq 1\%$。燃料流量传感器用于检测燃料流量，主要有水轮式和循环球式，其动态范围为 $0 \sim 60 kg/h$，工作温度为 $-40 \sim 120℃$，精度 $\pm 1\%$，响应时间小于10ms。图10-7所示为热膜式空气流量传感器的外形结构和输出特性曲线。

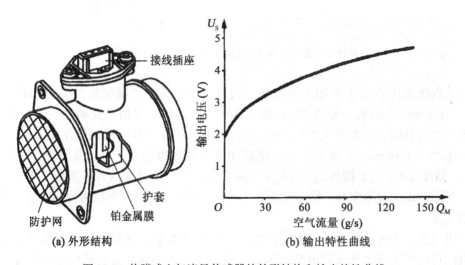

(a) 外形结构　　(b) 输出特性曲线

图10-7　热膜式空气流量传感器的外形结构和输出特性曲线

图 10-8 为桑塔纳 2000GSi 轿车的热膜式空气流量传感器 ECU 连接电路。

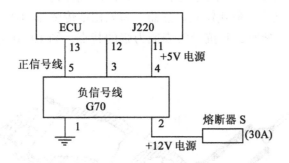

图 10-8　ECU 连接电路

4. 位置和转速传感器

位置和转速传感器主要用于检测曲轴转角、发动机转速、节气门的开度、车速等。目前汽车使用的位置和转速传感器主要有交流发电机式、磁阻式、霍尔效应式、簧片开关式、光学式、半导体磁性晶体管式等，其测量范围为 0°～360°，精度为 ±0.5°以下，测弯曲角达 ±0.1。

车速传感器种类繁多，有敏感车轮旋转的，有敏感动力传动轴转动的，还有敏感差速从动轴转动的。当车速高于 100km/h 时，一般测量方法误差较大，需采用非接触式光电速度传感器，测速范围为 0.5～250km/h，重复精度为 0.1%，距离测量误差优于 0.3%。

图 10-9 为桑塔纳和捷达轿车磁感应式曲轴位置传感器的安装位置及电路图。

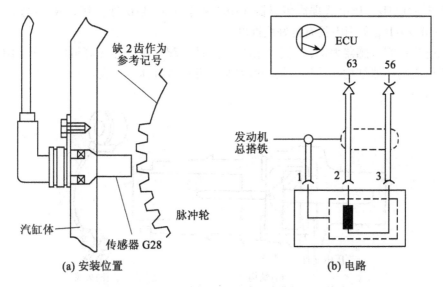

图 10-9　桑塔纳和捷达轿车磁感应式曲轴位置传感器

5. 气体浓度传感器

气体浓度传感器主要用于检测车体内气体和废气排放。其中，最主要的是氧传感器，实用化的有氧化锆传感器（使用温度-40~900℃，精度1%）、氧化锆浓差电池型气体传感器（使用温度300~800℃）、固体电解质式氧化锆气体传感器（使用温度0~400℃，精度0.5%），另外，还有二氧化钛氧传感器。和氧化锆传感器相比，二氧化钛氧传感器具有结构简单、轻巧、便宜，且抗铅污染能力强的特点。图10-10为氧传感器的安装位置。

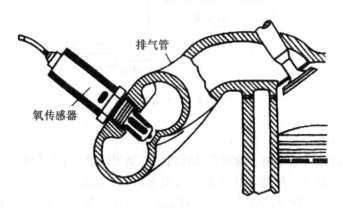

图10-10　氧传感器的安装位置

6. 爆震传感器

爆震传感器用于检测发动机的振动，通过调整点火提前角，控制和避免发动机发生爆震。可以通过检测汽缸压力、发动机机体振动和燃烧噪声等三种方法来检测爆震。爆震传感器有磁致伸缩式和压电式两种。磁致伸缩式爆震传感器的使用温度为-40~125℃，频率范围为5~10kHz；压电式爆震传感器在中心频率5.417kHz处，其灵敏度可达200mV/g，振幅在0.1~10g范围内具有良好线性度。

以压电式爆震传感器为例，其主要由压电元件、配重块及导线等组成，图10-11所示为压电式爆震传感器结构及外形。它一般安装在发动机缸体上、火花塞等位置。

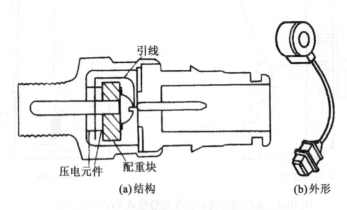

图10-11　压电式爆震传感器结构及外形

图10-12为桑塔纳2000GSi轿车压电式爆震传感器的电路图。

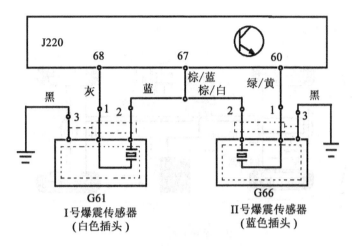

图 10-12 桑塔纳 2000GSi 轿车压电式爆震传感器的电路图

（二）汽车状态控制系统传感器的应用

汽车状态控制系统传感器的使用环境条件不大苛刻，许多在工业控制系统中使用的传感器可以直接或者稍加改进后使用在汽车状态控制系统中。不同的控制系统要求配置不同的传感器。例如：在防打滑的制动器中使用对地速度传感器、车轮速度传感器；在 SPA（单点式传感气袋系统）中使用悬臂压电陶瓷式、圆板型压电陶瓷式、悬臂压电电阻式、4 点支持压电电阻式、3 层或 5 层结构静电电容器式等气袋用加速度传感器；在液压转向装置中使用车速传感器、油压传感器；在速度自动控制系统中使用车速传感器、加速踏板位置传感器；在亮度控制系统中使用光传感器；在电子驾驶系统中使用磁传感器、气流速度传感器；在自动空调系统中使用室内温度传感器、吸气温度传感器、风量传感器、日照传感器、湿度传感器；在导向行驶系统中使用方位传感器、车速传感器；在惯性行驶系统中使用转向传感器、行驶距离传感器；在测量燃油、冷却液、制动液、电解液、清洗液、发动机油位等液位时，使用热敏电阻式、压电谐振式、静电电容器式等液位传感器。

在 ABS 系统中各厂家正在致力开发各式 ABS 传感器，何谓 ABS？当汽车紧急刹车时，使汽车减速的外力主要来自地面作用于车轮的摩擦力，即所谓的地面附着力。而地面附着力的最大值出现在车轮接近抱死而尚未抱死的状态。这就必须设置一个"防抱死制动系统"，又称为 ABS。ABS 由车轮速度传感器、ECU 以及电-液控制阀等组成。ECU 根据车轮速度传感器来的脉冲信号控制电液制动系统，使各车轮的制动力满足少量滑动但接近抱死的制动状态，以使车辆在紧急刹车时不致失去方向性和稳定性。图 10-13 为汽车防抱死解决方案。

由于汽车传感器在汽车电子控制系统中的重要作用和快速增长的市场需求，世界各国对其理论研究、新材料应用和新产品开发都非常重视。未来的汽车用传感器技术，总的发展趋势是微型化、多功能化、集成化和智能化。

四、请你做一做

请你观察各种类型的汽车，你觉得除了本节介绍的传感器之外，还可以在车辆的哪些

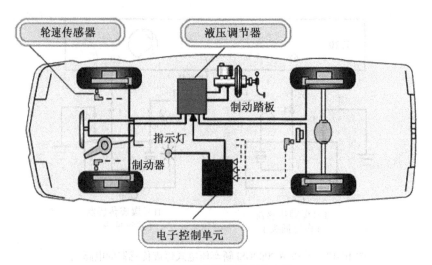

图 10-13 汽车防抱死解决方案

位置安装传感器，从而可以进一步提高车辆的舒适性、效率、环保、安全性能等。谈谈你的构思。

反思与探讨

1. 总结一下现代汽车中，大约有多少个传感器，可以分为多少种类型？
2. 结合所学的传感器知识，谈谈传感器的可靠性和寿命对交通工具的重要性。
3. 试设计一个能够在下雨时自动开启的汽车挡风玻璃雨刷，且雨越大，雨刷来回摆得越快。

任务二　接近传感器在自动线中的应用

如图 10-14 所示，当工件进入自动线中的分拣站时，人的眼睛可以清楚地观察到，但自动线是如何来判别的呢？如何使自动线具有人的眼睛的功能呢？

传感器（Transducer/Sensor）像人的眼睛、耳朵、鼻子等感官器件，是自动生产线中的检测元件，能感受规定的被测量并按照一定的规律转换成电信号输出。在 YL-335A 自动线中主要用到了磁性开关、光电开关、光纤传感器三种传感器，就像人的触觉、视觉和听觉一样。

一、磁性开关及应用

在 YL-335A 自动线中，磁性开关用于各类汽缸的位置检测。图 10-15 所示是用两个磁性开关来检测机械手上汽缸伸出和缩回到位的位置。

磁力式接近开关（简称磁性开关）是一种非接触式位置检测开关，这种非接触位置检测不会磨损和损伤检测对象物，响应速度高。生产线上常用的接近开关还有感应型、静

单元十 传感器的综合应用 **247**

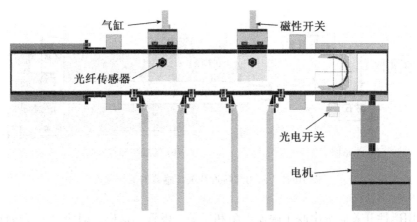

图 10-14 传感器在分拣站上的应用

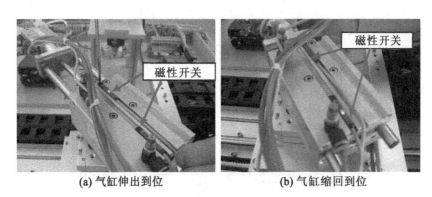

图 10-15 磁性开关的应用实例

电容量型、光电型等接近开关。感应型接近开关用于检测金属物体的存在，静电容型接近开关用于检测金属及非金属物体的存在，磁性开关用于检测磁石的存在。其安装方式上有导线引出型、接插件式、接插件中继型。根据安装场所环境的要求接近开关可选择屏蔽式和非屏蔽式。其实物图及电气符号图如图 10-15 所示。

图 10-16 磁性开关

当有磁性物质接近图 10-17 所示的磁性开关传感器时，传感器动作，并输出开关信号。在实际应用中，我们在被测物体上，如在汽缸的活塞（或活塞杆）上安装磁性物质，在汽缸缸筒外面的两端位置各安装一个磁感应式接近开关，就可以用这两个传感器分别标识汽缸运动的两个极限位置。

磁性开关的内部电路如图 10-18 虚线框内所示，为了防止因错误接线损坏磁性开关，

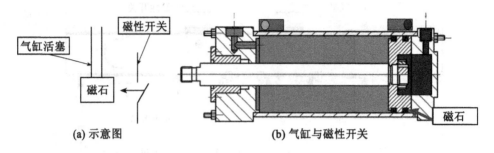

图 10-17 磁力式接近开关传感器的动作原理

通常在使用磁性开关时都串联了限流电阻和保护二极管。这样，即使引出线极性接反，磁性开关也不会烧毁，只是该磁性开关不能正常工作。

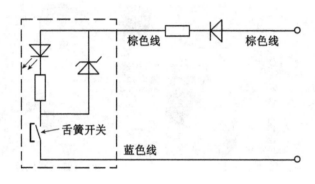

图 10-18 磁性开关内部电路

1. 磁性开关的安装与调试方法如下。

在生产线的自动控制中，可以利用该信号判断气缸的运动状态或所处的位置，以确定工件是否被推出或气缸是否返回。

(1) 第一步 电气接线与检查

重点要考虑传感器的尺寸、位置、安装方式、布线工艺、电缆长度以及周围工作环境等因素对传感器工作的影响。按照图 10-19 将磁性开关与 PLC 的输入端口连接。

注意：如果用的是图 10-19 所示的传感器，应将棕颜色的线与电源正端相连。

在磁性开关上设置有 LED，用于显示传感器的信号状态，供调试、与运行监视时观察。当被磁性物件靠近，接近开关输出动作，输出"1"信号，LED 亮；当没有磁性物件靠近，接近开关输出不动作，输出"0"信号，LED 不亮。

(2) 第二步 磁性开关在汽缸上的安装与调整

磁性开关与汽缸配合使用，如果安装不合理，可能使得汽缸的动作不正确。当汽缸活塞移向磁性开关，并接近到一定距离时，磁性开关才有"感知"，开关才会动作，通常把这个距离叫"检出距离"。

在汽缸上安装磁性开关时，先把磁性开关装在汽缸上，磁性开关的安装位置根据控制对象的要求调整。调整方法很简单，只要让磁性开关到达指定位置后，用螺丝刀旋紧固定

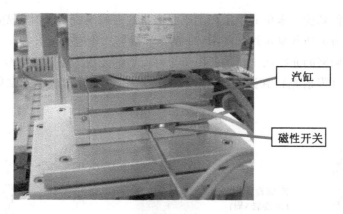

图 10-19

螺钉（或螺帽）即可。

磁性开关通常用于检测汽缸活塞的位置，如果检测其他类型的工件的位置，比如一个浅色塑料工件，可以选择其他类型的接近开关。

二、光电开关及应用

光电接近开关（简称光电开关）通常在环境条件比较好、无粉尘污染的场合下使用。光电开关工作时对被测对象几乎无任何影响。因此，在生产线上被广泛使用。

在供料单元中，料仓中工件的检测利用的就是光电开关，如图 10-20 所示。在料仓底

(a) 料仓中有工件

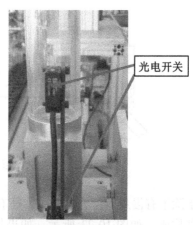
(b) 料仓中无工件

图 10-20 光电开关在供料站的应用

层和第四层分别装设两个光电开关，分别用于缺料和供料不足检测。若该部分机构内没有工件，则处于底层和第 4 层位置的两个漫射式光电接近开关均处于常态；若仅在底层起有 3 个工件，则底层处光电接近开关动作而次底层处光电接近开关常态，表明工件已经快用完了。这样，料仓中有无储料或储料是否足够，就可用这两个光电接近开关的信号状态反映出来。在控制程序中，可以利用该信号状态来判断底座和装料管中储料的情况，为实现

自动控制奠定硬件基础。本单元中采用细小光束、放大器内置型漫射式光电开关，其外形和顶端面上的调节旋钮和显示灯如图 10-21 所示。漫射式光电接近开关是利用光照射到被测工件上后反射回来的光线而工作的，由于工件反射的光线为漫射光，故称为漫射式光电开关。它由光源（发射光）和光敏元件（接收光）两个部分构成，光发射器与光接收器同处于一侧。

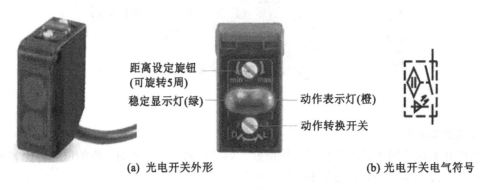

(a) 光电开关外形　　　　　　　　(b) 光电开关电气符号

图 10-21　光电开关的外形、调节旋钮、显示灯和电气符号

在工作时，光发射器始终发射检测光，若接近开关前方一定距离内没有物体，则没有光被反射到接收器，光电开关处于常态而不动作；反之，若接近开关的前方一定距离内出现物体，只要反射回来的光强度足够，则接收器接收到足够的漫射光就会使接近开关动作而改变输出的状态。图 10-22 为漫射式光电开关的工作原理示意图。

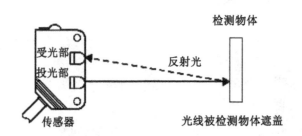

图 10-22　漫射式接近开关的工作原理

在生产线上除了有漫反射型光电开关，还有透射型和回归型，都由发光的光源和接受光线的光敏元件构成，如图 10-23 所示。如果投射的光线因检测物体不同而被遮掩或反射，到达受光部的量将会发生变化。受光部将检测出这种变化，并转换为电气信号，进行输出。大多使用可视光（主要为红色，也用绿色、蓝色来判断颜色）和红外光。根据生产线上被检测物的特性、安装方式，我们可以选择不同类型的光电开关。

光电开关在分拣单元有广泛的应用。在自动线的分拣单元中，当工件进入分拣输送带时，分拣站上光电开关发出的光线遇到工件反射回自身的光敏元件，光电开关输出信号启动输送带运转。

(1) 电气与机械安装

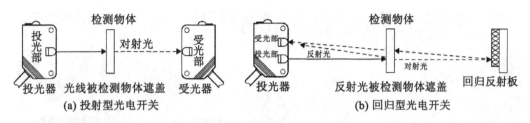

图 10-23 投射型、回归型光电开关工作原理

根据机械安装图将光电开关初步安装固定。然后连接电气接线。

图 10-24 是 YL-335A 自动线中使用的漫反射型光电开关电路原理图。在该图中，光电开关具有电源极性及输出反接保护功能，光电开关具有自我诊断功能。若设置后的环境变化（温度、电压、灰尘等）的余度满足要求，稳定显示灯显示（如果余度足够，则亮灯）。若接收光的光敏元件接收到有效光信号，控制输出的三极管导通，同时动作显示灯显示。这样光电开关就能检测自身的光轴偏离、透镜面（传感器面）的污染、地面和背景对其影响、外部干扰的状态等传感器的异常和故障，有利于进行养护，以便设备稳定工作。这也给安装调试工作带来了方便。

在传感器布线过程中要注意电磁干扰，不要被阳光或其他光源直接照射。不要在产生腐蚀性气体、接触到有机溶剂、灰尘较大等的场所使用。

如图 10-24 所示，可将光电开关褐色线接 PLC 输入模块电源"+"端，蓝色线接 PLC 输入模块电源"-"端，黑色线接 PLC 的输入点。

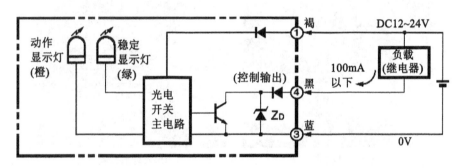

图 10-24 光电开关电路原理图

（2）安装调整与调试

光电开关具有检测距离长、对检测物体的限制小、响应速度快、分辨率高、便于调整等优点。但在光电开关的安装过程中，必须保证传感器到被检测物的距离在"检出距离"范围内，同时考虑被检测物的形状、大小、表面粗糙度及移动速度等因素。调试过程如图 10-25 所示。图（a）中，光电开关调整位置不到位，对工件反应不敏感，动作灯不亮；图（b）中光电开关位置调整合适，对工件反应敏感，动作灯亮而且稳定灯亮；图（c）中，没有工件靠近光电开关，光电开关没有输出。

调试光电开关的位置合适后，将固定螺母锁紧。

光电开关的光源采用绿光或蓝光可以判别颜色，根据表面颜色的反射率特性不同，光

(a) 光电开关没有安装合适　　(b) 光电开关调整到位检测到工件　　(c) 光电开关没有检测到工件

图 10-25　光电开关的调试

电传感器可以进行产品的分拣。为了保证光的传输效率，减小衰减，在分拣单元中我们采用光纤式光电开关对黑白两种工件的颜色进行识别。

三、光纤式光电接近开关及应用

在分拣单元传送带上方分别装有两个光纤式接近开关，如图 10-26 所示，光纤式接近开关由光纤检测头、光纤放大器两部分组成，放大器和光纤检测头是分离的两个部分，光纤检测头的尾端部分分成两条光纤，使用时分别插入放大器的两个光纤孔。光纤式接近开关的输出连接至 PLC。为了能对白色和黑色的工件进行区分，使用中将两个光纤式接近开关灵敏度调整成不一样。

(a) 光纤检测头　　　　　　　　　　(b) 光纤放大器

图 10-26　光纤式光电接近开关在分拣单元的应用

光纤式光电接近开关（简称光纤式光电开关）也是光纤传感器的一种，光纤传感器传感部分没有丝毫电路连接，不产生热量，只利用很少的光能，这些特点使光纤传感器成为危险环境下的理想选择。光纤传感器还可以对关键生产设备进行长期、高可靠、稳定的监视。相对于传统传感器，光纤传感器具有下述优点：抗电磁干扰、可工作于恶劣环境、传输距离远、使用寿命长，此外，光纤头具有较小的体积，可以安装在很小空间的地方。光纤放大器根据需要来放置。比如有些生产过程中烟火、电火花等可能引起爆炸和火灾，光能不会成为火源，所以不会引起爆炸和火灾，这时可将光纤测头设置在危险场所，将放大器单元设置在非危险场所进行使用。安装示意图如图 10-27 所示。

光纤传感器由光纤检测头、光纤放大器两部分组成，放大器和光纤检测头是分离的两

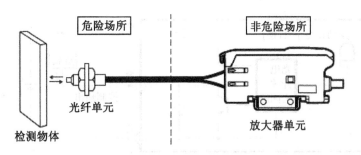

图 10-27　光纤传感器安装示意图

个部分。光纤传感器结构上分为传感型，传光型两大类。传感型是以光纤本身作为敏感元件，使光纤兼有感受和传递被测信息的作用。传光型是把由被测对象所调制的光信号输入光纤，通过输出端进行光信号处理而进行测量的，传光型光纤传感器的工作原理与光电传感器类似。在分拣单元中采用的就是传光型的光纤式光电开关，光纤仅作为被调制光的传播线路使用，其外观如图 10-28 所示，一个发光端和一个光的接收端，分别连接到光纤放大器。

图 10-28　光纤式光电开关

光纤式光电开关在分拣单元也有广泛的应用。在分拣单元的传送带上方分别装有两个光纤光电开关，光纤检测头的尾端部分分成两条光纤，使用时分别插入放大器的两个光纤孔。在分拣单元中，光纤式光电开关的放大器的灵敏度可以调节。当光纤传感器灵敏度调得较小时，对于反射性较差的黑色物体，光纤放大器无法接收到反射信号；对于反射性较好的白色物体，光纤放大器光电探测器就可以接收到反射信号。从而可以通过调节光纤光电开关的灵敏度来判别黑白两种颜色物体，将两种物料区分开，从而完成自动分拣工序。

（1）第一步　电气与机械安装

安装过程中，首先将光纤测头固定，将光纤放大器安装在导轨上；其次，光纤检测头的尾端两条光纤，分别插入放大器的两个光纤孔；再次，根据图 10-29 进行电气接线，接线时请注意根据导线颜色判断电源极性和信号输出线。

（2）第二步　灵敏度调整

在分拣单元中如何进行调试呢？图 10-30 所示是使用螺丝刀来调整传感器灵敏度。图 10-30 给出了光纤放大器的俯视图，调节 8 旋转灵敏度高速旋钮就能进行放大器灵敏度调

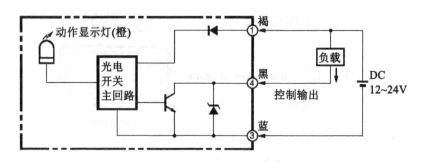

图 10-29 光纤传感器电路框图

节。调节时,会看到"入光量显示灯"发光的变化。在检测距离固定后,当白色工件出现在光纤测头下方时,"动作显示灯"亮,提示检测到工件;当黑色工件出现在光纤测头下方时,"动作显示灯"不亮,光纤光电开关调试完成。

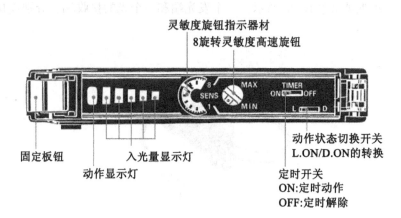

图 10-30 光纤放大器的俯视图

光纤式光电接近开关在生产线上应用越来越多,但对一些尘埃多、容易接触到有机溶剂及需要较高性价比的应用中,我们实际上可以选择使用其他一些传感器来代替,如电容式接近开关、电涡流式接近开关。

四、其他接近开关及应用

根据生产线上被测物的不同及安装环境不同,来选用电容式或电涡流式接近传感器。

电容式接近开关亦属于一种具有开关量输出的位置传感器,它的测量头通常是构成电容器的一个极板,而另一个极板是物体的本身。当物体移向接近开关时,物体和接近开关的极距或者介电常数发生变化,引起静电容量发生变化,使得和测量头相连的电路状态也随之发生变化,由此便可控制开关的接通和关断。这种接近开关的检测物体并不限于金属导体,也可以是绝缘的液体或粉状物体。其工作原理图如 10-31 所示。

电涡流接近开关属于电感传感器的一种,是利用电涡流效应制成的有开关量输出的位置传感器,它由 LC 高频振荡器和放大处理电路组成,金属物体在接近这个能产生电磁场

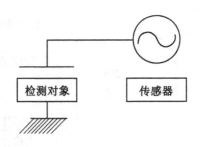

10-31 静电容量接近开关工作原理图

的振荡感应头时,使物体内部产生电涡流。这个电涡流反作用于接近开关,使接近开关振荡能力衰减,内部电路的参数发生变化,由此识别出有无金属物体接近,进而控制开关的通或断。这种接近开关所能检测的物体必须是金属物体。其工作原理图如 10-32 所示。

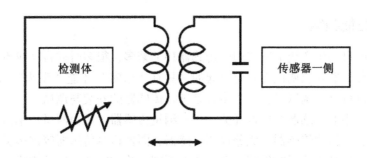

图 10-32 电涡流接近开关的工作原理图

无论是哪一种接近传感器,在使用时都必须注意被检测物的材料、形状、尺寸、运动速度等因素,如图 10-33 所示。

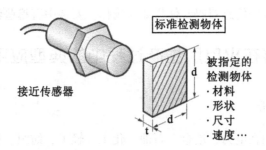

图 10-33 接近传感器与标准检测物

在传感器安装与选用中,必须认真考虑检测距离、设定距离,保证生产线上的传感器可靠动作。安装距离注意说明如图 10-34 所示。

在一些精度要求不是很高的场合,接近开关可以用来产品计数、测量转速,甚至是旋转位移的角度。但在一些要求较高的场合,往往用光电编码器来测量旋转位移或者间接测量直线位移。

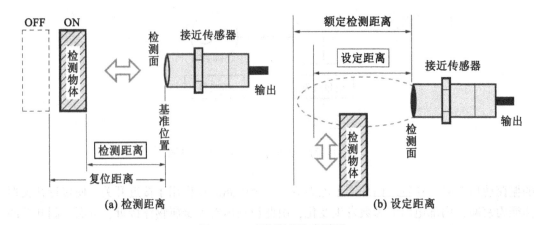

图 10-34　安装距离注意说明

五、知识、技能归纳

各种类型的自动生产线上所使用的传感器种类繁多，很多时候自动线不能正常工作的原因就是因为传感器安装调试不到位引起的。只有"眼疾"才能"手快"，因而在机械部分安装完毕后进行电气调试时，第一步就是进行传感器的安装与调试。

生产线上常用的传感器有接近开关，位移测量传感器，压力测量传感器，流量测量传感器，温度、湿度检测传感器，成分检测传感器，图像检测传感器等许多类型，这里没有全部给予介绍。每种传感器的使用场合与要求不同，检测距离、安装方式、输出接口电气特性也不同，需要在安装调试中与执行机构、控制器等综合考虑。

思　考

查阅 YL-335A 自动线中涉及的传感器的产品手册，说明每种传感器的特点，你明白了本自动线为何选择这些传感器吗？你想如何选择？安装中有哪些注意事项？

任务三　传感器在火电厂生产过程中的典型应用

一、任务描述与分析

传感器已广泛应用在电力、冶金、石油、化工、轻工、纺织、核工业、建筑材料等工业企业中，主要用于对热力设备及其系统的工况进行测量和控制。

火力发电厂是将燃料（煤或油等）的化学能转变为热能和电能的工厂，装设有热力和电气等设备。热力设备主要是锅炉和汽轮机，两者均配有相应的辅机设备，构成了许多系统，如输煤、煤粉、燃油、风烟、除尘、除渣、除灰、蒸汽（主蒸汽、再热蒸汽、旁路、加热等）、真空、补给水、化学水处理、除氧水、给水、凝结水、循环水、排水、减温减压、热网供热、发电机冷却、汽轮机油系统等，其上均装设有大量的传感器。电气设备，如发电机、电动机、变压器等，也部分装设了传感器，或与热力设备进行联动。

传感器遍布火力发电厂各个部位，它是保障机组安全启停、正常运行、防止误操作（引入闭锁条件）和处理故障等非常重要的技术装备，是火力发电厂安全经济运行、文明生产、提高劳动生产率、减轻运行人员劳动强度等必不可少的设施，也是反映火力发电厂自动化水平的重要标志之一。特别是高参数、大容量机组，其热力系统复杂，在运行中需要监视和操作的项目极多。如 50MW 机组，监视项目有 100 多个、操作项目几十个；而 300MW 机组的监视项目就有 1000 多个、操作项目超过 500 个；600MW 机组的监视项目达 2000 多个、操作项目 1000 多个。因此，高参数、大容量机组对火力发电厂自动化水平提出了更高的要求。

本次学习任务就是让同学们熟悉传感器在火电厂生产过程中的典型应用。如何来实现呢？让我们一起来看看有关火电厂生产过程的相关知识吧。

二、相关知识

（一）火电厂热工测量的目的是什么？

火电厂热工测量的目的在于：直接反映热力过程中的运行参数值，供值班人员及时掌握整套机组的运行情况，并据此作出正确的判断和合理地进行操作，保证设备安全可靠地运行；为企业经济核算和计算各项技术经济指标提供参数，以寻求经济、合理的运行方式；提供自动控制用的测量信号（这是实现热力过程自动化的先决条件）；分析事故原因，并据此处理事故与吸取教训等。

（二）锅炉汽水生产过程中需检测的主要参数有哪些？

传感器遍布电厂的各个部位，用于测量各种介质的温度、压力、流量、物位、机械量等，是保障机组安全启停、正常运行和故障处理非常重要的技术装置。以图 10-35 所示火电厂汽水系统生产为例，储存在给水箱中的锅炉给水由给水泵强行打入锅炉的进水管路，并导入省煤器。锅炉给水在省煤器管内吸收管外烟气和飞灰的热量，水温上升到 300℃ 左右，但从省煤器出来的水温仍低于该压力下的饱和温度（约 330℃），属高压未饱和水。水从省煤器出来后沿管路进入布置在锅炉外面顶部的汽包。汽包下半部是水，上半部是蒸汽。高压未饱和水沿汽包底部的下降管到达锅炉外面底部的下联箱，锅炉底部四周的下联箱上并联安装上了许多水管（称为水冷壁），水通过水冷壁管由下向上流动，吸收炉膛中心火焰的辐射传热和高温烟气的对流传热。由于蒸汽的吸热能力远远小于水，所以规定水冷壁内的汽化率不得大于 40%，否则很容易因为工质来不及吸热发生水冷壁水管熔化爆管事故。经部分汽化后的汽水混合物进入汽包进行汽水分离，水回到汽包下半部，又进入循环过程，蒸汽进入主蒸汽管道，吸收炉膛中心火焰的辐射传热和烟气的对流传热，使之为合格的过热蒸汽。在汽水生产流程中，为了保障设备的安全启停、正常运行、自动控制及故障处理，需要检测的主要参数有：

①温度：给水温度、汽包壁温、炉膛温度、主蒸汽温度等。
②压力：给水压力、汽包压力、炉膛压力、主蒸汽压力等。
③流量：给水流量、蒸汽流量等。
④液位：汽包水位等。

（三）锅炉汽水生产过程中主要参数的测量方法

1. 汽包水位信号的测量

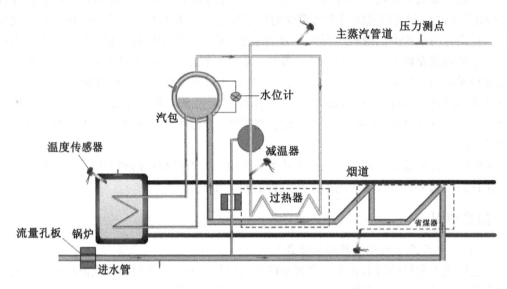

图 10-35 锅炉汽水生产过程检测系统图

锅炉汽包水位是保证机组安全运行的重要参数,正确测量、传递、补偿运算出汽包水位值,是机组安全稳定运行的必要条件,事关重大。《国家电力公司电站锅炉汽包水位测量系统配置、安装和使用若干规定》〔国电发(2001)795 号〕明确规定了亚临界锅炉汽包水位的调节、报警和保护应分别取自 3 个独立的差压变送器进行逻辑判断后的信号,并且该信号应进行压力、温度修正。目前,300MW 汽包锅炉均配置有就地水位计、电接点水位计、差压式水位计等。

(1) 就地水位计

就地水位计是装在汽包本体上的直读式仪表,是测量汽包水位的传统仪表,也是锅炉厂对汽包必须配备的基本配件。美国机械工程师学会(ASME)的动力锅炉规程中就规定:动力锅炉的汽包至少应配有一套就地水位计。国外锅炉厂对各自生产的汽包锅炉一般都配有两套就地水位计。水位计分别安装在汽包的两端。有的锅炉还配有高位就地水位计,用于锅炉的充水保养。

就地水位计虽然有玻璃、云母和牛眼等品种之分,但是它们的工作原理则都是按连通管原理工作的,如图 10-36 所示。连通管的原理是在液体的密度相同的条件下,连通管中各个支管的液位均处于同一高度。也就是说:汽包和水位计既然是连通的,水位计中的水位高度就应该和汽包中的水位高度相同。这是符合人们眼见为实习惯的。多年来人们一直按照这一习惯,使用就地水位计对汽包水位进行监视。

对就地水位计而言,汽包内的水温是对应压力下的饱和温度。饱和蒸汽通过汽侧取样管进入就地水位计。由于就地水位计的环境温度远低于蒸汽温度,使蒸汽不断凝结成水并迫使水位计中多余的水通过水侧取样管流回汽包。水位计中的水受环境的冷却使得其平均温度低于饱和温度。水位计中水的密度比汽包中水的密度高,使得就地水位计中的水位低于汽包中的水位。

(2) 电接点水位计

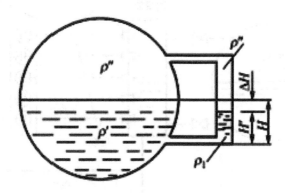

图 10-36 就地水位计的显示原理

电接点水位计在水位测量中得到广泛的应用。它采用电信号，便于远传指示，而且结构简单、迟延小，能够适应锅炉变参数运行，在锅炉启停过程中都能准确地显示汽包水位。电接点水位计还可用于凝汽器、除氧器和加热器等设备的水位测量。它输出的信号是不连续的开关信号，一般只作水位显示，或在水位越限时进行声光报警，不宜用做自动控制信号。

电接点水位计是利用汽包内汽、水介质的电阻率相差很大的性质来测量汽包水位的。360℃以下的饱和水，其电阻率小于 $10^4 \Omega \cdot m$，而饱和蒸汽的电阻率大于 $10^6 \Omega \cdot m$。因为锅水中含盐，电阻率较纯水低，所以，锅炉水与蒸汽的电阻率相差更大。电接点水位计就是依据这一特点将水位信号转变成相应的电接点的通断信号，由水位显示器远距离显示锅炉汽包水位的。

电接点水位计的基本结构如图 10-37 所示。它由水位发送器（包括测量筒、电接点）、传送电缆和水位显示器等组成。电接点安装在水位容器的金属壁上，电极芯与金属壁绝缘，显示器内有氖灯，每一个电接点的中心极芯与一个相应氖灯组成一条并联支路。水位容器中，汽水界面以下的电接点被水淹没，而汽水界面以上的电接点处于饱和蒸汽当中。当某一电极被淹没在水下时，因水的导电性能好，电极芯与水位容器壁相连构成回路，使相应的氖灯燃亮，而处在饱和蒸汽中的电接点，由于蒸汽电阻很大，相当于断路，相应的氖灯不亮。水位越高，被淹没的电接点多，显示器上燃亮的氖灯数量越多，通过观察显示器上燃亮氖灯的数量，即可了解水位的高低。

(3) 差压式水位计

差压式水位计在火电生产过程中是应用最为普遍的一种水位计。它是静压式液位测量仪表，在汽包水位、高加水位、除氧器水位测量中都得到应用。

差压式水位计是将水位高低信号转换成相应差压信号来实现水位测量的仪表。它是由水位—差压转换容器（又称平衡容器）、压力信号导管及差压计三部分组成的，如图 10-38 所示。水位信号首先由水位—差压转换容器转换成差压信号，差压计测出差压值的大小，并指示出水位的高低。如果将差压计改为差压变送器，可将水位信号转换成电流信号，远传至控制室进行连续水位指示、记录以及为调节系统提供水位信号。

2. 给水流量信号的测量

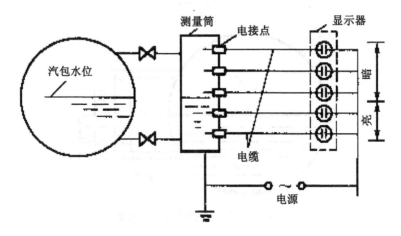

图 10-37　电接点水位计基本结构

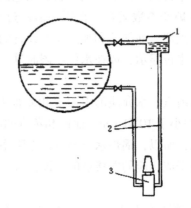

1—平衡容器　2—压力信号导管　3—差压计
图 10-38　差压式水位计

给水流量的测量是利用差压式流量计进行的,测量数据必须进行压力和温度的校正,分散控制系统本身一般都带有给水流量的补偿运算模块。省煤器入口给水流量计算式为:

$$W = k\sqrt{\frac{\gamma(t,p) \times \Delta p}{\gamma_0}} \tag{10-1}$$

式中：W——给水流量；

　　　k——流量孔板系数即喷嘴系数；

　　　γ——工作温度 t 和压力 p 下水的比重,可以由系统内部参数表自动查取；

　　　γ_0——室温下水的比重；

　　　Δp——实测流量孔板差压。

差压式流量计的测量原理是基于流体流动的节流原理。在流体管道内,加一个孔径较小的阻挡件,当流体通过阻挡件时,流体产生局部收缩,部分位能转化为动能,收缩截面处流体的平均流速增加,静压力减小,在阻挡件前后产生静压差,这种现象称为节流,阻挡件称为节流件。对于一定形状和尺寸的节流件,在一定的测压位置、一定参数的流体和其他条件下,节流件前后产生的差压值随流量而变,两者之间并有确定的关系。因此,可通过测量差压来测量流量。图 10-39 所示为差压式流量计的组成示意图。节流装置产生的差压信号，通过压力传输管道引至差压计，经差压计转换成电信号或气信号送至显示仪表或计算机。

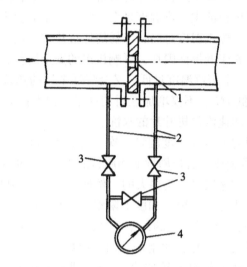

1—节流孔板；2—引压管路；3—三阀组；4—差压计

图 10-39　差压式流量计的组成原理

3. 主蒸汽流量的测量

在火电厂单元机组运行管理工作中，主蒸汽流量作为系统的关键参数之一，对机组运行状况、性能监测、过程控制起着至关重要的作用。目前测量单元机组主蒸汽流量的方法主要有两大类：直接测量法，即采用标准节流元件测量主蒸汽流量的方法；间接测量法，即通过计算获取主蒸汽流量的方法。

由于在大型机组中主蒸汽流量的直接测量结果与实际值偏差较大，故不设置主蒸汽流量的测点。间接测量计算主蒸汽流量则为大型机组的运行、监视、分析提供了有力的依据，且其精度满足运行管理要求。通过对高压缸叶轮腔室压力和主蒸汽压力的测量，经计算得出流经汽轮机的蒸汽流量和高压旁路的蒸汽流量，两者相加即为主蒸汽流量。弗留盖尔公式是目前应用于大型机组蒸汽流量计算中较为普遍的方法，对于背压为真空的机组，蒸汽流量计算式可简化为：

$$G = G_0 \sqrt{\frac{T_{01}}{T_1}} \times \frac{p_1}{p_{01}} = G_0 \sqrt{\frac{273 + t_{01}}{273 + t_1}} \times \frac{p_1}{p_{01}} \tag{10-2}$$

式中：G_0——额定工况下主蒸汽流量，t/h；

　　　p_{01}——额定工况下的调节级压力，MPa；

　　　T_{01}——额定工况下调节级温度，℃；

　　　p_1——实测调节级压力，MPa；

　　　T_1——实测调节级温度，℃；

应用此计算公式的首要前提是汽轮机通流部分的结构特征保持不变。当通流部分由于叶片结垢、破损、变形或动静部分间隙发生变化而导致汽道面积改变时，应用该公式计算会产生误差。准确选定 G_0、p_{01}、T_{01} 是关键，新机组投产初期可以使用制造厂提供的数据，最终要以性能试验中实测数据为准。

4. 主蒸汽温度的测量

主蒸汽温度是影响火电厂安全运行和经济效益的重要参数，因为过热器是在高温、高压条件下工作的，过热器出口的主蒸汽温度是全厂整个汽水流程中工质温度的最高点，也是金属壁温的最高处。主热蒸汽温度过高，容易烧坏过热器，也会使蒸汽管道、汽轮机内某些零部件产生过大的热膨胀变形而毁坏，影响机组的安全运行，因而主蒸汽温度的上限一般不应超过额定值5℃。主蒸汽温度过低，又会降低全厂的热效率，一般蒸汽温度每降低 5~10℃，热效率约降低1%，不仅增加燃料消耗量，浪费能源，而且还将使汽轮机最后几级的蒸汽湿度增加，加速汽轮机叶片的水蚀。

当前，我国发电厂用的主蒸汽温度测量一次元件，大多采用工业Ⅱ级镍铬-镍硅和镍铬-铜镍热电偶。按国家质量技术监督局批准和施行的 JJG351-1996 规程规定，它们的测量误差为测量值的±0.75%，这项误差是很大的。例如：主蒸汽温度为540℃，其误差值为4.05℃，再加上显示仪表精度0.5级，刻度上限温度（600℃）的误差为3℃，其综合误差是5.0℃；如果测温元件和显示仪表的误差符号相反，而且都是最大误差值，则其误差可达7.05℃。这在现场实际运行中是可能的，而按锅炉设备运行监督的要求是不允许的。因此，我们建议采用Ⅰ级镍铬-镍硅和镍铬-铜镍热电偶来取代Ⅱ级镍铬-镍硅和镍铬-铜镍热电偶。因为工业Ⅰ级热电偶的误差为测量值的±0.4%，在蒸汽温度为540℃的条件下，其误差仅为2.16℃，加上显示仪表后的综合误差为3.7℃。这和使用工业Ⅱ级热电偶相比，其精度有很大的提高，基本上可以满足锅炉设备运行监督值的要求。就我国目前生产厂家的工艺水平，已有不少厂家能生产Ⅰ级工业用镍铬-镍硅和镍铬-铜镍铠装热电偶，可以满足火电厂机组运行需要。

而给水温度、汽包壁温的测量大多可选用热电偶、热电阻温度传感器来进行测量，究竟选择热电偶还是热电阻，应从以下几方面考虑：

①根据测温范围选择：500℃以上一般选择热电偶，500℃以下一般选择热电阻；

②根据测量精度选择：对精度要求较高选择热电阻，对精度要求不高选择热电偶；

③根据测量范围选择：热电偶所测量的一般指"点"温，热电阻所测量的一般指空间平均温度。

5. 主蒸汽压力的测量

锅炉主蒸汽压力作为表征锅炉运行状态的重要参数，不仅直接关系锅炉设备的安全运行，而且关系主蒸汽压力是否稳定反映燃烧过程中的能量供需关系。我国目前大多采用压力变送器来测量锅炉主蒸汽压力，其他压力信号例如给水压力、汽包压力、炉膛压力等也大多采用压力变送器来测量。

压力变送器是测量介质压力的，一般分为两部分：传感器部分和信号转换部分。由于变送器的应用领域不同，所以它们的种类很多（特别是传感器的结构不同，有电阻式的、有电容式的、压电式的、还有频率式的）。但是它们的工作原理都相近。传感器的隔离膜片是直接接触被测介质的，它会因为介质的压力变化而产生形变，这种形变通过隔离液传送给测量膜片，测量膜片也会产生相应的变形（如果是电阻式的，这个形变会改变电阻值，其他形式的同理），然后信号转换部分会根据此形变所产生的信号变送出相应的电信号,通过获取该电信号来测量介质压力值。下面以 1151 系列电容式变送器为例来说明其结构及基本工作原理。

1151 系列电容式变送器有一个可变电容的传感组件,称为"δ"室(见图 10-40)。传感器是一个完全密封的组件,过程压力通过隔离膜片和灌充液硅油传到传感膜片引起位移。传感膜片和两电容极板之间的电容差由电子部件转换成 4~20mA DC 的二线制输出的电信号。

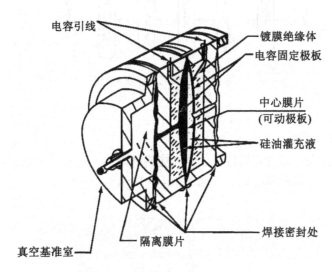

图 10-40 电容式变送器的"δ"室

变送器的基本组成可用方框图 10-41 表示,它分成测量部件和转换放大电路两部分。输入压力(或差压)作用于测量部件的感压膜片,使其产生位移,从而使感压膜片(即可动电极)与两固定电极所组成的差动电容器之电容量发生变化。此电容变化量由电容—电流转换电路转换成直流电流信号,电流信号与调零信号的代数和同反馈信号进行比较,其差值送入放大电路,经放大得到整机的输出电流 I_0。

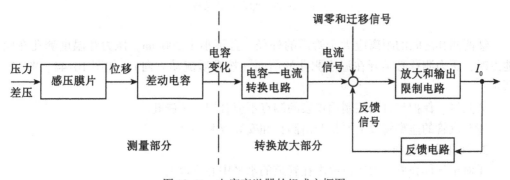

图 10-41 电容变送器的组成方框图

三、相关技能

(一) 热工表计施工流程

热工表计施工流程如图 10-42 所示。

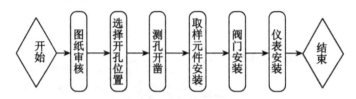

图 10-42 热工表计施工流程

(二) 主要施工工艺质量控制要求

1. 取样位置的选择

①测孔应选择在管道的直线段上。测孔应避开阀门、弯头、三通、挡板、入孔等对介质流速有影响或会造成泄漏的地方，如图 10-43 所示。

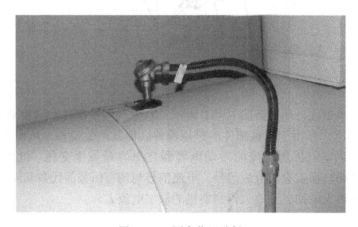

图 10-43 测点位置选择

②两测孔之间的距离应大于管道的外径，且不小于 200mm。压力和温度测孔在同一地点时，压力测孔必须开在温度测孔的前面（按介质流动方向），如图 10-44、图 10-45 所示。

③测量、保护与自动控制用仪表的测点不应合用一个测孔。

④蒸汽管的监察管段上严禁开凿测孔和安装取源部件。

2. 开孔位置选择

①对于气体介质，取压口要求在管道的水平中心线以上。

②对于蒸汽介质，取压口应在水平中心线以上或以下 45°夹角内。

③对于液体介质，取压口应在管道的水平中心线以下与水平线成 45°的夹角范围内。

3. 取样开孔

图 10-44　温度压力测点位置 1

图 10-45　温度压力测点位置 2

开孔应有防止金属屑粒掉入的措施。开凿后应立即焊上插座，否则应采取临时封闭措施，以防异物掉入孔内。见图 10-46。

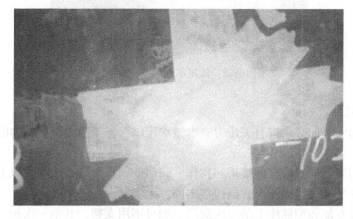

图 10-46　取样开孔临时封闭

4. 取样元件的安装

①取样插座焊接完成后应采用胶带或其他材料临时封堵，如图 10-47 所示。

图 10-47　取样插座临时封堵

②压力取样测孔直径与取源短管内径偏差不超过 0.5~1mm，取压短管垂直偏差 ≤2mm，测孔应光滑、无毛刺，如图 10-48 所示。

图 10-48　插座水平、垂直度要求

5. 阀门安装

①一次阀门安装前必须按有关压力要求做水压试验，一般为工作压力的 1.5 倍，试验 5 分钟。

②取源阀门安装位置应方便维护和操作，阀门的阀杆要装在水平线以上的位置，进出口方向正确，安装端正牢固，与管路连接牢固，无渗漏。

③直接焊接在加强型插座上的一次阀门一般可不用支架，其他一次阀门必须加固定支架，如图 10-49、图 10-50 所示。

图 10-49 热工一次阀门安装

图 10-50 热工一次阀门固定

6. 仪表安装

①仪表安装要求按照"大分散、小集中"的原则进行布置，布置地点应靠近取源部件，如图 10-51 所示。

②仪表的安装地点要避开强烈振动的地方，环境温度应符合设计要求。

③保温、保护柜内的变送器、开关安装间距横向要求为 100~150mm，柜内仪表布置要求横平竖直；变送器显示屏排列应一致，并易于观察，同时变送器的进线方向应一致，如图 10-52 所示。

④仪表安装应竖直向上，固定牢固，如图 10-53 所示。

四、请你做一做

请你进一步了解火电厂其他生产过程，为了保障机组安全启停、正常运行、防止误操作（引入闭锁条件）和正确处理故障，针对各种生产过程你觉得需要测量哪些参数，可采用什么方法进行测量？测量中应注意什么问题等？

图 10-51 仪表的集中布置

图 10-52 保温、保护柜表计布置

图 10-53 柜内表计安装

反思与探讨

1. 总结一下火电厂热工参数测量中，有哪些种类的参数需要测量，可采用的方法有哪些？

2. 结合所学的传感器知识，讨论热电偶的测温线路与热电阻的测温接线是否相同，为什么？

3. 上网查寻压力（差压）变送器的两个主要生产厂家及相关产品的技术指标。

单元十一　综 合 训 练

【要求】
（1）以 5 人左右的小组为单位，注意发挥集体的力量。对问题的讨论务必注意叙述的清晰性、严谨性。
（2）最后的结果必须以 Word 文档和 Powerpoint 文档提交，每组只提交一份文档即可。注意，文件的格式、图表的美观将作为评价的一部分。其中图必须采用 Microsoft Visio 描画。
（3）每组在班级作 10~15min 交流。
（4）可以进行自由选题，问题可超出教师拟定的问题范围。

任务一　大直径钢管直线度在线测量

大直径钢管直线度测量一直是困扰现代化工业生产的一个重要的技术难题。目前国内外对大尺寸直线度测量的主要方法有：激光准直法、自准直仪法、拉线法、三坐标测量法等。上述所有这些测量方法只能适用于离线抽检，不能进行在线实时自动测量。如对大型无缝钢管轴心线直线度在线实时自动检测，国外至今没有很好地解决；国内无缝钢管生产厂家是采用目测的方法测出钢管圆柱外表面若干母线的直线度，从而估计出轴线在任意方向上的直线度。试设计钢管直线度在线测量仪。

注：直线度的定义：空间曲线偏离理想直线（拟合直线）的最大误差值。

任务二　油气管道的破坏监测

管道常规损坏如泄漏、管壁腐蚀、防腐层破损等监测，主要基于管道外形、电学性质、声学性质、流体状态、流体性质、随管铺设泄漏敏感线等。然而，近来我国油气管网严重遭受到以盗窃为目的的钻孔破坏。首先，这种破坏具有隐蔽性。如果盗窃油气的过程很缓慢，就不会在流体内形成明显的负压波或声波。即使出现并监测到了负压波，但巡逻员到达出事地点（可能长达 10 公里）也为时已晚。所以，对盗窃之前即打孔破坏阶段进行监测，防患于未然，才是比较根本的措施。其次，考虑到监测设备的供电和自身防盗问题，全部设备必须安装在泵站内部。试设计检测系统。

提示：调查发现，行窃之前，必定会在隐蔽管段上钻孔装阀，以图长期获利。他们先用锉刀、手钻等工具将管钻薄，然后在管道上打卡、套装阀门，最后用利器凿穿管壁。可见，该破坏过程必定会在管壁内产生强烈的振动。振动波在金属管道（单侧约束）内传播衰减较小，可在泵站内安装多套振动传感器，不间断地监测管壁振动，利用现代信号处理识别管道破坏特征并定位破坏地点，从而实现管道的连续、实时监测。

任务三　同轴度测量

轴传动是机械传动的一种重要方式。要使机器平稳运转，就必须使主动轴轴心线与从动轴轴心线重合。我们把两轴重合的程度称为同轴度。同轴度的测量问题被认为是"一个有待解决的困难课题"。定量描述同轴度，实质是描述主动轴轴心线和从动轴轴心线这两条空间直线之间的相互位置关系。描述两条空间直线间的相互位置关系有两个指标：距离与夹角。按工程界约定俗成的叫法就是：偏差和开口（偏差：两轴心线之间的距离；开口：两轴心线之间的夹角）。试设计同轴度测量系统。

任务四　轨高差检测

铁轨高差度的检测，是铁路工务部门的一项重要工作。目前国内在新路施工和老线路定期检测时，工人单体操作所采用的仍是水准泡式道轨尺。试设计轨差测量系统，要求检测范围为±150mm，检测灵敏度为1mm。

任务五　粮库粮温监测

我国是一个拥有世界四分之一人口的大国，为了保障十几亿人口的吃饭问题及其他需要，国家每年要从农民手中收购大量的粮食以确保充足的粮食储备。如何运用先进的科技手段和管理方式实现粮食仓储管理的现代化，最大限度减少因发热、霉变和虫害孳生等原因造成的坏粮损失，是我国粮食储备领域多年来不断探索的研究课题。传统的粮情检测多用人工锥刺取样、手感目测等方法，这些方式存在较大的缺陷。由于粮温是粮情状况最重要的指标之一，所以，准确监测粮温，是安全保粮最科学简捷的方法之一。试设计自动粮库粮温监测系统。测量误差为±1℃。

任务六　钢轨高速探伤

我国铁路运输繁忙，列车运行间隔只有十几分钟，同时，运营线路近7万公里，线路状况较差，超期服役钢轨数量很大，钢轨伤损发生率高。为了保障铁路运输安全，目前检测钢轨内部缺陷的主要设备为小型钢轨超声探伤仪，由人工进行钢轨伤损的检测。为防止、监测伤损的发生、发展，平均每年每条线路检测需10遍以上，总检测里程近100万公里，全线有近万名专职钢轨探伤人员负责钢轨内部伤损的检测。随着中国铁路的多次提速，铁路对于能在现有鱼尾板联结线路上完成高速探伤的设备需求日益迫切。研究开发钢轨高速探伤车，使其在检测时不影响铁路正常运营，对铁路运输业具有重要的意义。试设计钢轨探伤系统。

任务七　旋转轴扭矩测量

测量旋转轴所传递的扭矩,由于轴本身在旋转,不能直接在其上面贴应变片测量。为此,往往采用各种集流环装置进行测量,但在测量精度、经济性及劳动保护等方面存在许多不足。目前常采用的方法主要是利用行星齿轮机构的动力分流特点,将旋转轴扭矩的测量问题转化成测量固定轴静态扭矩问题,从而较好地实现了对旋转轴扭矩的测量。

扭矩会使物体产生某种程度上的扭转变形。当轴有扭矩作用时,只要轴的尺寸、材料确定,则轴的剪应变和轴2个端面的相对转角就只与轴所承受的扭矩有关,且成正比例关系。一般扭矩的测试方法正是基于这种关系,用各种传感器将轴的剪应变或2端面的相对转角变换成电量,再经测量电路进一步处理,实现对扭矩的测量。常见的扭矩测量方法可分为应变式及相对转角式。

对于旋转轴扭矩的测量,采用相对转角法比较困难,故多采用简单可靠的电阻应变式测量方法。即将应变片粘贴在被测轴上或特制的弹性轴上,做成扭矩传感器,利用应变片将轴由于扭矩产生的剪应变转换成电量进行测量。为了提高灵敏度,并消除其他参数的影响,通常在轴圆周方向每隔90°布置一个应变片,其贴片方向与轴成45°或135°夹角,把它们接成全桥测量形式。这样,应变片感受转轴在扭矩作用下产生的剪应变,并经集流环与测试电路相连,即可对旋转轴的扭矩进行测量。试设计扭矩测量系统,测量误差:±0.1Nm。

任务八　电动助力车轮速高精度检测

电动助力车(包括电动自行车和电动摩托车)具有无污染、低噪声和轻便快捷等特点,将是燃油助力车和摩托车的替代产品,是绿色环保的交通工具。电动助力车的行驶速度是电动助力车综合性能检测的一个重要指标,车速的检测也是对车速表的校核,并关系到对其他参数(如车载蓄电池一次充电续驶里程)的正确评价。试设计电动助力车轮速高精度检测系统。要求测量误差:±1r/min。

附　　录

附录一　学生案例

**传感器与检测技术
课程设计报告**

项目名称：储油罐液位、温度实时检测
设计小组名单：

一、设计任务

我国石油资源丰富,采油炼油企业众多,储油罐是储存油品的重要设备,储油罐液位的精确计量对生产厂库存管理及经济运行影响很大。但国内许多反应罐、大型储油罐的液位计量仍采用人工检尺和分析化验的方法,其他参数的测定也没有实行实时动态测量,这样易引发安全事故,无法为生产操作和管理决策提供准确的依据。采用计算机自动监测技术,实时监测储油罐液位、温度等参数,可以方便了解生产状况,及时监视、控制容器液位及温度等,保障安全平稳生产。

对于有计量要求的大型储罐,其储量计量是通过人工检尺换算后得出的。如 1 000m³ 罐(10mm 为 1t,1mm 约为 100kg),若检测仪表精度为 0.1%,则测量误差为 ±1t,而对 $2.0 \times 10^5 t$ 20m 罐(1mm 为 10t),其误差为 200t。目前,原油、成品油和其他液体的储运及港口、码头的交割计算仍采用人工登高检尺换算。而国家一级钢卷尺的误差是 $\pm 3.5 \times 10^{-4}$m。因此,提高液位检测精度一直是用户和研究人员的追求。

原油储运是原油生产过程中的重要环节。油库承担着原油储运的重要工作。原油在油库的储油罐中必然有一定的存储时间,随着罐存时间的增长,原油温度将逐渐下降,而其温度决不允许低于某个数值(一般为29℃),否则将造成凝罐等恶性事故,使原油储运工作无法正常进行,其后果将是十分严重的。

试设计储油罐(圆柱体)液位、温度的实时监测系统。

二、符合要求的液位测量方法

(1)压力变送器

它是通过测量由液体产生的液柱静压力来确定液位高度的。如将压力作用于硅阻式压力传感器的感压面上,当液体密度为一定值时,液位将与压力呈线性比例关系,因此通过对压力的检测,经转换标定就可实现对液位的测量。

压力检测是通过硅阻式压力传感器实现的。它的基本原理是利用半导体的压阻效应和微机械加工技术,在单晶硅片的特定晶片上,用光刻、扩散等半导体工艺制做一惠斯登电桥,形成敏感膜片。当受到外力作用时产生微应变,电阻率发生变化,使桥臂电阻发生变化,再激励电压信号输出,经过计算机温度补偿、激光调阻和信号放大等处理手段以及严格的装配检测、标定等工艺,即可得到标准输出信号。

根据 $p = \rho g h$,可以根据压力变送器传出的信号、油的密度得到油的深度 h(见附图1)。这里要注意的是,压力变送器所测得的压力不仅仅是油压的,还包括了油罐上方的大气压力,一般采用通芯透气电缆将外界大气压导入传感器感压面的另一侧,以抵消液面上部大气压的影响,还要注意压力变送器的防油问题。

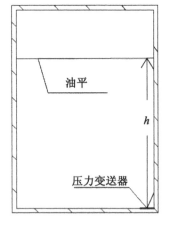

附图1

压力变送器也称差变送器,主要由测压元件传感器、模块电路、显示表头、表壳和过程连接件等组成。它能将接收的气体、液体等压力信号转变成标准的电流电压信号,以供给指示报警仪、记录仪、调节器等二次仪表进行测量、指示和过程调节。

压力变送器根据测压范围可分成一般压力变送器（0.001~20MPa）和微差压变送器（0~30kPa）两种。

压力变送器广泛地应用于石油、化工、钢铁、电力、轻工、环保等工业领域，实现对各种流体压力的表压或绝压测量和控制，能够适用于各种恶劣危险环境及腐蚀性介质。

不过，从油井中直接采出的原油里含有大量水、泥沙和天然气，通过三相分离器的分离，就会在储油罐中形成泥沙/水、水/油、天然气/油等几种界面，这时 $p = \rho g h$ 将失去准确性（见附图2）。

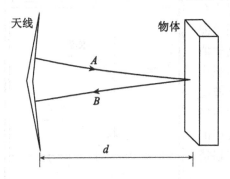

附图2

（2）超声波、电磁波液位计

波在传播过程中遇到障碍物能反射回来，雷达、超声波就是利用这个原理，通过测量电磁波从发射到反射的时间差，计算出电磁波传播的距离（见附图3）。

由图可知：$d = \Delta t \times c/2$。

由于油罐相对来说高度不大，测量其发射波和反射波的时间差几乎不可能测出，见附图4。

因此必须改变雷达发出的脉冲波，采用合成脉冲雷达波，通过测量发射波和反射波的频率差来计算雷达波传输的距离，见附图5。

由图可知，$d = c \cdot \Delta f / (2 \cdot s)$

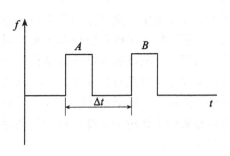

附图3

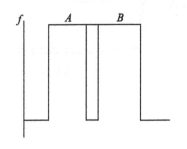

附图4

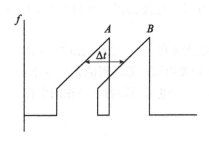

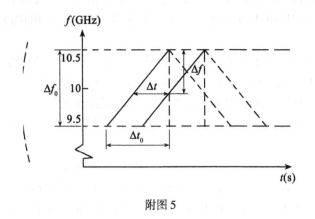

附图 5

其中：$s = \Delta f_0 / \Delta t_0$。

(3) 伺服式浮子液位计

液位测量采用伺服式浮子液位计，伺服式液位计基于浮力平衡的原理，由微伺服电动机驱动体积较小的浮子，精确地测出液位等参数。其工作原理是：绕在鼓轮上的测长钢丝绳的前端系有小型平衡浮子，这个平衡浮子受到浮力 F 的同时还受到测长钢丝绳一定的张力 T，两者之和与浮子重量 W 平衡时浮子停止在液面上。当液面高度变化时，浮力变化，测长钢丝绳的张力也发生变化，测量张力的测力传感器的测量值偏离平衡基准值，这偏差值控制平衡步进电机向减小偏差方向旋转。电机通过机械传动机构使钢丝绳鼓轮旋转，带动浮子追踪液面变化，并将这液面变化转换成液位数据输出。依据光电编码器（图 11-6）传出的光电信号来确定其转动角度，从而得到浮子的位移情况（见附图 6）。

光电编码器是另一种类似的装置，不同的是没有采用电机，从图上原理显得更为简单，浮力 + 重物重力 = 浮子重量，这使得浮子也能反映出油面的高度，见附图 7。

油面高度变化　　　$\Delta L = \Delta \theta / 2\pi \cdot R$

式中：$\Delta \theta$ 是光电编码器测得的角度变化；

R 是带有光电编码器的主动轮的半径。

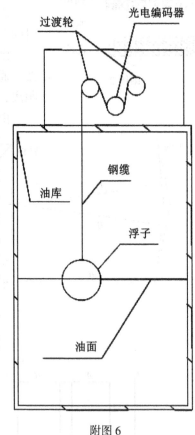

附图 6

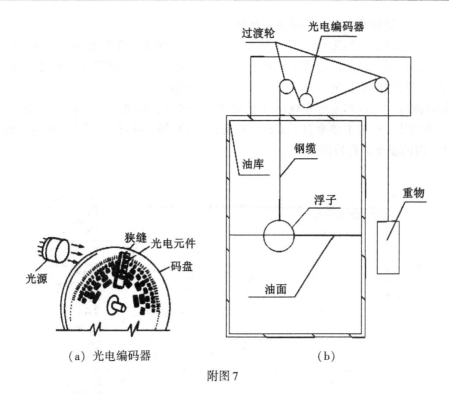

附图 7

三、温度测量方法

（1）测温元件

选择测温元件的极限测温范围为 $-20 \sim 80℃$。如果油罐的容量大，油罐的温度变化就慢，对测温元件的温度响应速度要求不高，因此一般选用金属电阻和热敏电阻作为测温元件。也有使用埋入式光纤光栅温度传感器。

（2）测温装置

选用与原油导热系数接近的塑料制作测温棒材料，避免了因棒体导热破坏温度场将热敏电阻安装在测温棒上，棒体内部用聚氨酯发泡固定导线和热敏电阻。

（3）油温监测点的布置

在浮船的 3 个入孔处分别安放一组（每组 8 个）油温测量探头，分别监测距油面 0m 至 1.5m 处的原油温度；在量油孔处安放一组可达油罐底部的探头（共 11 个），分别监测距离罐底 0.5m 至 18.0m 处的原油温度；在浮船上 10 个不同半径的船腿处，各安放 1 个探头，分别监测该处油面下 0.15m 处的原油温度；在储油罐外壁相隔 120° 分别安放一列与量油孔探头位置相对应的探头，以监测储油罐外壁相应各点的温度；在原油进出口管线上，安放 1 个探头，用于监测原油的进出口温度。

（4）油储罐纵向温度分布规律

除液位上、下两侧的 2 个传感器以外，在液位下的其他传感器的油温基本相同，这说明储油罐原油纵向温度分布规律受环温、进出口温度等参数影响较小，并与稳罐和非稳罐等原油储运状态基本无关。在液位以上的传感器的温度明显低于油温，但并不等于环境温度,这是由于在量油孔中存在热油蒸汽所致。

液位下的传感器,如果与液面的距离大于 0.5m,则其温度与液位下其他传感器的温度基本一致;如果与液面的距离小于 0.5m,则其温度明显低于液位下其他传感器的温度。由此可见,环境温度对液面下 0.5m 油层的温度影响较大。

由储油罐原油纵向温度分布规律(见附图8)可知,储油罐中顶层原油的温度最低,即罐中原油的热量损失主要来自上表面。因此,对油罐的温度检测最重要的部分就是对油面下 1.5m 内的温度进行检测。

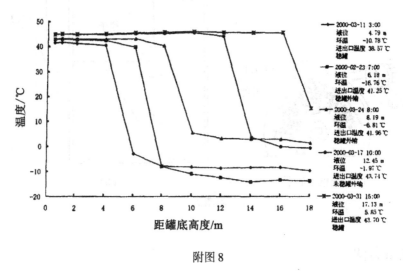

附图8

四、想法

我们主要对浮子液位计进行了分析与讨论,一开始并没有过渡轮这一结构(见附图9)。考虑到结构可能发生打滑、空转现象,所以我们加入了过渡轮这一结构。

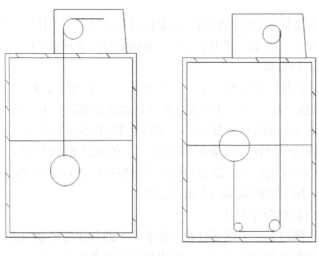

附图9

之后，我们也想找出一种不需要钢缆张力的传感器、步进电机的方案，只利用浮子本身重力来控制钢缆的上下，但是没有成功，它只能在油面上升或下降时才能准确反映液面高度。虽然我们也想到了一个能够实现功能的结构（见附图10），但是其结构较复杂，体积较大，所以不及我们上面提到的方案。

总的来说，本次课程设计带给我们的收益很大。不仅温习了好几门先修课程，还锻炼了自己分析问题、解决问题的能力和团队合作能力，又掌握了很多新知识。深深感到课堂学习只是知识十分微小的来源，更多的要靠实践才能真正领会理论上的精髓，并且看出理论上的不足。有些只是停留在理论上的东西，在实际应用中会有较大的偏差，必须采取措施，不能做出华丽却无使用价值的产品。另外，哲学思想也是帮助我们完成设计的好帮手，有些问题必须一分为二，优点的背后必然存在着缺点和不足。这也是我们评判方案优劣和对其取舍的依据之一。

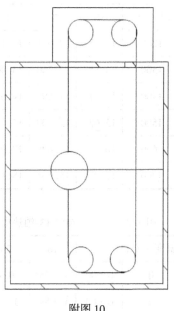

附图10

附录二 热电偶分度表

附表 2-1　铂铑 10-铂热电偶分度表（分度号为 S，冷端温度为 0℃，mV）

温度（℃）	0	10	20	30	40	50	60	70	80	90
0	0.000	-0.053	-0.103	-0.150	-0.194	-0.236				
0	0.000	0.055	0.113	0.173	0.235	0.299	0.365	0.433	0.502	0.573
100	0.646	0.720	0.795	0.872	0.950	1.029	1.110	1.191	1.273	1.357
200	1.441	1.526	1.612	1.698	1.786	1.874	1.962	2.062	2.141	2.232
300	2.323	2.415	2.507	2.599	2.692	2.788	2.880	2.974	3.069	3.164
400	3.259	3.355	3.451	3.548	3.645	3.742	3.840	3.938	4.036	4.134
500	4.233	4.332	4.432	4.532	4.632	4.732	4.833	4.931	5.035	5.137
600	5.239	5.341	5.443	5.546	5.649	5.753	5.857	5.961	6.065	6.170
700	6.275	6.381	6.486	6.593	6.699	6.806	6.913	7.020	7.128	7.236
800	7.345	7.454	7.563	7.673	7.783	7.893	8.003	8.114	8.226	8.337
900	8.449	8.562	8.674	8.787	8.900	9.014	9.128	9.242	9.357	9.472
1000	9.587	9.703	9.819	9.935	10.051	10.168	10.285	10.403	10.520	10.638
1100	10.757	10.876	10.994	11.113	11.232	11.351	11.471	11.599	11.710	11.830

续表

温度（℃）	0	10	20	30	40	50	60	70	80	90
1200	11.951	12.071	12.191	12.312	12.433	12.554	12.675	12.796	12.917	13.038
1300	13.159	13.280	13.402	13.523	13.644	13.766	13.887	14.009	14.130	14.251
1400	14.373	14.494	14.615	14.736	14.857	14.978	15.099	15.220	15.341	16.461
1500	15.682	15.702	15.822	15.942	16.062	16.182	16.301	16.420	16.539	16.658
1600	16.777	16.895	17.013	17.131	17.249	17.366	17.483	17.600	17.717	17.832
1700	17.947	18.061	18.174	18.285	18.395	18.503	18.609			

附表2-2　**铂铑13-铂热电偶分度表（分度号为R，冷端温度为0℃，mV）**

温度（℃）	0	10	20	30	40	50	60	70	80	90
0	0.000	-0.051	-0.100	-0.145	-0.188	-0.226				
0	0.000	0.054	0.111	0.171	0.232	0.296	0.363	0.431	0.501	0.573
100	0.647	0.723	0.800	0.879	0.959	1.041	1.124	1.208	1.294	1.381
200	1.469	1.558	1.648	1.739	1.831	1.923	2.017	2.112	2.207	2.304
300	2.401	2.498	2.597	2.696	2.795	2.896	2.997	3.099	3.201	3.304
400	3.408	3.512	3.616	3.721	3.827	3.933	4.040	4.147	4.255	4.363
500	4.471	4.580	4.690	4.800	4.910	5.021	5.133	5.245	5.357	5.470
600	5.583	5.697	5.812	5.926	6.041	6.157	6.273	6.390	6.507	6.625
700	6.743	6.861	6.980	7.100	7.200	7.340	7.461	7.583	7.705	7.827
800	7.950	8.073	8.197	8.321	8.446	8.571	8.697	8.823	8.950	9.077
900	9.206	9.333	9.461	9.590	9.720	9.850	9.980	10.111	10.242	10.374
1000	10.506	10.638	10.771	10.905	11.039	11.173	11.307	11.442	11.578	11.714
1100	11.850	11.986	12.123	12.260	12.397	12.535	12.673	12.812	12.950	13.089
1200	13.228	13.367	13.507	13.646	13.786	13.926	14.066	14.207	14.347	14.488
1300	14.629	14.770	14.911	15.052	15.193	15.334	15.476	15.616	15.758	15.899
1400	16.040	16.181	16.323	16.461	16.605	16.746	16.887	17.028	17.169	17.310
1500	17.461	17.691	17.732	17.872	18.012	18.152	18.292	18.431	18.571	18.710
1600	18.849	18.988	19.126	19.264	19.402	19.540	19.677	19.814	19.951	20.087
1700	20.222	20.356	20.488	20.620	20.749	20.877	21.003			

附表 2-3　铂铑 30-铂铑 6 热电偶分度表（分度号为 B，冷端温度为 0℃，mV）

温度（℃）	0	10	20	30	40	50	60	70	80	90
0	0.000	-0.002	-0.003	-0.002	-0.000	0.002	0.006	0.011	0.017	0.025
100	0.033	0.043	0.053	0.065	0.078	0.092	0.107	0.123	0.141	0.159
200	0.178	0.199	0.220	0.243	0.267	0.291	0.317	0.344	0.372	0.401
300	0.431	0.462	0.494	0.527	0.561	0.596	0.632	0.669	0.707	0.746
400	0.787	0.828	0.870	0.913	0.957	1.002	1.048	1.095	1.143	1.192
500	1.242	1.293	1.344	1.397	1.451	1.595	1.561	1.617	1.675	1.733
600	1.792	1.852	1.913	1.975	2.037	2.101	2.165	2.230	2.296	2.363
700	2.431	2.499	2.569	2.639	2.710	2.782	2.854	2.928	3.002	3.087
800	3.154	3.230	3.308	3.386	3.466	3.546	3.626	3.708	3.790	3.873
900	3.957	4.041	4.127	4.213	4.299	4.387	4.475	4.564	4.653	4.743
1000	4.834	4.926	5.018	5.111	5.205	5.299	5.394	5.489	5.685	5.682
1100	5.780	5.878	5.976	6.075	6.175	6.276	6.377	6.478	6.580	6.683
1200	6.786	6.890	6.995	7.100	7.205	7.311	7.417	7.524	7.632	7.740
1300	7.848	7.957	8.066	8.176	8.286	8.397	8.508	8.620	8.731	8.844
1400	8.956	9.069	9.182	9.296	9.410	9.524	9.639	9.753	9.868	9.984
1500	10.099	10.215	10.331	10.447	10.563	10.679	10.796	10.913	11.029	11.146
1600	11.263	11.380	11.497	11.614	11.731	11.848	11.965	12.082	12.159	12.316
1700	12.433	12.549	12.666	12.782	12.898	13.014	13.130	13.246	13.361	13.476
1800	13.591	13.706	13.820							

附表 2-4　镍铬-镍硅（镍铝）热电偶分度表（分度号为 K，冷端温度为 0℃，mV）

温度（℃）	0	10	20	30	40	50	60	70	80	90
-200	-5.891	-6.035	-6.158	-6.262	-6.344	-6.404	-6.441	-6.458		
-100	-3.554	-3.852	-4.138	-4.411	-4.669	-4.913	-5.141	-5.354	-5.590	-5.730
-0	0.000	-0.392	-0.778	-1.156	-1.527	-1.889	-2.243	-2.587	-2.920	-3.243
0	0.000	0.397	0.798	1.203	1.612	2.023	2.436	2.851	3.267	3.682
100	4.096	4.509	4.920	5.328	5.735	6.138	6.540	6.941	7.340	7.739
200	8.138	8.539	8.940	9.343	9.747	10.153	10.561	10.971	11.382	11.795
300	12.209	12.621	13.040	13.457	13.874	14.293	14.713	15.133	15.554	15.975

续表

温度（℃）	0	10	20	30	40	50	60	70	80	90
400	16.397	16.820	17.243	17.667	18.091	18.516	18.941	19.360	19.792	20.218
500	20.644	21.071	21.497	21.924	22.350	22.776	23.203	23.629	24.055	24.480
600	24.905	25.330	25.755	26.170	26.602	27.025	27.447	27.869	28.289	28.710
700	29.129	29.548	29.965	30.382	30.798	31.213	31.628	32.041	32.453	32.865
800	33.275	33.685	34.093	34.501	34.908	35.313	35.718	36.121	36.521	36.925
900	37.326	37.725	38.124	38.522	38.918	39.314	39.708	40.101	40.491	40.885
1000	41.276	41.665	42.053	42.440	42.826	43.211	43.595	43.978	44.359	44.740
1100	45.119	45.497	45.873	46.249	46.623	46.995	47.367	47.737	48.106	48.473
1200	48.838	49.202	49.595	49.926	50.286	50.644	51.060	51.355	51.708	52.060
1300	52.410	52.759	53.106	53.451	53.795	54.138	54.479	54.819		

附表 2-5 镍铬-康铜热电偶分度表（分度号为 E，冷端温度为 0℃，mV）

温度（℃）	0	10	20	30	40	50	60	70	80	90
−200	−8.825	−9.063	−9.274	−9.455	−9.604	−9.718	−9.797	−9.835		
−100	−5.237	−5.681	−6.107	−6.516	−6.907	−7.279	−7.632	−7.963	−8.273	−8.561
−0	−0.000	−0.582	−1.152	−1.709	−2.255	−2.787	−3.306	−3.811	−4.302	−4.777
0	0.000	0.591	1.192	1.801	2.420	3.048	3.685	4.330	4.985	5.648
100	6.319	6.998	7.685	8.379	9.081	9.789	10.503	11.224	11.961	12.684
200	13.421	14.164	14.912	15.664	16.420	17.181	17.945	18.713	19.484	20.259
300	21.036	21.817	22.600	23.385	24.174	24.964	25.757	28.552	27.348	28.146
400	28.946	29.747	30.550	31.354	32.159	32.965	33.772	34.579	35.387	36.196
500	37.005	37.815	38.621	39.434	40.243	41.063	41.862	42.671	43.479	44.286
600	45.093	45.900	46.705	47.509	48.313	49.116	49.917	50.718	51.517	52.315
700	53.112	53.908	54.703	55.497	56.289	57.080	57.870	58.659	59.446	60.232
800	61.017	61.801	62.583	63.364	64.144	64.922	65.698	66.473	67.246	68.017
900	68.787	69.554	70.319	71.082	71.844	72.603	73.360	74.115	74.869	75.621
1000	76.373									

附表 2-6　　铁-康铜热电偶分度表（分度号为 T，冷端温度为 0℃，mV）

温度（℃）	0	10	20	30	40	50	60	70	80	90
−200	−7.890	−8.095								
−100	−4.633	−5.037	−5.426	−5.801	−6.159	−6.500	−6.821	−7.123	−7.403	−7.659
−0	0.000	−0.501	−0.995	−1.482	−1.961	−2.431	−2.893	−3.344	−3.786	−4.215
0	0.000	0.507	1.019	1.537	2.059	2.585	3.116	3.650	4.187	4.726
100	5.269	5.814	6.360	6.909	7.459	8.010	8.562	9.115	9.669	10.224
200	10.779	11.334	11.880	12.445	13.000	13.555	14.110	14.665	15.219	15.773
300	16.327	16.881	17.434	17.986	18.538	19.090	19.642	20.194	20.745	21.297
400	21.848	22.400	22.952	23.504	24.057	24.610	25.161	25.720	26.276	26.831
500	27.393	27.953	28.516	29.080	29.647	30.216	30.788	31.362	31.939	32.519
600	33.102	33.689	34.279	34.873	35.470	36.071	36.675	37.284	37.896	38.512
700	39.132	39.755	40.382	41.012	41.645	42.281	42.919	43.569	44.203	44.848
800	45.491	46.141	46.786	47.431	48.074	48.715	49.363	49.989	50.622	54.251
900	51.877	52.509	53.119	53.735	54.347	54.956	55.561	56.161	56.763	57.360
1000	57.953	58.546	59.134	59.721	60.307	60.890	61.473	62.054	62.634	63.214
1100	63.792	64.370	64.948	65.525	66.102	86.679	67.256	67.831	68.406	68.980
1200	69.553									

附表 2-7　　铜-康铜热电偶分度表（分度号为 T，冷端温度为 0℃，mV）

温度（℃）	0	10	20	30	40	50	60	70	80	90
−200	−5.603	−5.753	−5.888	−6.007	−6.105	−6.180	−6.232	−6.258		
−100	−3.379	−3.657	−3.923	−4.177	−4.419	−4.648	−4.865	−5.070	−5.261	−5.439
−0	0.000	−0.383	−0.757	−1.121	−1.475	−1.819	−2.153	−2.476	−2.788	−3.089
0	0.000	0.391	0.790	1.196	1.612	2.036	2.468	2.909	3.358	3.814
100	4.279	4.750	5.228	5.714	6.206	6.704	7.209	7.720	8.237	8.759
200	9.288	9.822	10.362	10.507	11.458	12.013	12.574	13.139	13.709	14.283
300	14.862	15.445	16.032	16.624	17.219	17.819	18.422	19.030	19.641	20.255
400	20.872									

附表 2-8　　　　　　　　　　　铂热电阻分度表

$R_0 = 50.00\Omega$　　　　　　　分度号：Pt50

$A = 3.96847 \times 10^{-3}$ (1/℃)　　$B = -5.847 \times 10^{-7}$ (1/℃^{2})　　$C = -4.22 \times 10^{-12}$ (1/℃^{4})

测量端温度 (℃)	0	10	20	30	40	50	60	70	80	90
	热电阻值（Ω）									
-200	8.64	—	—	—	—	—	—	—	—	—
-100	29.82	27.76	25.69	23.61	21.51	19.40	17.28	15.14	12.99	10.82
-0	50.00	48.01	46.02	44.02	42.01	40.00	37.98	35.95	33.92	31.87
0	50.00	51.98	53.96	55.93	57.89	59.85	61.80	63.75	65.69	67.62
100	69.55	71.48	73.39	75.30	77.20	79.10	81.00	82.89	84.77	86.64
200	88.51	90.38	92.24	94.09	95.94	97.78	99.61	101.44	103.26	105.08
300	106.89	108.70	110.50	112.29	114.08	115.86	117.64	119.41	121.18	122.94
400	124.69	126.44	128.18	129.91	131.64	133.37	135.09	136.80	138.50	140.20
500	141.90	143.59	145.27	146.95	148.62	150.29	151.95	153.60	155.25	156.89
600	158.53	160.16	161.78	163.40	165.01	166.62	—	—	—	—

附表 2-9　　　　　　　　　　　铂热电阻分度表

$R_0 = 100.00\Omega$　　　　　　分度号：Pt100

$A = 3.96847 \times 10^{-3}$ (1/℃)　　$B = -5.847 \times 10^{-7}$ (1/℃^{2})　　$C = -4.22 \times 10^{-12}$ (1/℃^{4})

测量端温度 (℃)	0	10	20	30	40	50	60	70	80	90
	热电阻值（Ω）									
-200	17.28	—	—	—	—	—	—	—	—	—
-100	59.65	55.52	51.38	47.21	43.02	38.80	34.56	30.29	25.98	21.65
-0	100.00	96.03	92.04	88.04	84.03	80.00	75.96	71.91	67.84	63.75
0	100.00	103.96	107.91	111.85	115.78	119.70	123.60	127.49	131.37	135.24
100	139.10	142.95	146.78	150.60	154.41	158.21	162.00	165.78	169.54	173.29
200	177.03	180.76	184.48	188.18	191.88	195.56	199.23	202.89	206.53	210.17
300	213.79	217.40	221.00	224.59	228.17	231.73	235.29	238.83	242.36	245.88
400	249.38	252.88	256.36	259.83	263.29	266.74	270.18	273.60	277.01	280.41
500	283.80	287.18	290.55	293.91	297.25	300.58	303.90	307.21	310.50	313.79
600	317.06	320.32	323.57	326.80	330.03	333.25	—	—	—	—

附表 2-10 铜热电阻分度表（$R_0 = 50\Omega$, $a = 0.004280℃^{-1}$, 分度号为 Cu50, Ω）

温度（℃）	0	10	20	30	40	50	60	70	80	90
-0	50.00	47.85	45.70	43.55	41.40	39.24	-	-	-	-
0	50.00	52.14	54.28	56.42	58.56	60.70	62.84	64.98	67.12	69.26
100	71.40	73.54	75.68	77.83	79.98	82.13	-	-	-	-

附表 2-11 铜热电阻分度表（$R_0 = 100\Omega$, $a = 0.004280$, 分度号为 Cu100, Ω）

温度（℃）	0	10	20	30	40	50	60	70	80	90
-0	100.00	95.70	91.40	87.10	82.80	78.49	-	-	-	-
0	100.00	104.28	108.56	112.84	117.12	121.40	125.68	129.96	134.24	138.52
100	142.80	147.08	151.36	155.66	159.96	164.27	-	-	-	-

参 考 文 献

[1] 赵玉刚. 传感器基础 [M]. 北京：北京大学出版社，2006.
[2] 金发庆. 传感器技术与应用 [M]. 北京：机械工业出版社，2004.
[3] 张建民. 传感器与检测技术 [M]. 北京：机械工业出版社，2005.

图书在版编目(CIP)数据

传感器与检测技术/何新洲,何琼主编. —武汉:武汉大学出版社,2009.1
(2016.7重印)
高职高专"十一五"规划教材
ISBN 978-7-307-06842-1

Ⅰ.传… Ⅱ.①何… ②何… Ⅲ.传感器—检测—高等学校:技术学校—教材 Ⅳ.TP212

中国版本图书馆 CIP 数据核字(2009)第 010314 号

责任编辑:王金龙　　责任校对:黄添生　　版式设计:马　佳

出版发行:武汉大学出版社　(430072　武昌　珞珈山)
（电子邮件:cbs22@whu.edu.cn 网址:www.wdp.com.cn)
印刷:虎彩印艺股份有限公司
开本:787×1092　1/16　印张:18.5　字数:446 千字　插页:2
版次:2009 年 1 月第 1 版　　2016 年 7 月第 5 次印刷
ISBN 978-7-307-06842-1/TP·324　　定价:29.00 元

版权所有,不得翻印;凡购买我社的图书,如有质量问题,请与当地图书销售部门联系调换。

机电专业教材书目

1. 模具制造工艺
2. 冲压模具设计指导书
3. 冲压工艺及模具设计与制造
4. 数控仿真培训教程
5. 机械制图与应用
6. 机械制图与应用题集
7. 单片机入门实践
8. 现代数控加工设备
9. PLC应用技术
10. 可编程控制器应用技术
11. 数控编程
12. UG 软件应用
13. 塑料模具设计基础
14. 数控加工工艺
15. 数控加工实训指导书
16. 机电与数控专业英语
17. 传感器与检测技术
18. 机械技术基础